戰爭哲學

An Introduction to War Philosophy

談遠平、康經彪◎合著

揚智文化「軍事科學叢書」編組一覽表

編組區分	現 職 單 位	姓 名
總策劃	政治大學東亞所教授	李英明博士
主編	政戰學校	邱伯浩（軍事智庫系列）
主編	東吳大學	安豐雄（軍事學系列）
顧問	東吳大學校長	劉源俊博士
	聯合後勤司令	高華柱上將
	國防大學副校長	張鑄勳中將
	憲兵司令	余連發中將
	國防大學國管院院長	姚強少將
	政戰學校教育長	陳膺宇少將
	政戰學校政研所所長	談遠平教授
	警察大學學務長	黃富源教授
	警察大學通識中心教授	高哲翰博士
	清華大學原科系教授	鍾堅博士
	淡江大學戰略所教授	翁明賢博士
	政治大學國關中心研究員	丁樹範教授
	國防大學決策科學所所長	陳勁甫教授

主編序

　　自「軍事學導論」出版後，揚智文化軍事科學系列叢書，在總經理葉忠賢先生的鼎力支持下，已逐步展開各項的編撰工作。系列叢書的出版計畫也透過每位作者的辛勤努力，已有初步的成果。這對於當初有志建構「軍事學」具體學科內涵的諸多先進而言，無非是一種莫大的精神鼓舞，也是一個理念實踐的濫觴。

　　從事大學軍訓教學多年，始終期盼軍事科學知識可以被系統化地整理及發展，並且以「學科」的知識型態，融入大學教育體制，而成為大學教育多元知識傳授的一環。當然，這不是一蹴可幾的理想，也不是少數人辛勤耕耘即可獲致的結果。但是，只要有起步，希望總是四處湧現。

　　近來，這個建構「軍事學」學科的理念，漸漸受到軍事學術社群的重視，也獲得了極為廣泛的回應。因此，相關議題的研究與討論，紛紛在國內各類學術研討會及軍事學術論著中，次第出現。這個現象點示出「學科建構」的模式，應是未來軍事科學知識發展的一個重要項目。並且也隱約地賦予軍事學術社群，發展軍事科學知識的一項重要使命。亦即，如何建構「軍事學」的學科，使軍事科學知識的發展，符合現代專業知識體系形成的規範，進而使其成為學術界所普遍肯認的專業學科。

　　軍事科學系列叢書的編成，由衷地感謝所有作者的支持與奉獻。而編務龐雜，倘有疏錯，責歸編者。尚祈　各界不吝指正！

軍事科學系列叢書主編

安豐雄　謹識於東吳大學

序

　　人類社會雖然歷經無數次的戰爭，卻罕見一本著作能夠涵蓋戰爭所有層面的著作。單就戰爭起源的問題而言，就一直存在著不同，甚至彼此相互矛盾的理論。難怪法國戰爭學權威布杜爾（Gaston Bouthoul）會有以下的疑惑：

> 我們當可質疑，何以迄今人類猶遲未建立一門專司研究戰爭的科學——「戰爭學」呢？既然身為最重要的社會現象，何以迄今戰爭竟未能激起學者以客觀的態度對其特徵與功能等現象問題，加以深入研究呢？半個世紀以來，心臟病、肺疾、黑死病、黃熱病……等之研究，普獲世人支持，同時，投入研究的實驗室數目更是與日俱增，這些毋寧都是好事。然而，遠較此類病疫所造成之受害總和為多的戰爭，迄今卻絲毫未曾受到研究機構之重視，其原因何在呢？

　　布杜爾的疑惑也是作者的疑惑。在中西著名的思想家中，能對戰爭做一個全面的探討，而又提出一套精審嚴密的理論體系者，確實不多。這可能有兩個原因，一因戰爭是變態，而不是常態，學術思想是研究宇宙人生正常的現象，而不願論及殘暴的戰爭，所以很少把精力擺在這一方面。另一個原因是戰爭的變數太多，多到幾乎不是人類現有的知識可以掌握和控制的程度。所以人人均可以對戰爭發表一些看法，但誰也無法真正的掌握戰爭的本質，而對戰爭作成一體系的論究。

　　可是，儘管人類不喜歡戰爭，不願研究戰爭，但戰爭的陰影始終籠罩著人類，這又逼得我們不得不正視這個問題。尤其是當今海峽兩岸處於隨時可能引發戰爭的狀態，我們更有必要研究戰

爭，以能提出一套因應戰爭與避免戰爭的理論與價值體系。

　　本書試圖從哲學的研究途徑探索戰爭。哲學被稱爲是「學問之王」，可以從個別的知識中，獲得總體之學問，並對問題作根本性的探究。因此，從哲學途徑來看，作爲一個知識領域，戰爭哲學屬於應用哲學；而依哲學學者的劃分方式，戰爭哲學則應是屬於實踐的哲學，稱「價值哲學」，是屬於哲學的「用」。雖然這種重視「用」的戰爭哲學的研究不像歷史哲學、政治哲學、社會哲學有一些重要的著作，然戰爭的哲學性思考確實普遍存在於重要思想家的著作中。作者希望從各種有關戰爭著作、重要思想家的著作，加以徵引彙整評述，以建構成一有系統的戰爭知識，供讀者參考。

　　依據對戰爭、哲學與戰爭哲學研究內容上的認識與當今各學科對戰爭的研究成果，本書試擬定戰爭哲學的研究範圍有五：（一）戰爭認識論──探討戰爭的根源、型態與類型。（二）戰爭的本質論──探討戰爭的本質與要素。（三）戰爭價值論──探討戰爭哲學的基本理念、戰爭倫理與正義戰爭思想。（四）戰爭實踐論──探討戰爭修養與武德。（五）對中西戰爭哲學思想作簡要的概述。上述的內容大致已涵蓋了戰爭研究的主要內容，足以作爲戰爭哲學研究的基本素材。惟戰爭問題至爲複雜，本書作者學識淺薄，疏漏難免，尚祈各方先進及讀者隨時賜教斧正，不勝感激。

　　此外，本書於撰寫期間承蒙東吳大學安豐雄老師、邱伯浩博士提供意見，政戰學校政研所博士班莊坤龍、李承禹、趙哲一、郭世清等新秀慨然鼎力相助。舉凡協助蒐集資料、熱心參與討論或編排校閱督善之功，隆情厚誼，殊深銘感，特申謝忱。

　　　　　　　　　　　　　談遠平　康經彪　謹序於復興崗皓東樓
　　　　　　　　　　　　　　　　　　　　　民國93年9月

目錄

第一章

概說

第一節　導言

　　爲使讀者在研究戰爭哲學前有一個誘導性的省思，我們先讀一下《西線無戰事》（*All Quiet on the Western Front*）這本小說中的一段內容：[1]（敘述第一次大戰期間德國幾個士兵討論戰爭起源的問題）。

　　士兵特亞登（Tjaden）詢問另一士兵克洛普（Albert Kropp）第一次大戰是如何發生的。克洛普（Albert Kropp）答：

「大部分是由於一個國家嚴重地觸怒另一個國家。」……此時特亞登假裝不懂地說：「一個國家嗎？我無法同意！一座德國的山怎麼可能觸怒一座法國的山呢？或者是河流、森林、麥田亦同樣不可能。」

「你真的那麼笨嗎？或只是在耍我。」克洛普咆哮地說。

「我根本不是那個意思，而是一國的人民觸怒了另一……」

「那麼我根本不需要來這裡。」特亞登回答：「我一點也不覺得被觸怒了。」

「哈！老兄，他指的是整個民族、整個國家。」莫勒叫道。

「國家，國家——」特亞登輕蔑地說著：「憲兵、警察、抽稅，如果那是你所謂的『國家』，算了吧！謝啦！」

「不錯」，卡特說道：「特亞登，這次算你說得有點兒道理了。國家（state）和祖國（home-country），那是有很大的區別。」

「可是它們是一起的」，克洛普堅持自己的看法：「沒有國家就不會有祖國」。「對，但是你想想看，我們大多是普通的人

民，在法國也是如此，大部分的人都是勞工、技工、或是窮苦的薪水階級。為什麼一個法國鐵匠或者皮鞋師傅要攻擊我們？不是的，這只是那些統治者。我在進入軍隊以前，從來沒有看過法國人，大部分的法國人也是一樣，從來沒有看過我們。他們對戰爭的質疑大概也不會比我們強烈。」

其中一位士兵提出了一個確定可以為美國兵、英國兵、法國兵、俄國兵都贊成的解決方案：

克洛普在某一方面可說是一位思想家，他提議戰爭應該成為一種普遍的節慶，就像鬥牛一樣，需要入場券以及樂隊。然後在競技場中，兩國的部長及將軍們穿著浴袍並以棍子為武器，把對方逐出場外，最後誰未被逐出場的，就代表該國勝利。這種方式比目前由非當事者來廝殺，來得更為簡單且公平。

這段對話，應會引起任何在散兵坑中蹲過、目睹轟炸機被高射砲擊中、躲在砲彈坑中的人們，或者認為有一天也必須要做這些事的人們的極大共鳴與震撼。2003年3至4月美伊戰爭期間，在壕溝中的伊拉克軍人，當面臨強大英美聯軍所謂震撼與威懾式（shock and awe）的轟炸時，若其中有人讀過《西線無戰事》，應會獲得更大的迴響與贊同。

上述所舉《西線無戰事》的一段內容，是美國政治學者奧斯丁‧倫尼（Austin Ranny）在其著作《政治學》（*Governing: An Introduction to Political Science*）一書，用以解釋國際政治運作中，為何會導致戰爭及如何避免戰爭的一個引論。[2]事實上，上述士兵間的對話，也是真正的軍人及無端被涉入戰爭的人的疑問。據美國社會心理學創始人庫利（Charles Horton Cooley）認為，從

人的本性（human nature）來看，戰爭中的軍人，對於試圖把他們打死的敵軍不一定感到憤慨。他引述美西戰爭期間，美軍的海軍上將桑普森（Willian Thomas Sampson）的話：「這裡面完全沒有個人之間仇恨」。[3] 除了戰場上的軍人外，戰爭的成因、如何避免戰爭等這一類問題，更是任何關心戰爭這一議題的任何學者與政治人物，所面對最為困難及迫切的問題。

在現實世界中，戰爭是人類政治社會因互動而發生的最嚴重的衝突行為。按社會學家對人類衝突的方式，「從嚴重到緩和可分為七種：1.戰爭──最激烈和規模最大的一種衝突方式；2.仇鬥──多半是氏族或村落間的血仇或械鬥；3.決鬥──衝突者二人用規定武器（刀、劍或槍）依制定的規則在公證人監視之下，進行解決兩人的口角或榮譽；4.拳鬥──鬥法繁多，無一定規則；5.口角──彼此對罵；6.辯論──對某問題或主張所引起的爭論；7.訴訟──這是在法庭中和在法官之前，以法律為依據的一種爭論。」[4] 戰略學者則認為國家間的衝突大體上可分為軍事、外交及經濟，而衝突的程度，可分為和平、衝突與戰爭。如純就軍事衝突的強度言，衝突可分為：1.和平──兵力展示；2.衝突──透過兵力的動員與部署，造成瀕臨戰爭邊緣，以達強制媾和的目的；3.戰爭──小規模的區域意外事件與大規模的殺傷毀滅。[5] 無論如何，戰爭確實是人類政治社會最嚴重的衝突行為。

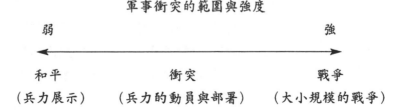

軍事衝突的範圍與強度

弱		強
和平	衝突	戰爭
（兵力展示）	（兵力的動員與部署）	（大小規模的戰爭）

　　自人類有歷史以來，就有戰爭的記載，不僅於此，戰爭的記述常是歷史著作的主要內容。從西方史學的濫觴《荷馬史詩》（西元前十二至八世紀）開始，以至希羅多德（Herodotus, 484-420 B.C.）的《歷史》（*Histories*）（被稱爲西方史學之父）和修昔底德（Thucydides, 460-400 B.C.）的《伯羅奔尼撒戰爭史》（*The Peloponnesian War*），都顯現出所記載的內容是以戰爭爲主題。[6]在中國早期著名的史書如《尙書》、《左傳》、《史記》，也對戰爭有大量的記載。十八世紀的史學家伏爾泰（Francois Maries Aronet de Voltaire），是西方文化史的倡導者，試圖將歷史視野放寬，尋求戰爭活動以外的事件來記述，以超脫當時歷史記載陷於政治、軍事、戰爭窠臼的狀況。他在歷史著作《路易十四時代》（*Le Sciecle de Louis XIV*）一書的導言說：「讀者不應指望能在本書中，比在對先前幾個世紀的描繪中找到更多關於戰爭的、關於攻城略地的大量繁瑣細節」[7]。儘管強調要將歷史視野放寬，然實際上《路易十四時代》一書，仍有五分之三篇是敘述路易十四在位時期的軍事活動。[8]就實際情形言，在任何現代國家的歷史中，幾乎沒有任何一代得享一生的和平。且有許多世代在許多國家中，其一生經歷了二到三次之多的大戰爭。因此我們必須面對這個事實：雖然戰爭是恐怖的，但它卻一直在發生著。[9]不管喜不喜歡戰爭或對戰爭有各式各樣的哲學觀點，但是不可否認的必須同意戰爭對人類政治社會所造成的重大影響。如哈布斯本（Eric Hobsbawm）觀察到1914年以來，人類一直生活在世界戰爭裡，致使無法跳脫從世界戰爭觀點出發的思維邏輯。[10]既然人類至目前爲止無法逃離戰爭陰霾，單純的反戰或永久和平的構想也僅是空中樓閣，不切實際，倒不如好好研究戰爭，以對戰爭本質有更多的瞭解，從而尋求出更好的和平對策。

第二節　研究戰爭哲學的幾個基本問題

　　因為戰爭與哲學是兩個不同屬性的東西，我們在研究戰爭哲學前，應先掌握戰爭哲學研究上的幾個基本問題，例如：戰爭哲學的研究情形、研究的題材、研究的基本性質、為何研究戰爭哲學、研究的範圍、研究的方法、以至戰爭哲學的內涵等問題，都應在研究戰爭哲學前有個基本認識，才容易掌握戰爭哲學研究的內容與重點。本節先說明戰爭哲學的研究情形、研究題材的問題、研究的基本性質問題、為何研究戰爭哲學等問題，至於戰爭哲學研究的範圍與方法、戰爭哲學的涵義等問題則另節說明。

一、戰爭哲學的研究情形──戰爭哲學作為知識研究的問題

　　戰爭哲學是否可以作為一項知識來研究，或是否可以如政治哲學、歷史哲學或道德哲學般予以深入研究，以建立一個完整的研究體系，是有必要探討的。先就戰爭學的研究而言，戰爭學一詞係由法國著名戰爭學權威布杜爾（Gaston Bouthoul），首先於1964年將所著《死亡上億》一書定名為「戰爭學」（*Polemologie*）而產生。Polemologie一詞由拉丁文的「Polemos」（戰爭）及「Logos」（條約）所構成。這是將戰爭視為一種「社會現象」，並由此角度切入以研究戰爭的形式、起因、效應及功能。布杜爾以此闡明戰爭，並藉此與一般軍事學校所授之「戰爭科學」（Science De laguerre）有所區別。[14]照此劃分可知布杜爾所謂的戰爭學屬於戰爭哲學研究的內容，戰爭科學則是研究戰爭實踐的學問。我國

現行對戰爭學的界定係以蔣中正於〈軍事教育對戰略研究的重要
性〉一文爲準：「軍事學術乃是講求戰爭精神（哲學）、戰爭實用
（科學）與戰爭藝術（兵學與統帥術）的，這就說明戰爭學性質，
乃是以哲學、科學與兵學三者，聯繫貫通的。」所以國防部於
《國軍軍事思想》一書，即界定「戰爭學乃戰爭哲學、戰爭科學與
兵學合一的總稱。」[12]由此可知，中外對戰爭的研究均將戰爭哲學
包括在內。

　　在內涵上，戰爭哲學的研究，中外兵家學者有許多不同的提
法，如戰爭的哲學、軍事理論的哲學、軍事哲學、軍事辯證法
（中共獨有）等。顯然地，對於戰爭哲學一詞的涵義，在理解上不
盡一致，使得戰爭哲學無法形成一個完整的研究體系。這是因爲
兵家學者單是戰爭的起源問題就未能有一致的見解，以至迄今爲
止，還不存在一種能普遍爲社會科學家們所接受的衝突和戰爭理
論。[13]

　　早期的戰爭哲學研究，可從日人小山弘健在其《軍事思想之
研究》一書「附錄」中可發現兩本著作。一本是阿伯特於西元
1915年著的《戰爭哲學概要》；一本是謝寧於1935年著的《克勞
塞維茨戰爭哲學》。[14]就我國學者之研究而言，「戰爭哲學」一詞
是近幾十年的產物。早期兵家學者，雖有探討戰爭的行爲，但多
偏重軍事指導、軍事藝術。直接以戰爭哲學爲名的，首見於民國
40年9月10日，蔣中正在陽明山莊發表〈軍紀之要義與功效及戰爭
哲學的中心問題〉的講詞。[15]白鴻亮曾講述「戰爭哲學」，由實踐
學社於民國40年10月編印成冊，定名《戰爭哲學講稿》。我國對於
戰爭哲學的討論多偏重於戰爭道德精神修養方面[16]。西方的哲學辭
典裡也有「戰爭哲學」（Philosophy of War）的名詞，界定戰爭哲
學的研究內容包括何謂戰爭、戰爭的原因、戰爭的本質等問題。[17]
中共對戰爭哲學的研究通常見於軍事哲學或軍事思想裡，稱爲

「戰爭觀」。戰爭觀是對戰爭的哲學思維，所討論的是對戰爭的根本看法，也是軍事哲學或軍事思想研究的基本內容。此乃因中共學者認為軍事哲學的研究對象是軍事實踐活動[18]；而戰爭問題是各種軍事實踐活動的基本問題。[19]另中共也有專以研究戰爭為題材而研究戰爭觀（哲學）者，或逕以「戰爭哲學」為名從事研究者[20]。中共研究戰爭觀的基本內容為戰爭根源、戰爭本質、戰爭目的、價值以及與戰爭相關因素的內在關係等問題。

　　總體而言，中外學者對於戰爭哲學的研究至目前為止，並無一完整的理論體系或架構，只能就理論上與研究者本身的興趣來從事研究。事實上，欲求對戰爭或戰爭哲學建立統一或完整的理論體系是有問題的。在季洛杜（Giraudoux）所寫的劇本《齊格飛》（Siegfried）中，曾諷刺德國的將軍們，經常在尋找一種萬能的公式，希望就如哲學家的石頭（philosopher's stone）一樣，能夠解決所有的戰爭問題。（所謂「哲學家的石頭」，就是傳說中的煉金術，可以點石成金。）法國戰略思想家薄富爾（Andre Beaufre）在所著《戰略緒論》（An Introduction to Strategy）曾就此劇內容評論。他認為對於德國將軍們試圖尋找萬能公式，以解決所有的戰爭問題的行為，是一種對於戰略的諷刺——正好像把煉金術當科學一樣。因戰爭是一種太複雜的社會現象，不可能用任何簡單的公式來加以支配。[21]是以對於戰爭哲學的研究可能會因研究者個人所處時代環境背景、國情文化、個人主觀認知等的不同，而有不同的觀點；或是因接觸相關知識的有限性，而陷於單面思考，這是在研究戰爭哲學應該警惕的。另外，戰爭哲學既無一完整的理論體系，在研究上勢必博採各家學說，使成為建構式的戰爭哲學。當然這也不是漫無標準，畢竟對於戰爭的認識與戰爭原則的諸多探討，已有相當多的資料。我們這裡所要強調者，是希望在可能的議題上，整理出一個具有可研究性的戰爭哲學理論體系或

架構。

二、研究戰爭哲學的內容區分問題

　　若將戰爭哲學作爲研究戰爭根本問題的一個學問來看，在議題、範圍方面易陷於意識型態的流派之爭。從我國的立場來看，可將戰爭哲學分類爲三個系統：我國的戰爭哲學、西方戰爭哲學與中共（馬列主義）的戰爭哲學。我國的戰爭哲學除受我國古代兵家學者的影響（尤其是先秦時期），主要來自孫中山與蔣中正。其中蔣中正對於國軍的軍事思想、戰爭哲學目前仍有著一定的影響[22]。其次，西方戰爭哲學也自成體系。西方軍事學者對戰爭哲學的闡述主要反映在其軍事著作中，如約米尼（Antoine Henri Jomini）的《戰爭藝術》（*The Art of War*）、克勞塞維茨（Carl von Clausewitz）的《戰爭論》（*On War*）[23]、李達哈特（B. H. Liddel Hart）的《戰略論》（*Strategy: The Indirect Approach*）、富勒（J. F. C. Fuller）的《戰爭指導》（*The Conduct of War*）、薄富爾的《戰略緒論》等均可發現。西方學者對戰爭的認識亦同我國深受西方古代軍事家、哲學思想家的影響。最後，關於中共的戰爭哲學。中共的戰爭哲學也有受我國古代兵家、哲學思想家的影響，惟係以馬列主義觀點詮釋，至於現代中共對戰爭哲學的研究除了以馬列毛思想爲主外，也潛心研究外軍（即西方）的軍事思想與戰爭哲學。馬列思想其實也屬於西方思想，只是在運用上，共黨國家更以其爲信仰的圭臬，所以對各領域的學問均有滲透與主導的作用。隨著中共內部的改革開放，對於馬列思想已不再過於盲目信奉。中共戰略學者李際均表示：「馬克思主義哲學不能代替具體的軍事科學理論和作戰行動原則。沒有軍事哲學不行，但只有軍事哲學是不夠的。」[24]儘管如此，至目前爲止，我國與中共在戰爭

哲學的觀點上有極大的差異，這是意識型態、彼此信仰的思想根源、生活的制度等不同所使然。傳統上，對於中共戰爭哲學我國學者多採批判的態度，對於西方戰爭哲學的觀點，則採開放的態度，多就其內容去蕪存菁，並轉爲運用。

三、戰爭哲學研究的基本性質

　　戰爭哲學的基本性質是對戰爭哲學研究的本質問題的說明。戰爭哲學作爲一個知識的研究領域，可以如政治哲學家拉非爾（D. D. Raphael）將社會哲學和政治哲學視爲是哲學的一個分支，定位爲「應用哲學」（application of philosophical thinking）。[25]因爲戰爭哲學亦同哲學或其他應用哲學般，是以人的思想爲主體，結合人類社會（戰爭）現象所建構的一門知識。另政治哲學家莫瑞（A. R. M. Murrary）嘗言：「廣泛的說，所有哲學家均主張，或至少含有這種意思，即哲學知識是精確的和不可懷疑的。因此，如果我們要替哲學找一個簡短的定義，則已故教授杜威（Dewey）的吉佛（Gifford）講詞——『精確性的尋求』——至少可以作爲一個討論的起點。」[26]在此意義下，哲學研究是要對現實世界所發生的現象本質，經由理智的解釋、判斷而獲得精確的知識與眞理。若將「現實」（reality）界定爲存於人類意志之外的現象性質，而「知識」則是能將現實確定爲眞，且可判斷爲具體的確定性。對於「現實」與「知識」的關係，哲學家會質疑其終極根據，比方說，什麼是眞實？人又如何知道？這不只是哲學探討的問題，也是人類思考已久的疑難。[27]

　　關於「現實」與「知識」的關係這個問題，我們擬從歷史哲學、知識社會學的脈絡中尋求解釋。有學者曾經形容歷史哲學的研究是一種像「半人半馬的怪物」的結合。[28]這是因爲歷史研究與

哲學研究的對象不同，才會有這樣的批評。「歷史哲學」是伏爾泰於1756年於《論風俗》（*Essays on the Manners, Customs, and the Spirit of Nations*）一書序言中首先提出，他是要將歷史研究當作一種思考的型態，對歷史進行思索和判斷，[29]十八世紀末黑格爾（G. E. F. Hegel）在他的《歷史哲學》（*Philosophy of History*）中說哲學是對歷史思想的考察，但是這個思想的考察是透過理性做考察，即哲學用以觀察歷史的思想是透過理性這個概念，「理性是世界的主宰，世界歷史因此是一種合理的過程。」[30]黑格爾將哲學這種理性思想的型式，又稱爲「思想的思想」。[31]十九世紀實證主義者則認爲歷史哲學是發現支配事件之過程的普遍法理。對於伏爾泰、黑格爾而言，哲學概念是把世界想成一個統一體；對實證主義而言，哲學表示統一律的發現。無論如何，這些都有一個哲學的概念在支配著對歷史哲學的概念。因此在歷史哲學的研究中，歷史是既存的現象，而哲學則是思想的型式，有思索與判斷。歷史哲學家柯靈烏（R. G. Collingwood）認爲「哲學是一個第二層次的思考」[32]。概「哲學是自省的。一個哲學家的心靈從不會只是想一個對象，他通常在想任何對象的時候，也同時想到自己對該對象的想法，因此哲學或許可以稱之爲對思想做第二層次的思想。例如發現從地球到太陽的距離，是一件第一層的思考工作，如天文學；當我們在地球到太陽的距離時，發現我們眞正自己在做些什麼，這便是一個二度層次思考的工作，如邏輯或科學理論。」[33]如同歷史哲學般，在戰爭哲學的研究中，戰爭與哲學的聯繫是一種思想的型態——思想的思想或第二層次的思考。這就是說，我們在研究戰爭哲學除了對戰爭這社會現象做研究外，更要研究思考戰爭現象的本質問題、認識問題與價值問題。這是我們在研究戰爭哲學前所必須注意的問題。

從對歷史哲學的瞭解中，我們可以發現，在研究對象（現實）

與主觀思想（知識）的相關問題上，常衍生出到底是意識決定存在還是存在決定意識的爭議。這個問題，並不是我們研究的重點，我們毋須在此做太多論述，僅以知識社會學的觀點來看待此問題。「知識社會學」（Sociology of Knowledge）一語，是由二〇年代德國哲學家謝勒（Max Scheler）所引用。[34]墨頓（Robert K. Merton）的定義：「知識」一辭應廣泛的解釋爲「文化產物的全部總和」。知識社會學乃是要「探討知識及其他社會與文化因素之間的關係」。[35]對於知識社會學的性質和研究範疇的界定，雖紛紜雜陳，一般而言，均同意知識社會學所關注的，是在人類的思想與其緣起之社會脈絡間的關係。故而，知識社會學所要建構的焦點問題是：思想的存在決定項爲何？更精確的說，即企圖探索人類思想是否是各種社會因素的反應？抑是獨存於這些因素之外。

這個研究焦點使知識社會學的研究在理論上側重認識論的問題，在經驗上則側重思想史。[36]就涂爾幹（Emile Durkheim）的立場，「社會學研究最基本的法則是，要將社會事實當作客觀事物來看待」。[37]而韋伯（Max Weber）則表示：「從現在的觀點而言，社會學與歷史學的認知對象，應是行動的主觀意義群。」伯格與樂格曼（PeterbL. Berger & Thomas Luckmann）則認爲這兩種說法並不矛盾，因社會確實是在行動所能表述的主觀意義中建立的，社會具有客觀的事實性與主觀意義的雙元特質，只不過韋伯與涂爾幹各知其一。[38]社會既具有客觀的事實性與主觀意義的雙元特質，若要研究它，就應把它當作客觀事物來看待。也就是大多數社會科學家接納的一種謝弗勒（Israel Scheffler）所謂的「標準科學觀」（standard view of science），即認爲自然世界被視爲眞實而客觀，[39]並進一步尋求理論，建立知識脈絡。直是，知識社會學所理解的人類實體，是一種由社會建構的實體。實體的建構，也一向是哲學研究的核心課題。[40]我們在研究戰爭哲學必須注意此問

題，即研究戰爭哲學必須對於戰爭史、思想史當作一個既有現象
或客觀事物來看待，運用各種學科如哲學、政治學、社會學、歷
史學……等學科間對戰爭研究的理論，互相參照，來建立戰爭哲
學的知識體系，否則將失去研究上適切的內涵。在建立戰爭哲學
體系上尚要注意的是，對於戰爭的研究除須運用一般學科知識體
系外，還必須注意到哲學的範疇。科學知識總是問：是什麼？哲
學則問為何如此？應該如何？科學知識是為人類建構以認識一些
早已存在的現實，基本上是相同的一套知識。哲學或藝術等人文
活動，除了要認識事實外，更要創造新的意義，並表達信仰的價
值。[41]所以從事哲學的研究一方面要有科學學問的方法，也要有宗
教般的虔誠情操及藝術幻想的才情和境界。[42]研究戰爭哲學除了要
用社會科學研究諸方法來探討戰爭現象外，也應對戰爭本身、戰
爭史、戰爭手段、戰爭目的、戰爭精神修養等方面有自己的創意
想法與評價。

第三節　為何研究戰爭哲學

　　為何研究戰爭哲學，可從戰爭哲學的重要性與研究的目的兩
方面做說明。

一、研究戰爭哲學的重要性

　　古羅馬學者弗格修斯（Vegetius）有一句經典格言：「如果你
想要和平，那麼就準備作戰」（si vis pacem, para bellum）。」[43]引
述此語不是要為戰爭作辯護，而是基於戰爭是人類普遍現象，以
及實際遭遇的和平難題作考量。研究戰爭哲學可使我們能夠真正

的認識戰爭。薄富爾說：「今天有許多人實際上是在使用戰略，但自己卻無此種認識。」[44]同樣的，許多人實際從事戰爭或研究武力的運用，卻不一定真正認識戰爭，或是致力於和平的空想而忽略戰爭的現實性，對於戰爭的不了解常帶來災難。這裡不是要表揚戰爭，而是要提醒大家必須深入了解戰爭的本質。究竟爲何研究戰爭？或研究戰爭的重要性爲何？我們可從美國開國元勳亞當斯（John Adams）在美國革命期間對其妻所說的話來思考：

> 我必須研究政治和戰爭，以便讓我們的兒子們可以有學習數學、哲學、地理、自然歷史、海軍建造、航海、商業和農業的自由，以便給予他們的孩子有學習繪畫、音樂、建築、雕塑、刺繡和陶瓷的權利。[45]

　　亞當斯這段話告訴我們研究戰爭是讓後代安享和平快樂的基礎。但是亞當斯似乎忽略一個問題，即亞當斯這一代在爲子孫贏取了舒適和安全，子孫們坐享其成，並用他們的光陰去研習更高層更美妙的藝術時，他們所需要的戰爭知識爲何？試想在享受精緻生活卻忘記了戰爭知識，殘酷的現實社會會讓畫家和陶瓷家享受多久的自由呢？這可由威尼斯國（一個在文藝復興時期，已獨立一千年的小國）刻在兵器上的一句話來做反省：

> 「在和平時代想到戰爭的城市是快樂的」[46]

　　這如我國孟子所謂「無敵國外患者，國恆亡」、「生於憂患而死於安樂」（《孟子‧告子篇下》）是一樣的道理。我們認爲戰爭的知識在平常時期尤其需要，正如外科手術和疾病的知識最好是從健康的身體得來一樣。

　　另外戰爭哲學的研究對於實際的戰爭實踐也有一定的影響。軍事史學家霍華德（Michael Howard）說：「戰略發展，是經由

自覺的研究、分析，而且根據自身經驗獲得的原則實施的整體行動。」[47]這即在強調思維結合經驗對於戰爭研究的重要性。據薄富爾研究在二十世紀初期曾出現由於人們對戰爭研究的誤判，在法國（在當時是一個很有影響力的國家），戰略研究被認為是落伍的科學。並演變成為如下的思維：物質重於理想，戰爭潛力重於作戰運用，工業和科學重於哲學。這種過度的現實主義的觀念，瀰漫於第二次世界大戰的德法等歐陸大國，以及戰後的美、俄兩大巨強，致使各國僅注意於戰術與裝備的努力，卻缺乏特殊高明的遠見。由於後來核子武器的出現，帶來壓倒一切的重要性，再加上南越、埃及和阿爾及利亞等戰役的失敗教訓，才又逐漸使美、法等大國開始認清，有必要重新對戰爭的一切現象再做加強瞭解。於此薄富爾下了一個結論：「戰略不過是一種達到目的的手段而已。替戰略決定目標的是政策，而政策又受到一種基本哲學思維的支配。……所以人類的命運是決定於哲學思想和戰略的選擇，而戰略的最終目的也就是要嘗試設法使那些哲學思想能夠發揚光大。」[48]

　　至此我們可以了解，戰爭哲學研究是非常重要的。無論是對於戰爭本身或是戰爭哲學的研究，常影響到達成世界和平理想的可能性與維持能力，對於一個國家而言，則會影響該國的國防政策、建軍思想與戰略構想。

二、研究戰爭哲學的目的

（一）學術上的目的

　　人類學術活動是一種累積的過程。對個人而言，透過學術研究可以滿足求知的好奇心，並擴大個人的知識領域；對於人類群

體而言，則可帶動社會的改革與人類文明的進步。基於對戰爭哲學重要性的認知，戰爭哲學的研究具有學術研究的價值，因為他可使我們對戰爭有更深一層的瞭解。戰爭的研究是無止境的，戰爭在人類歷史出現已過數千年，不同的人對戰爭的看法未必一致。要想真正對戰爭本質做一個完整的解釋，仍有待進一步學術研究。

戰爭哲學是對戰爭問題的根本研究，雖屬於規範性的理論研究，然而並不是單純的史實材料或對若干戰爭典籍的再闡釋，而是要進一步建構一個符合研究邏輯的知識體系架構。

(二) 實用上的目的

戰爭哲學研究的實用目的有二：一是戰爭修養的培養；二是戰爭實踐能力的培養。

戰爭修養是指一個軍人或從事戰爭者應有的戰爭哲學的基本理念與戰鬥意志。[49]戰爭修養的培養，可從哲學思考與個人行為之關係作說明。哲學論點強烈影響人的思維、感情與行動。例如，相信知識不存在，就會使科學知識的追求顯得毫無意義；相信道德行為比個人享樂重要，則會影響一個人對別人的行動和判斷。若認同孫子所說：「兵者，國之大事，死生之地，存亡之道，不可不察也」的觀念，就會慎戰，易有「非危不戰」的觀念。若同意「戰爭是政治的延續」，則容易產生侵略的思想。既然我們勢必依據一些論點來生活，最好接受目前最有根據的論點。惟一個軍人或從事戰爭者到底要有何種戰爭哲學是很難去論定的，比如正義戰爭的觀念雖然強調戰爭必須要有正當理由才能發動，但是所謂正當理由，常成為強權發動戰爭或宗教發動聖戰的一個藉口。我們認為捨除政治或其他引發戰爭的原因不談，軍人或從事戰爭者至少要有孫子所謂「善戰者之勝也無智名、無勇功」與「進不

求名、退不避罪、惟民是保」的理念。在此理念下，軍人或從事
戰爭者必然對於戰爭哲學的基本理念，如「生與死」、「仁與
忍」、「常與變」、「戰爭與和平」都有以「民」爲念的正確認
知，而能謹守一個軍人或從事戰爭者應有的分際，不至於爲個人
私慾或狹隘的意識形態（如種族、宗教、文化……）因素而任意
發動戰爭或濫殺無辜。另外因有「惟民是保」的認知，必然較易
產生道德勇氣，履行軍人或人民託付之職務，而不會畏懼戰爭。

　　戰爭哲學研究的另一實用目的是培養戰爭實踐能力。這可從
戰爭哲學與戰爭實踐需要保持何種關係來說明。在應用哲學的研
究上常會有哲學研究到底要不要作爲現實運用的準則的爭議。例
如有政治學者史脫司（Leo Strauss）、霍頓（John Horton）等，認
爲政治哲學的目的在改造世界或在尋求形而上的眞理及哲學基
礎，以作爲組織政治的基本原則。另外也有學者如威爾壯
（Jeremy Waldron）認爲政治哲學的研究應被視爲解釋的活動而非
實踐的活動。這一派學者認爲政治哲學研究的目的是在拓展和深
化我們對政治場域的視野，以及對於政治場域中種種政治判斷及
政治決定的理解。我們認爲應用哲學的研究除了要理解與解釋對
世界的看法外，也應尋求人類道德原則議題的建構。應用哲學的
研究可以謹愼從事沒有時間限制，不需要對爭議性的問題選邊
站。我們可以從某一個理論出發去檢視在實踐層面上可能遇到的
問題，並進一步來反省理論建構的動機及許多價值預設；另一方
面，也可從實際議題出發，進一步來反省我們要解決這些問題時
會碰觸到哪些哲學問題？誠如Gutmann & Thompson 在《倫理與政
治》一書中開宗明義指出倫理在政治場域的重要性。尤其在面對
諸如核子武器、嚇阻等議題，公部門雖有權力合法使用這些武器
執行政策，但不可逃避倫理議題——這些政策執行的後果會對我
們及後代子孫造成什麼樣的影響。[50]

　　同樣的，我們研究相關戰爭哲學的目的，在於透過對歷史、經典的理解與詮釋，深化我們對於戰爭本質的認識，以及從不同的視野來思考戰爭研究。並對於戰爭實踐過程中的戰爭目的、手段以至各種戰爭原則作判斷與運用，從而形成自己的戰爭哲學基本理念與對戰爭本質的價值認識，進而形成自己戰爭修養的依據及制定戰爭活動的最高準則。

第四節　戰爭哲學的研究方法

　　戰爭哲學的研究是以戰爭為研究對象的哲學，研究內涵主要由戰爭與哲學二者所組成。戰爭與哲學均是涉及廣泛而複雜的現象與知識，這使學者在研究戰爭的問題上有不同的認知與觀點。西方對於戰爭的研究起源甚為久遠，自從西方哲學發端於古希臘以後，在每一個時代中，主要的思想家，都致力於直接研究戰爭和戰爭所由來的軍事社群，或是研究因戰爭而發生的迫切問題：如權力、階級、組織、變化、分裂及重建。[51]對於戰爭問題無論中外，自古就備受重視，只是早期的兵學家，如中國的孫子、西方的約米尼、克勞塞維茨等人，較偏重單純對戰爭（原因、過程、結果與影響的探討）。至國際關係學出現以後，其先驅者如馬基維里（Niccolo Mackiavelli）、格老秀斯（Hugo Grotius）和普芬道夫（Samuel von Pufendorf）等，將戰爭研究範疇擴大至和平問題研究。二十世紀經過兩次世界大戰，戰爭議題成為多門學科——軍事學、國際關係學、歷史學、社會學、法學和未來學等交叉研究的焦點。既然戰爭的研究如此複雜與廣泛，所以必須綜合、交互運用相關的方法與各學科的觀點才能建立戰爭哲學的研究體系。戰爭哲學的研究方法在本質上是一種質性研究（Quality

Research）。質性研究乃指任何不是經由統計程序或其他量化手續
而產生研究結果的方法。在這定義下，只要是利用質化的程序進
行分析而不論是否用到量化資料，都算是質性研究。所謂質化程
序由三個主要部分組成：蒐集資料、分析或解釋與寫成文章的程
序。[52]對於戰爭哲學的研究基本上可運用文獻探討法、歷史研究法
與比較法。

一、文獻探討法

　　文獻探討就是對於以往研究成果作文獻回顧（literature
reviews）與探討。在社會科學的各學科理論建構的重要步驟之
一，是熟悉相關的文獻，特別是前人針對我們研究主題所作的成
果。文獻研究基本上具有三項功能，它可幫助我們：1.澄清並確
認研究問題的範圍；2.改進研究的方法論；3.擴展對所欲研究領域
的相關知識。[53]一般來說文獻探討的類型有二：第一種類型是整合
型的研究回顧（integrative research review）：是綜合整理過去的
研究，呈現出相關的知識，強調以往研究所沒有解決的重要議
題。整合型的研究回顧的過程通常包括五個階段：(1)問題陳述；
(2)資料蒐集；(3)資料評估；(4)分析和解釋；(5)結果的發表。第
二種類型的文獻探討是理論的回顧（theoretical review），此種理
論回顧者希望呈現出能解釋某一特殊現象的理論，並且比較這些
理論的範圍、內在一致性和其預測性。[54]從這兩種文獻探討的類
型，可以整理出三種戰爭哲學文獻探討的研究範疇：一是歷史上
主要兵家學者對於戰爭哲學的經典論述。這些經典論述具有「自
成一級」（A class by itself）的崇高地位，通稱「典籍」或「原典」
（classics），[55]是我們研究戰爭哲學的主要資料與內容。如中國先
秦諸子、武經七書、西方柏拉圖的《理想國》、亞里斯多德的《政

治學》、克勞塞維茨的《戰爭論》等著作。典籍的研究是一種理論的回顧，可使我們在豐富的資料背景裡能切中問題，瞭解研究現象的來龍去脈，最重要的是能培養與增進我們的「理論觸覺」（theoretical sensitivity）——一種能察覺資料內涵意義精妙之處的能力。[56]另一類就是針對這些兵家學者典籍所作的研究，是屬於整合型的文獻探討。如《先秦戰爭哲學之研究》、《約米尼的戰爭哲學》等著作。這類著作的研究可作為我們透過了解戰爭哲學研究內容的歷史發展過程，進而成為比較研究的依據。第三種文獻是對戰爭的直接研究與相關學科對戰爭或戰爭哲學的論述，也屬於整合型的文獻探討。這類文獻目前已有很豐富的資料，在軍事學、國際關係學、政治學、經濟學、歷史學、社會學、心理學等相關領域都有不同的論述。如美國的「安全研究三角機構」（Triangle Institute for Security Studies，簡稱T. I. S. S.）曾以人文科學與戰爭（The Humanities and War）為主題，從人類學（anthropology）、生物學（biological sciences）、經濟學、社會學、法律學、政治學、歷史學，多學科不同的觀點，實施了為期三年（1994年4月～1997年6月）的戰爭研究計畫（Study of War Project）。[57]諸如此類跨科際和統合的（interdisciplinary and integrative）研究文獻，都是我們在開始進行戰爭哲學研究時，就必須廣泛的涉獵與蒐集的對象。參考文獻的蒐整應考慮以下三個問題：(1)什麼樣的研究問題及相關理論曾被探討過；(2)以前的研究者是如何回答這些問題的；(3)學者們曾發現哪些事實。另外有兩點必須特別注意，首先，在我們研究的相關的問題，例如，何謂戰爭這一問題的界定，哪些資訊或理念已被現存的參考文獻所討論過？換言之，哪些資訊可以從現有的參考文獻中取得？第二，之前的研究者在理論建構過程中，曾發展出哪些有用的觀點？有哪些是錯誤的？可以做何種修正或評定。[58]總之，人類社會雖然經

過無數的戰爭，卻在戰爭起源的問題上，一直並存著不同甚至彼此相互矛盾的理論，這就是我們在研究戰爭哲學相關文獻時要考量及重視的問題。

二、歷史研究法

對於文獻探討的研究，必須以歷史研究法與比較研究法作為輔助的研究工具。先言歷史研究法。

戰爭哲學的歷史研究不外有兩個範圍，一是戰爭史；一是戰爭哲學史。戰爭史無論就經驗研究或哲學研究都是很重要的研究資料來源。透過對戰爭史的研究，可以作為印證戰爭哲學相關論述的基礎。回溯歷史也可「透過先哲的思想對真理與實有獲取更深更廣的建議。」[59]世界上沒有抽象的戰爭，每次的戰爭都以一定的時間、空間作為自己存在的形式，其內部都包含著特殊的衝突與矛盾，構成區別於其他戰爭的特殊本質，所以絕對沒有兩次相同的戰爭。因此具體的研究戰爭史，才能從中歸納發現戰爭現象的本質與戰爭實踐的原則。研究戰爭史除了要有科學的精神，對一切事實的處理應採取一種力求精確的科學化態度，但對於事實的解釋卻必須有想像和直覺的「藝術」思維。這是說歷史探索應力求客觀，但選擇、解釋卻是主觀的。[60]這就是一種哲學的辯證與評價。

惟作為辯證與評價的戰爭史，對於史料的選擇應有兩項標準：1.在史籍上能夠找出足夠的記載以做精密分析的素材。歷史研究是科學化的工作，絕不容許憑空臆斷。2.故事本身有足夠的重要性，也就是說這次會戰對於歷史的演進是一重要關鍵，亦即所謂「決定性會戰」（Decisive Battle）。所謂「精密分析」（critical analsis）的觀念是發源於克勞塞維茨。他認為精密分析是溝通理

論與實踐的橋樑，其目的是要幫助克服二者之間的差距。其內容
包括三點：1.可疑事實的發現和解釋；2.從效果回溯原因；3.汲取
歷史教訓，包括褒貶批評在內。[61]所謂「決定性會戰」（Decisive
Battle）應具備之條件，可從伯倫漢的史學觀點來說明。伯倫漢認
為歷史是將人類演化上的事實，就其動作加以因果的研究及敘
述，這些事實的「動作」必須是限定在「單獨的」、「典型的」、
「集體的」的範圍，以利於探求集體典型之定律性，成為科學的史
學。[62]所以將任何戰爭視為戰爭史並不是很恰當。

究竟如何才算是典型的戰史？韋華引申伯倫漢之意對戰史有
一合理的定義：「（所謂戰史），是在將人類演進過程中，單獨
的、典型的、或集體的軍事行為或武力衝突，加以因果之研究及
解釋與敘述之謂也。」基於戰爭史是作為研究戰爭哲學的資料，
我們除了確立戰史研究的範疇外，尚要注意湯恩比（Arnold
Toynbee）所謂「研究人類事務必須採取全盤性觀點」的觀念——
即認為歷史是一個「有機連續體」（Organic Continuun），歷史不
僅是指過去，它是向所有各方面延伸，歷史必須貫穿過去、現在
與未來，並賦予此有機連續體意義。[63]相同的，研究戰史時，也應
有「全程戰史」的觀念，即對某一戰史之研究範圍必須將戰前局
勢與戰後影響都包括在內，始能構成「全程戰史」。這樣的戰爭史
資料才有利於我們的哲學分析。

在戰爭哲學思想史的研究方面，我們首應瞭解思想的性質。
若把思想當作是歷史現象的一部分，就可以從歷史的立場來討論
思想現象。[64]戰爭哲學的典籍研究，即是一種戰爭哲學思想史的研
究，其基本內容是對戰爭哲學思想的產生、演變與發展做系統性
的研究。按哲學思想史的研究係把歷史中的各種哲學派系所提出
的問題、解決的方案以及答案，都看成是歷史上的事實，集合所
有的事實，抽出其共同點，加以介紹，使研究者直接接觸到「哲

學」，而獲得對哲學的瞭解。[65]戰爭哲學思想史的研究即在以歷史的途徑，將各種戰爭哲學的派別所提的問題、對戰爭問題解決的方案及答案，都當作是研究的對象來加以研究。所以戰爭哲學史的研究目的是要掌握戰爭哲學歷史發展的全程狀況及揭示其內在的規律。這就是說戰爭哲學思想史作為歷史性與理論性兼備的知識，不僅要根據研究對象的歷史發展過程，而且要根據被研究對象的抽象、概括狀態來建構知識體系。

　　至於如何具體研究戰爭哲學思想史，其方法有二：外在研究法（External Approach）與內在研究法（Internal Approach）。[66] 所謂「外在研究法」，特重思想家與歷史情境的互動，主要論點有二：1.將思想人物及其思想放在歷史脈絡中觀察。2.這種研究法的理論基礎在於假定人是「歷史人」（Homo historiae），存在於具體的現實情境中，人的思想與行動，深受歷史條件制約。外在研究法的缺點是，在理論基礎的限制下，會將思想人物視為歷史環境的產物，使人的自主性喪失，不免流於某種形式的「化約論」——認為人只不過是歷史環境制約下不具自主性的產物而已。所謂「內在研究法」，特重思想體系之中，「單位觀念」（unit-idea）之解析，即重視解析思想體系中在理論上之周延性，以及體系中諸多「單位觀念」及其相互間之複雜關係。其主要論點有二：1.內在研究法特別緊扣某一位思想家或某一學派思想，或某一個時代政治思潮的「內部結構」進行分析。2.內在研究法在理論上假定：一個理念或思想，一旦被提出來以後，就獲得某種自主性的生命，不受社會政治環境變遷的支配。內在研究法較能理解思想家直接陳述的理念，但無法掌握思想的歷史脈絡。內在研究法與外在研究法在思想史的研究上均有其侷限性，故在實際的研究過程，兩者應相互為用，互相啟發，而且也只能兩者並用，才能相得益彰，左右逢源。

三、比較研究法

比較戰爭哲學的研究是對與戰爭相關領域有一定關聯、性質和層次相似的議題作比較的研究，如《孫子與約米尼戰爭藝術、福煦戰爭論之比較》[67]、《論克勞塞維茨與中國先哲的戰爭觀》[68]等。這種比較研究，是一種理論的評價。對任何古今中外戰爭哲學認知的評估，其關鍵在於如何闡述本身之觀點，及如何判斷他方之觀點，如此才能發現不同戰爭哲學間客觀的利弊得失。

戰爭這一歷史現象是在一定的時空條件下產生的，兵家學者對於戰爭現象有著不同的觀點與評價，比較研究的方法是根據時空背景、對象和差異的不同，進行比較分析。西方古代兵家學者很早就懂得運用比較方法研究軍事問題和記述戰爭。希羅多德的《歷史》、凱薩的《高盧戰記》、阿里安的《亞歷山大遠征記》、修昔底德的《伯羅奔尼撒戰爭史》，等都有對當時不同民族、集團和國家軍事狀況的比較記述。不過這些記述零散，並沒有形成系統的專門知識。對於軍事、戰爭問題進行系統的比較研究，是近代的事。如約米尼的《戰爭藝術》、克勞塞維茨的《戰爭論》，兩者都試圖運用比較方法，系統地研究當時發生的幾場戰爭，並從理論上對攻防兩種作戰形式等課題進行比較分析，得出了一些重要的軍事理論與戰爭原則。[69]

整體而言，戰爭哲學比較研究的目的，主要是要掌握古今中外戰爭哲學的關聯性與差異性，進行對比的分析，把握古今中外戰爭哲學在不同條件下的不同發展變化和內容上的差異，更可以深入認識古今中外戰爭哲學的本質與發展規律。就實用原則而言，透過對於戰爭哲學的比較研究，可以讓我們瞭解潛在敵人或各國的戰爭思想與戰爭評價，進而提供客觀的依據，作為發展建

構我戰爭思想或國防軍事理論的參考。

第五節　戰爭哲學的涵義

　　第一節中曾述及戰爭哲學的基本性質是對戰爭哲學這個研究的根本說明。作為一個知識領域，戰爭哲學屬於應用哲學。依哲學學者的劃分戰爭哲學應是屬於實踐的哲學，稱「價值哲學」，是屬於哲學的「用」。[70]在人類活動的任何領域裡，在知識的任何領域裡，都能產生有關某些領域或某種主題的哲學問題，如果這些問題達到足夠的多並形成一個學科，那麼就可用有關的領域或主題來命名而叫作「某某哲學」。[71]所以科學哲學家庫恩（Thomas Kuhn）將科學哲學與法哲學相提並論，[72]我們認為戰爭哲學也與法哲學、政治哲學有類似之處，都是指某個領域或某種主題的哲學，它們屬於同一類型「philophy of」的研究。戰爭哲學既是戰爭與哲學兩個名詞所組成，要對其涵義有較周延的瞭解，就應該對戰爭概念、哲學概念以及戰爭哲學的內涵等問題加以釐清。

一、戰爭概念

　　由於人類文明的進步，影響戰爭的諸項因素，如社會組織、思想領域、生活條件、經濟結構、科學技術等，都不斷地在改變，以致戰爭的型態、本質等，也隨時代的更替而逐漸變化。因此，對於「戰爭」一詞的定義，中外兵家學者，基於個人所處的時代背景不同觀察角度與立場的各異，產生不同的詮釋。[73]布杜爾（Gaston Bouthoul）即認為「企圖以『戰爭就是……』來描繪出一個內容完整的定義，以目前而言，是無法做得到的；此乃因為人

類對戰爭的認識仍嫌淺薄。」[74]

　　戰爭定義不勝枚舉的原因，是由於出發點意見的不同與立場的不一致。爲對戰爭這概念有較周遍之認識，擬從語意、定義做探討。

（一）語意

　　戰爭，在我國古籍稱爲戰、爭、兵、戎、伐。在戰國時代吳子兵法有「爭戰」一詞，此外《史記》的〈秦皇本紀〉、《後漢書》的〈董卓傳〉和《三國志蜀書》的〈鄧芝傳〉中，已使用過「戰爭」一詞。[75]「戰爭」目前已成爲一般用語，至於「兵」、「戎」「伐」、「爭戰」等在現代已不復使用。

　　從個別意義來看「戰」者，鬥也。鬥，象形謂兩人手持相對也，乃云兩士相對，兵仗在後。鬥即爭。在軍事上稱「構兵而鬥」。構者，交也。「構兵」者，謂兩國交兵。[76]在《左傳》莊公11年云「凡師敵未陳曰敗某師，皆陳曰戰，大崩曰敗績。」孔穎達註疏：「戰者共鬥之辭。」[77]全句之義爲：凡兩軍相對，敵軍還未排好陣式就將之擊敗，稱爲「敗某師」，敵我兩軍都排好陣式才交戰，叫做「戰」，軍隊完全崩潰稱爲「敗績」。至於「爭」者，引也。凡言爭者皆謂引之使歸於己。[78]結合戰、爭之個別意義來看，戰爭可說是運用武力決定勝敗的活動，就現代意義言，戰爭是指國家間或國家與交戰團體間，公然以兵力相對敵之意。

　　在英文方面對「戰爭」一詞有數個類似而不同意涵的用語。如War（戰爭的一般用語）、Warfare（作戰、戰爭、交戰）、Battle（作戰、會戰）、Fight（兩軍戰鬥、肉搏戰）、Combat（兩軍戰鬥）、Conflict（戰鬥、戰役、長期的戰爭）、Contest（爭鬥）、Engagement（交戰）、Encounter（兩軍遭遇戰或會戰）、Action

（戰鬥、小戰爭）、Brush（小衝突、小戰鬥）、Skirmish（小戰鬥、小衝突）、Struggle（鬥爭）、Operation（軍事行動、作戰）、Campaign。[79]一般說來，西方有關戰爭的研究論著，戰爭一詞均是使用War或Warfare這兩個字。另在論述戰爭時常會使用Combat、 Fight、Conflict 等字，均指戰鬥或戰爭。Fight是指兩個或兩個以上軍隊的戰鬥或肉搏戰，Combat指兩個武裝的人或軍隊的戰鬥、Conflict著重衝突之意，可稱為戰鬥、戰役或長期的戰爭。[80]

戰爭的語意到底為何？若從兵學的觀點看，戰爭是戰鬥（Fight）、會戰（Battle）、作戰（operation）與戰役（campaign）的連續行為。會戰、作戰或戰役只是戰爭過程之一部，一部不能代替整體。[81]對於戰爭的研究必須有整體、全程的視野，否則無法斷定整個戰爭的意義與評價。

（二）定義

克勞塞維茨在《戰爭論》一書中對戰爭所下的定義，是最常被提到的戰爭定義，其說法有二：[82]

其一：「戰爭是為迫使敵人服從我們意志的一種暴力行為。」（《戰爭論》，頁7）
其二：「戰爭不僅是一種政治行為，而且也是一種真正的工具，一種政治行為的繼續。」（《戰爭論》，頁20）

克氏的第一個說法，是指戰爭的現象而言；第二個說法，是指戰爭的本質而言。

華爾茲（Kenneth N. Waltz）定義戰爭為：「戰爭現象是指大規模的戰鬥或其他暴力行為，以及兩個或更多國家的有組織的軍事力量的破壞行為。」[83]從戰爭現象解釋戰爭是希望超過對具體戰

爭的考量,解釋更爲普遍的戰爭現象本身。這個定義是從戰爭的
暴力性質與國際性質來說明戰爭。

杜布爾對戰爭的定義較爲廣泛:「凡發生於有組織團體間的
武力流血鬥爭,即可謂之『戰爭』。」這個定義主要在闡述,戰爭
是一種暴力形式,其主要特徵在於戰爭一定有組織、有系統。

類似的定義還有瓦斯克斯(John A. Vasquez)、布爾(Hedley
Bull)的定義:「戰爭是由彼此對抗的政治體(political units)實
施的有組織的暴力。」這是瓦斯克斯借用布爾(Hedley Bull)的
戰爭定義。瓦斯克斯認爲這個定義可用的原因是他包括了有意識
的和有指揮的集體暴力的所有形式,而不僅僅是隨機的暴力,它
將非暴力衝突排斥在外。[84]

在國際關係研究方面,還有從喪生的數目來對戰爭下定義:
「國際戰爭是發生在民族實體(national entities)之間的軍事衝
突,其中至少有一方是國家(state),而且至少有1,000名軍事人員
在衝突中喪生。」[85]這個定義現已作爲現代研究戰爭的統計依據。
如斯德哥爾摩國際和平研究機構(Stockholm International Peace
Research Institute)採此定義,來統計世界軍事衝突(armed con-
flicts)的總數。李維(Jack S. Levy)於〈1495~1975年間大國戰
爭的歷史傾向〉(Historical Trends in Great Power War, 1495-1975)
一文中,只將在兩個或多個大國間之戰爭死亡人數至少爲1,000人
的戰爭,或者各國年平均死亡1,000人的戰爭作爲研究的對象。

對於戰爭的定義或有不同,若綜合各學者的看法可知:戰爭
是國家或政治組織集團間,會造成一定程度傷亡的衝突暴力行
爲,這種暴力衝突行爲在本質上與政治活動有一定的關係。在此
定義下對於戰爭或戰爭現象的理解有三:

(一) 戰爭是一種實際武力衝突的狀態與過程

戰爭之發生是在於實質上的武力衝突,即所謂的「戰爭狀態」。若無戰爭雙方激起直接武裝衝突,仍非戰爭。另戰爭不僅指武裝衝突的戰爭狀態,戰爭乃指由戰爭準備、發動戰爭、逐行戰爭、到戰爭結束的一個全過程。當然戰爭也有一定的時空限制,並非一場永無終止之日的戰鬥或戰役。

(二) 戰爭的政治性質分爲戰爭之意圖與戰爭之組織性

這是戰爭本質上的基本意義與條件,使戰爭得以與其他的人類鬥爭或私人衝突相區隔。克勞塞維茨首先將戰爭定義爲是政治的繼續。其涵義指出戰爭作爲國家的活動,是在追求國家明確的政治目標,也可說是追求國家的利益的權力,而與他國從事作戰活動。戰爭政治目標的達成必須依賴軍事組織。雖說「戰爭是國家活動」這個概念至十八世紀末才形成,但是在西方社會自希臘羅馬時代以來,戰爭的主要社群包括教會、封建貴族、野蠻部落、城邦等,均擁有個別的軍事組織,以逐行戰爭。戰爭之政治性質使戰爭之意圖必須達成國家利益的正當性之下,才能壟斷軍事組織逐行暴力。這裡「政治」一詞指的是國家對權力的伸張。[86]而權力所指是「暴力加上同意(consent)」。雖然無法確定要多少同意國家才能運用暴力,但可以確定世界上所有政府運用暴力,即使是獨裁專制的政府,都必須獲得小範圍的同意。[87]蓋戰爭既牽涉到人員的動員與組織,涉及聯盟、集團或國家的權力擴張與維護,想要使用暴力的順利逐行,就必須獲得民眾的同意,如此權力才能延伸。這問題是源於發動戰爭的一個重點,即實際參戰者會認爲戰爭目標正當性的程度到底如何。戰爭是一種自我矛盾的活動,他一方面是一種涉及極度強制的活動,牽涉到社會組織化

的秩序、紀律、階級服從，另一方面則需要每一個個體的忠誠、奉獻以及信仰，這關係到戰爭之意圖為何，是否可獲得民眾的同意。所以戰爭也是一種認同的政治。認同政治指的是，基於特殊認同——無論是國家、部族、宗教或語言的權力伸張。這意味著，所有戰爭都涉及認同衝突。[88]所以戰爭之意圖——對於政治目標的追求，使國家運用軍事組織必須遵循特殊的「法律規範」。[89]這種法律規範是一種「社會的背書活動」[90]，它形成了正式的戰爭法則與規範，構成了合法戰爭的條件，其條件是戰爭必須有組織且師出有名。於此當注意者是這些社會背書的戰爭法則與規範，常因時、因地之不同而迭生變化。

（三） 流血傷亡則是戰爭的另一個重大現象

因為當戰爭對人類生命未造成毀滅時，它只能稱作是一種衝突或相互間的威脅。因此政治戰、心戰，以至冷戰，都不能稱為戰爭。

基於戰爭的政治性質，使人們對於戰爭意義的理解是因時因地而異的。西方戰爭之意圖或目的，常涉及戰爭與意識形態，都具有某種特定的意義，如西方古代戰爭，多為宗教；近代戰爭，多因意識型態（如資本主義、法西斯主義、共產主義等）。中國古代的戰爭，則除為自衛或擴大中華文化而攘夷拓邊的目的外，絕大多數的戰爭，皆無大意義，通常只是政府平亂，叛亂集團造反，或改朝換代的政權爭奪而已。[91]從戰爭是社會背書的戰爭法則與規範來看，任何戰爭的意義都是根據參戰的人民以何種態度作戰，與為何而戰，以及其戰爭如何結束而定。戰爭總是一方面要以暴力行為否定敵人；一方面以暴力行為肯定我方的意向。戰爭需要人民以他們的生命和家庭的前途作為對國家某種忠誠、爭執、主張、或信仰的賭注。戰爭常成為那些在忠誠或爭執在邏輯

上的終點。因此，在戰爭中，人民必須承受他們行為的後果。[92]

　　至此，我們會發現，無論是在語意上或定義上對戰爭的描述或本質的意涵，都很難作周延的解釋，這就必須依靠哲學的研究，以從戰爭最根本的意義來理解戰爭。

二、哲學概念

　　對於哲學的概念有諸多的面向，哲學家或社會科學家常對於其所研究的主題，使哲學的內涵有不同的解釋。

　　哲學（Philosophy）一詞，源出希臘，原字為Peaqqopta，約在西元六世紀時，為希臘哲學家畢達哥拉斯（Pythagoras）所創，譯成拉丁文便是Philos-Sophia。Philos的語意是「愛」，Sophia的語意是「智」，所以哲學家的原義是「愛智」。[93]其意義是「愛好智慧，追求智識。」智慧不只是解決事物時所有的能力，而是在追求事物根源的一種精神，這種精神是具有主動積極進取的涵意。中國舊時只有道學、理學、心學幾種名稱，而無哲學其名，日人西周舊津在西元1873年（日本明治6年）將西文Philosophia譯為「哲學」，其依據是我國《爾雅》釋言中：「哲，智也。」，中國人本有譯Philosophy為道學者，但未通行，故照日人譯，稱「愛智之學」為哲學。[94]

　　哲學的定義，因人而異。哲學的開始是起於思想和存在之間的關係。希臘哲人柏拉圖、亞里斯多德等將哲學定義為追求萬物最終原因的學問，亦即從辯論、思辯的方式，研究客觀的真理及一切存在之根本的學問，又稱「第一哲學」（First Philosophy）或稱「形而上學」、「後物理學」（Metaphysics）。[95]所以在希臘、羅馬時期對於哲學的解釋都是著重於「知」的問題。至希臘、羅馬以後哲學與道德拉上關係，使哲學不但是愛智，而且還要實踐。

中世紀哲學較重視信仰，以爲知識的最高峰，是導引人類達到信仰層面。近代的文藝復興與啓蒙運動，又開始回復希臘羅馬的人文精神，將哲學當作是學問的總體，又開始著重求知與愛智。如費希特（J. G. Fichte）把哲學當作「知識的學問」。黑格爾把哲學當作一門純粹的學問，甚至將哲學當作是意識的經驗。現代哲學受到實證主義與唯物主義的衝擊，興起科學哲學的研究，哲學由於科學的影響，開始統計與分析的研究，比較重視現實的一面也有部分開始人心靈的體驗，以爲從存在的體驗，才能眞正的瞭解哲學。也有哲學家主張探討整體人類的文化，瞭解哲學問題。[96]

從上可知，哲學到底是什麼？實在不易定義。是否有個基本的說法可以對哲學做基本的認識，確實是一個難題。羅素（Bertrand Russel）認爲，哲學就是要發掘是否存在一種爲理性的人類所無法懷疑而明確的知識，從這些令人迷惑之處及潛伏於一般觀念中所造成的含混與迷惑問題中，嘗試以批判的態度，來解答此類的終極問題。[97]這只說明了哲學的某個部分面向。

波謙斯基（Joseph M. Bochenski）認爲探討哲學的意義必須從不同的定義和看法，尋出一個途徑去瞭解它。在波謙斯基看來哲學史上對於哲學的定義基本上可分爲兩大類：[98]第一種看法，是羅素與許多邏輯實證論的主張。這類主張認爲「哲學」是一集體名詞，沒有研究的對象，用來泛指吾人之企圖釐清或解釋目前尚不成熟的各種問題。這個定義無法解釋哲學發展既已數千年了，爲何目前被討論的哲學問題不減反增。哲學並沒有因各學科的研究發展而萎縮。即使是最後會相信沒有哲學的人，仍須做哲學思維。因爲一個要證明沒有哲學的人，必須以哲學論證去證明它。第二種對哲學的看法是存在主義者的想法，與第一種相反。第二種看法認爲，哲學是一種「非理性」的思維，即使一切可能有的科學都從哲學脫離出去，哲學也不會消失。依這看法，哲學根本

不是科學，他所探討的，乃是超乎理性的、在理解之上的。這個
看法的問題是，若我們無法用一般人的知識或用理解的方式去瞭
解某一事物，該事物根本無法瞭解。因人只有兩種認知方式，一
種適用物理的或精神的方法，直接去觀察對象；另一種是用推論
去推知。這兩者在本質上都是理解的活動。

　　上述兩種哲學意義的看法雖都有問題，但是從哲學發展的史
實來看，歷來的哲學家皆在試圖解釋實在界。而所謂「解釋」，即
意指用吾人所能理解的方式，合理的去解釋事物。而哲學家也就
是以合理的態度去思維的人。麥欽那力（Peter K. McInerney）界
定「哲學是一種思考根本問題的活動，在為某種特定的主張，提
出充分而合理的理由。」[99]我國哲學學者傅佩榮也認為「哲學是要
以理性探討宇宙與人生的根本真相，從而指引現實生活、評估文
化生態。」[100]作為一種理性思維，當代哲學思潮已不再著重長期
以來哲學界所關注的議題，即對於世界本質的「精神」與「物質」
或「唯心論」與「唯物論」作「非此即彼」式的爭辯。而是運用
柏拉圖、黑格爾、馬克斯等的「辯證的思想方式」作「兩者兼具」
的研究，即同時承認精神與物質的存在，兼顧能知及所知，精神
與身體，並研討兩者之間的關係。[101]

　　我們不擬對哲學定義作一個整合式的定義，惟若從希臘文的
字面意義是愛智的立場看來，我們會發現無論對哲學的意義看法
如何，卻會認知到，「人無法對智慧一詞所表示的一切有最後圓
滿的理解，而只能以熱烈期望的心情去取。實際上哲學是指人的
理性（reason）直搗實在界整體之最後原因的知識，尤其是關於人
的存有及其應然的問題。」「若從哲學方法而言，哲學是應用人的
理性，對人所屬的這一世界做最後說明。」[102]

三、戰爭哲學的內涵

　　為對戰爭哲學之內涵有一全盤的認識，我們擬從戰爭與哲學之聯繫、戰爭哲學的定義與戰爭哲學的研究範疇來說明戰爭哲學的內涵。

(一)　戰爭與哲學之聯繫

　　戰爭與哲學有密切的聯繫關係，可從社會的發展與環境變遷、正義戰爭的哲學理路與世界大戰對哲學家的具體影響來觀察。

　　哲學家尼斯貝從西方社會發展的狀況來看戰爭與哲學之聯繫，他說：「西方的社會哲學是在戰爭的環境中產生的。」[103] 尼斯貝認為希臘城邦克里斯蒂尼於西元前507年的革命性改革，主要是由於戰爭促成，在改革中建立的城邦，而且首次組成了能擊敗強大的波斯國的陸軍與海軍。至西元前五世紀後半葉，雅典人被斯巴達人擊敗，此時柏拉圖著了《共和國》（*Republic*）一書，這本書不只強調政治的價值也強調軍事的價值。羅馬時期的羅馬法，主要是以對羅馬社會的軍事統治權的制度化為基礎。在中世紀封建社會崩潰後，近世開始以來，也可以發現每一位研究政治和社會問題的重要哲學家，都重視戰爭對於社會及社會變化所生的作用與價值。馬基維利、霍布斯、盧梭、法國大革命的領袖與其他許多西方重要的哲學家都認為戰爭是極值得重視的事，而軍事行動和軍事控制的模式，對於這些哲學家的有關主權、國家主義及革命思想，發生了若干影響。[104]

　　從正義戰爭的哲學理路也可尋求戰爭與哲學之聯繫。正義戰爭的哲學思維起源於羅馬時期。羅馬人在當時環境背景下感到，

在發生戰爭之前，必須使自己確信進行戰爭的理由是正義的和神聖的（just and pious or justum et pium）。中世紀的經院哲學家如安東尼努斯（Antoninus）和聖湯馬斯阿奎那（St. Thomas Aquians）等，大大發展了正義戰爭學說。正義戰爭學說建立後，引發後世對於正義戰爭真正意涵的爭辯。文藝復興後的啓蒙運動期間，開始產生和平主義理論（pacifist theories）與戰爭主義理論（bellicist theories）的論戰。和平主義哲學家如莫爾（More）、潘恩（Penn）、伏爾泰、盧梭、康德（Kant）和邊沁（Benthan）等人摒棄中世紀之戰爭道德觀與法律觀，對戰爭和軍人職業持懷疑的態度，此期間哲學家提出了大量廢除戰爭、建立永久和平的方案。這種想法一直存在於西方思想家的心中，至二十世紀實現了國際維和機構模式。與和平主義理論相對立者是戰爭主義理論，兩者完全對立。戰爭主義理論家有克勞塞維茨、黑格爾、尼采（Nietzsche）、特賴奇克（Heinrich von Treitschke）、費希特（Johann Gottlieb Fichte）、伯恩哈迪（Friedrich von Bernhardi）等人，他們經常將權力和戰爭本身作爲目的加以讚揚。克勞塞維茨不從正義戰爭的學說出發，而以國家利益出發來思考戰爭，認爲戰爭是國家的政策工具。黑格爾說：「透過戰爭，國家文化精神能繼續保持最佳狀態。」尼采認爲人類文明的復興離不開戰爭。特賴里奇則認爲戰爭往往是國家捍衛獨立的唯一推手，因此國家必須永遠保持備戰狀態，隨時準備進行戰爭，在他眼裡戰爭是宏偉而莊嚴（majestic and sublime）的事。這些思想基本上都是將戰爭與人類的進步聯繫在一起，同時也是國家民族維持生存的必要手段。二十世紀以後迄今，戰爭和道德的爭議是難以平息的。冷戰期間，主張戰爭的現實主義者仍必須注意戰爭的正當性問題，曾就核武器、戰爭和威懾是否符合道德進行了幾十年的爭辯。另外一些哲學家則試圖承認某些小規模自衛或反抗不公正侵略戰爭

的正當性，而將和平主義理論與正義戰爭相調和。這使道德和平主義論（moral pacifism）變成了正義戰爭論。所以布朗（Chris Brown）認為正義戰爭的概念仍是「當代道德哲學領域中，是唯一在本質上屬於中世紀，卻依然很流行的的理論建構（theoretical construction）。」[105]就現實政治言，雖然正義戰爭的重要性是哲學或倫理的規範性理論，但正義戰爭思想已成現代國際法學者思考的主要問題。因在經驗性的研究中顯示，每個政府在進行戰爭宣傳時都宣揚自己是正義的，它將影響到公眾的支持、部隊的士氣、爭取同盟的能力以及統治菁英的聲望與命運。[106]

戰爭與哲學的聯繫，也可從第一次世界大戰的發生對哲學家的影響做觀察。第一次世界大戰的發生，對西方社會主要是體現出戰爭對思想意識上的巨大影響。邏輯經驗主義哲學家魯道夫‧卡爾納普（Rudolf Carnap）曾說：「1914年的戰爭是為我們所不能理解的一場大災難。服兵役本來是完全違背我的人生觀的，但此時我卻必須把他視作一種義務加以接受，……戰爭突然毀滅了我們原以為一切事物已經走上穩定進步的安坦之途的幻想。」[107]第一次世界大戰不僅對個別思想家產生了衝擊作用，在某種意義上，戰爭甚至直接導致一些哲學流派產生。存在主義創始人海德格（Martin Heidegger）、鮑爾諾（Otto Friedrich Bollnow）都承認戰爭對於他們的哲學思想形成影響。不惟存在主義哲學是如此，大部分流行於現代的西方哲學流派，第一次世界大戰對他們都產生了鞏固和刺激的作用。[108]

（二）戰爭哲學的定義

從對「戰爭」與「哲學」的個別定義中，我們必須對研究之主題戰爭哲學這個概念作較周延性的解釋，以瞭解戰爭哲學的實際意義。相對於戰爭與哲學的定義，戰爭哲學的定義並不多見，

爭議較少。

在我國對戰爭哲學的解釋，通常以蔣中正的定義爲準。蔣中正將戰爭哲學與軍事哲學視爲同義語，[109]對於戰爭哲學的定義如下：

> 「軍事哲學（戰爭哲學）乃是在應用哲學的原理、法則，將過去的戰爭史蹟，與現實的戰爭性質以及精神有關問題加以綜合研究，而得到統一的戰爭理論之學。根據這個理論，就可以正確的了解戰爭的本質和形態，來控制戰爭和指導戰爭。」[110]

這個定義反映出戰爭哲學乃是統一的戰爭理論之學，並尋求在對戰爭的本質和形態作根本的研究後，來達到控制戰爭和指導戰爭的目的。

中共學者認爲戰爭與軍事實踐是以哲學爲指導，研究和探討軍事實踐活動的內在本質與規律，而成爲軍事哲學理論，[111]其戰爭哲學的定義可從其對戰爭觀的界定來看。中共學者對戰爭觀的共同定義如下：

> 「戰爭觀是人們關於戰爭問題的根本看法，包括對戰爭根源、戰爭本質、戰爭目的、價值以及與戰爭相關因素的內在關係等問題的基本觀點。戰爭觀呈現著一定時期一定國家或民族認識戰爭思考軍事問題乃至指導軍事實踐的方法和角度，反映出一定歷史條件下人們的認識發展水準。」[112]

這個定義主要說明戰爭觀是透過對戰爭認識的不斷累積而形成，是戰爭與軍事實踐活動的總結看法，除強調戰爭觀除了是對戰爭根本的研究外，更是戰爭實踐的經驗與依據。因此戰爭觀除了是理論研究，也是實踐的依據。

西方學者對戰爭哲學鮮有明確的定義，依據費社（James Fieser）主編之《網際哲學百科全書》對戰爭哲學（*Philosophy of war*）的解釋如下：

「從哲學研究戰爭要從非常普遍性的問題開始：何謂戰爭？可以作何種定義？什麼原因造成戰爭？人性與戰爭的關係為何？要到達什麼程度人類才被認為應承擔戰爭？戰爭哲學就是要進一步彙整這些特定的和實際的道德與政治問題，例如：進行戰爭總是對的嗎？是否有某些戰爭行為是不被允許的？宣戰的合法性權威為何？個人與他在軍隊中的同袍或同胞間的道德和政治關係為何？戰爭哲學涵蓋理論的與應用的領域。」[113]

西方對戰爭哲學的界定，整體上與我國及中共是相類似的，除了強調對戰爭的基本認識與評價外，也重視理論與實踐（應用）的相結合。惟西方在對於戰爭的合法性與正當性，如戰爭到底對不對、應不應該、誰有資格進行戰爭，在其戰爭哲學的思辯裡受到相當大的重視。這大概是因為西方在經過兩次的世界大戰後，對戰爭的研究除了探討大戰的根源（origins）或爆發（outbreak）原因外，更陷入「誰應負責」（who was responsible）的爭論中所使然。[114]

綜合我們在第一節中提到戰爭哲學研究的基本性質與本節戰爭哲學的諸定義，我們對戰爭哲學的涵義及研究實質內容有以下的幾個認知：

1. 戰爭哲學不同於一般社會科學的戰爭研究，戰爭哲學是屬於後設研究（metastudy），是對戰爭本質的根本研究，所以在研究的層次上高於一般戰爭研究。

2.戰爭哲學既與法哲學、政治哲學有類似之處，都是指某個領域或某種主題的哲學，屬於同一類型「philophy of」。 在研究領域上，戰爭哲學是指研究一個領域或一個部門的哲學，這個領域或部門就是戰爭，戰爭哲學作為一門學科，就是按照戰爭這一研究主題或領域來進行哲學的研究。又因戰爭哲學是實踐哲學，也是價值哲學，所以必須兼具研究戰爭的指導原則與戰爭評價的研究。

3.在研究的內涵上，戰爭哲學是對戰爭的本質、產生的原因、認識的方法與戰爭的價值作一個普遍的理性哲學思考，透過理性哲學思考建構戰爭理論的知識，以期對戰爭有根本性的認識，並評價戰爭。

四、戰爭哲學的研究範圍

依據對於戰爭、哲學與戰爭研究內容上的認識與當今各學科對戰爭研究的狀況，本書是依循戰爭是什麼（戰爭認識論、戰爭本質論），戰爭的價值（戰爭價值論）以及人們在戰爭中應有的行為（戰爭實踐論）的思維理路，來擬定戰爭哲學的研究範圍。現將此思維理路概述如下：

1.戰爭認識論：研究戰爭哲學首須認識戰爭，而認識戰爭必先界定戰爭，以確立所要研究的主體；然後探索為何會發生戰爭，亦即戰爭的根源為何，接著分析有些什麼樣的戰爭，這就要對人類歷史上所發生的戰爭型態及其演進情形與戰爭的種類做歸類，以清晰認識戰爭現象這一外在的特質。

2.戰爭本質論：認識戰爭的外在特質後，就可以研究戰爭的內在性質，即戰爭的本質。一般而言，戰爭本質的研究對象包含

「政治」、「暴力」與「摩擦」等三者。惟戰爭現象係藉由人類對各種「力量」的運用與組織才能表現出來，所以戰爭本質的研究還應探索構成戰爭力量的必要因素，即所謂戰爭的要素。傳統多將戰爭的要素區分為精神與物質二者，但在人類社會進入資訊時代的今天，這種區分是否完整，則有待進一步的討論。

3.戰爭價值論：瞭解戰爭的外在特質、內在性質及其構成要素後，繼續要探索的問題是，我們要如何看待戰爭、評價戰爭，這即是戰爭價值論。戰爭對人類社會所造成的正負面結果，常會引起戰爭價值（戰爭是否必要）與戰爭功能的諸多爭議，以致形成了人們的戰爭觀或戰爭態度。一種中性的戰爭觀是既不反戰也不好戰，而是認為戰爭既不可免，就將其視為一種實踐正義的工具來看待，此即正義戰爭思想。

4.戰爭實踐論：不論一個人的戰爭態度如何，只要國家繼續將戰爭視為執行政策的一個工具選項，任何人都有面臨戰爭的可能。當戰爭來臨時，若成為戰爭政策的執行者，不論是軍人或非軍人、不論是統帥或士兵都須具備戰爭修養與武德，以因應戰爭的到來。

5.中西兵家學者對於戰爭的著述很多，惟能組織自己之論述或窮究人類戰爭問題，而成一家之言者罕見。本書為使讀者能夠有系統的瞭解中外兵家學者的戰爭哲學思想，特選取一些議題與具有代表性者，做概要性的介紹，以使讀者對於中西戰爭哲學思想的內容有基本的認識。

依據上述的思維理路與研究範圍，本書撰寫篇章結構如下：

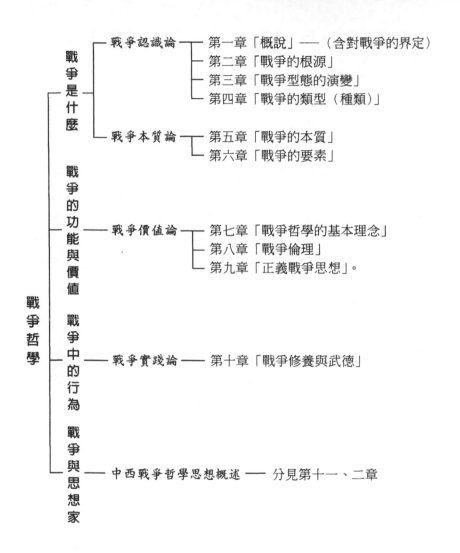

戰爭哲學

戰爭是什麼 ─┬─ 戰爭認識論 ─┬─ 第一章「概說」──（含對戰爭的界定）
　　　　　　　│　　　　　　　├─ 第二章「戰爭的根源」
　　　　　　　│　　　　　　　├─ 第三章「戰爭型態的演變」
　　　　　　　│　　　　　　　└─ 第四章「戰爭的類型（種類）」
　　　　　　　│
　　　　　　　└─ 戰爭本質論 ─┬─ 第五章「戰爭的本質」
　　　　　　　　　　　　　　　└─ 第六章「戰爭的要素」

戰爭的功能與價值 ── 戰爭價值論 ─┬─ 第七章「戰爭哲學的基本理念」
　　　　　　　　　　　　　　　　├─ 第八章「戰爭倫理」
　　　　　　　　　　　　　　　　└─ 第九章「正義戰爭思想」。

戰爭中的行為 ── 戰爭實踐論 ── 第十章「戰爭修養與武德」

戰爭與思想家 ── 中西戰爭哲學思想概述 ── 分見第十一、二章

一、試就中西歷史的內容說明戰爭在歷史上的地位。

二、戰爭是否可以如同一般應用哲學建立一套研究的哲
　　學體系。

三、為何研究戰爭哲學？

四、何謂戰爭？何謂哲學？何謂戰爭哲學？它們之間的
　　關係為何？

五、如何研究戰爭哲學？

註釋

1.按《西線無戰事》是德國小說家雷馬克（Erich Maria Remarque）在第一次世界大戰後所寫的戰爭小說。

2.倪達仁譯（Austin Ranny），《政治學》（*Governing: An Introduction to Political Science*），（台北：雙葉書廊，民87），頁506-507。

3.Charles Horton Cooley, *Human Nature and the Social Order* (New York: Schocken Books Inc., 1964), p.288. 庫利認為將戰爭歸因於人好鬥的本能實際上是錯的。戰爭根源於許多本能（instinct）的傾向，如憤怒、恐懼、母愛、男女性愛、自我肯定或自我表現等諸多情感，而這些本能的傾向會因為教育、傳統、社會組織而轉化，因此要研究戰爭根源就必須研究整個社會過程。見*Human Nature and the Social Order*, p25-28.

4.龍冠海，《社會學》（台北：三民書局，民國78年），頁323。

5.邊平譯（Randall G. Bowdish），〈資訊時代的心戰〉（Information-Age Psychologial Operation），《國防譯粹月刊》，第26卷第10期，民國88年10月，頁23。

6.王晴佳，《西方的歷史觀念：從古希臘到現在》（台北：允晨，民87），頁44。

7.吳模信譯（Voltaire），《路易十四時代》（*Le Sciecle de Louis XIV*），（北京：商務印書館，1982），頁10。

8.王晴佳，《西方的歷史觀念：從古希臘到現在》，頁160-161。

9.倪達仁譯（Austin Ranny），《政治學》（*Governing: An Introduction to Political Science*）（台北：雙葉書廊，民國87年），頁506-507。

10.沈宗瑞等譯（David Helt et al.），《全球化大轉變：全球化對政治、經濟與文化的衝擊》（*Global Transformations: Politics, Economics and Culture*）（台北：韋伯文化出版社，2001年1月），頁107。

11.陳益群譯（Gaston Bouthoul），《戰爭》（*La Guerre*），（台北：遠流出版公司，1994年），頁5。

12.國防部編訂，《國軍軍事思想》（台北：國防部，民國67年），頁78。

13.James E. Dougherty, Robert L. Pfaltzgraff, Contending *Theories of International Relations: A Comprehensive Survey* (New York: Harper Collins

Publishers, c1990), p.189.

14. 該書附錄排定有自第一次世界大戰至第二次世界大戰（1914-1940年）間的〈軍事思想年表〉，在年表中整理了英、美、德、法、日等五國的軍事重要著作。詳見楊政和譯（小山弘健著），《軍事思想之研究》（台北：國防部編譯局，民國61年5月），頁203-215。

15. 詹哲裕，〈海峽兩岸「戰爭哲學的比較研究」〉，《復興崗學報》，第61期，86年9月，頁2-3。〈軍紀之要義與功效及戰爭哲學的中心問題〉一文見《先總統蔣公全集》，第二冊（台北：中國文化大學編印，民國73年），頁2166-2169。

16. 國防部編訂的《國軍軍事思想》一書強調「戰爭哲學乃精神修養的依據」，見該書第78頁。

17. 見James Fieser, general editor, "The Philosophy of War", in *The Internet Encyclopedia of Philosophy*, (http://www.utm.edu/research/iep/w/war.htm#What%20is%20War?)

18. 所謂「戰爭實踐活動」包括：組織戰爭力量、實施作戰行動、進行國防建設、從事軍事科學研究。

19. 王成業等主編，《軍事哲學原理》（北京：軍事科學出版社，1990），頁2-3。

20. 如杜一平，《戰爭哲學論》（北京：海潮出版社，1995）。

21. 鈕先鐘譯（Andre Beaufre），《戰略緒論》（*An Introduction to Strategy*），（台北：麥田出版社），頁66-67。

22. 國防部編訂的《國軍軍事思想》一書之序言謂：「本書內容乃依據領袖蔣公全部軍事訓詞、著作、中西兵學典籍之既國民革命戰史，融會研編。」另國防部尚編有《蔣總統軍事思想大系》（民55年10月）六集，在第一集中的第三篇即以〈戰爭哲學〉為篇名對蔣中正戰爭哲學思想作專篇輯錄。

23. "On War"係英文譯名，原德文書名為"Vom Kriege"。

24. 李際均曾任中共軍事科學院副院長，軍銜中將。本文引述之內容係其在1995年對中共軍事社會科學院研究生作戰略思維和學術報告的一個師生答問錄。在答問錄李氏還進一步說明：「馬克思主義的理論，包括它的軍事哲學思想，對於指揮員必須掌握的思想方法的形成有很大的作用，……但並不是說它囊括了一個指揮員所需要的一切知識。」見李著《軍事戰略思維》（北京：軍事科學出版社，2002年7月，二版五刷），頁51。

25.Raphael, D. D., *Problems of Political Philosophy* (New York: Praeger Publisher, Inc., 1970), p5.

26.王兆荃、廖中和合譯（A. R. M. Murrary著），《政治哲學引論》（*An Introduction to Political Philosophy*）（台北：幼獅文化公司，民國80年），頁26。

27.鄒理民譯（PeterbL.Berger & Thomas Luckmann），《知識社會學——社會實體的建構》（*The Social construction of reality*）（台北：巨流圖書公司，民國82年），頁7。

28.施忠連譯（Jocob Burckhardt），《歷史的反思》（*Reflections on History*）（台北：桂冠圖書公司，民國81年），頁2。

29.王晴佳，《西方的歷史觀念：從古希臘到現在》，頁166。

30.王造時譯（G. E. F. Hegel），《歷史哲學》（*Philosophy of History*）（上海：上海書店出版社，20012），頁8-9。

31.同上註，頁69。

32.黃宣範譯，《歷史的理念》（*The Idea of History*）（台北：聯經出版公司，民70），頁4。

33.同上註，頁2。

34.蔡振中譯（Michael Mulkay），《知識與知識社會學》（*Science and The Sociology of Knowledge*）（台北：巨流圖書公司，民國80年），頁10。

35.Robert K. Merton, *Social theory and social structure* (Rainbow-Bridge Book Co.,1968), p.456.

36.鄒理民譯，《知識社會學——社會實體的建構》，頁22。

37.黃丘隆譯（Durkheim），《社會學研究方法論》（*The Rules of Sociological Method*）（台北：結構群文化公司，民國79年），頁15。

38.鄒理民譯，《知識社會學——社會實體的建構》，頁28。

39.蔡振中譯，《知識與知識社會學》，頁30。

40.鄒理民譯，《知識社會學——社會實體的建構》，頁199-200。

41.蔡振中譯，《知識與知識社會學》，頁158。

42.鄔昆如，《哲學概論》（台北：五南圖書公司，民國78年），頁27。

43.James E. Dougherty, Robert L. Pfaltzgraff, Contending *Theories of International Relations: A Comprehensive Survey* (New York: Harper Collins Publishers, c1990), p.292.

44.鈕先鍾譯，《戰略緒論》，頁21。

45.李長浩譯（Paul Seabury & Angelo Codevilla），《戰爭的目的與手段》（*War: Ends & Means*）（台北：國防部史政編譯局，民國83年8月），頁38。

46.同上註，頁38。

47.陳奎良譯（Michael Howard），《戰爭的根源》（台北：黎明文化公司，民國75年6月）頁68。

48.鈕先鍾譯，《戰略緒論》，頁22-25, 67-68。

49.若從實際參與戰爭的角度言，戰爭修養絕大多數的情況下應該是針對軍人而言，但是由於現代國防事務範圍的擴大及各項與戰爭有關的規劃已非軍人所能獨立完成，是以負責相關國防或戰爭事務的政治人物、政府文職官員，甚至學者專家，亦應有良好的戰爭修養。

50.關於應用哲學研究目的上的爭議參閱黃默、陳俊宏著，〈政治哲學要跨出去：論台灣政治哲學研究的發展趨勢〉，收錄於謝復生、盛杏湲主編，《政治學的範圍與方法》（台北：五南圖書公司，民國89年），頁108-111。

51.徐啓智譯（Bobert Nisbet），《西方社會思想史》（*The Social Philosophers: Community and Conflict in Western Thought*）（台北：桂冠圖書公司，1991），頁1。

52.徐宗國譯（Anselm Strauss & Juliet Corbin著），《質性研究概論》（*Basics of Qualitative Research*）（台北：巨流圖書公司，1998年），頁19-22。

53.胡龍騰、黃瑋瑩、潘中道合譯（Ranjit Kumar著），《研究方法：步驟化學習指南》（*Resrarch Methodology：A Step-by-Step Guide For Beginner*）（台北，學富文化公司，2002年），頁32。

54.高美英譯（Harris M. Cooper著）《研究文獻之回顧與整合》（台北：弘智文化公司，1995年），頁18-20。

55.關於典籍及原點的說明，參閱：(1) 呂亞力，《政治學》（台北：三民書局，民國86年），頁28。(2) 江宜樺，〈鑑古足以知今〉，彭淮棟譯（J. S. McClelland）《西洋政治思想史》（*A History of Western Political Thought*）（台北：商周出版社，2002年2月，初版），頁IX。

56.徐宗國譯，《質性研究概論》，頁45。關於理論觸覺的問題可詳閱本書第三章。

57.Douglas C. Peifer, *The Study of War Project and T.I.S.S.*.
(http://www.unc.edu/depts/diplomat/AD_Issues/tiss/studywar.html)

58.關於戰爭哲學參考文獻的考量因素與注意事項，參閱冷則剛、任文珊譯

（Jaorol B. Manheim & Richard C. Rich著），《政治學方法論》（台北：五南圖書公司，民87年），頁47-49。

59.傅佩榮譯（Bernard Delfgaauw），《西方哲學》（台北：業強出版社，1998年3月，二版五刷），頁30。

60.鈕先鍾譯，《殷鑑不遠》（*Why Don't We Learn from History*）（台北：國防部編譯局，民國62年），頁13。

61.鈕先鍾，《歷史與戰略：中西軍事史新論》（台北：麥田出版社，民國86年），頁11-12。

62.陳韜譯（伯倫漢著），《史學方法論》（台北：台灣商務印書館，民國77年），頁5-14。

63.陳曉林譯（Arnold J. Toynbee），《歷史研究》（*A Study of History*）（台北：遠流出版社，1996年，第一版三刷），頁71-74。

64.鈕先鍾，《西方戰略思想史》（台北：麥田出版社，民國84年），頁17。

65.鄔昆如，《哲學概論》，頁20。

66.本節關於「外在研究法」、「內在研究法」係參考黃俊傑、蔡明田合著，〈中國政治思想史研究法試論〉一文，收錄於謝復生、盛杏湲主編，《政治學的範圍與方法》（台北：五南圖書公司，民國89年），第一章。雖然本篇係針對中國政治思想而作，然運用於中西戰爭哲學思想史的研究方法上仍有很好的參考價值。

67.見周力行，《世界軍事思想比較論》（作者自印，民國50年1月，再版），第三篇。

68.王康慈著，見《國防雜誌》，第9卷第8期，民國83年2月，頁3-9。

69.李效東主編，《比較軍事思想》（北京：軍事科學出版社，1999年12月，第一次印刷），頁2。

70.我國哲學學者鄔昆如認為，哲學研究分為兩大類，就是理論的哲學和實踐的哲學。理論的哲學可以分為入門知識的認識論以及屬於哲學的「體」的形上學；實踐的哲學，是指所有價值哲學，是屬於哲學的「用」。依此而論價值哲學包括政治哲學、社會哲學、藝術哲學、宗教哲學……等。參見鄔著，《哲學概論》，頁28-29。

71.舒光著，《科學哲學導論》（台北：水牛出版社，民國86年11月，初版三刷），頁17。

72.同上註，頁16。

73.國防部總政治作戰部，《戰爭哲學》（台北：國防部總政治作戰部，民國

82年），頁2。

74.陳益群譯（Gaston Bouthoul著），《戰爭》（*La Guerre*）（台北：遠流出版公司，1994年），頁37。

75.國防部總政治作戰部，《戰爭哲學》，頁2。

76.參見許慎，《說文解字》（台北：天工書局，民國81年）。各字解釋。

77.孔穎達，〈春秋左傳正義〉，見阮元校勘《十三經注疏》（台北：大化書局）。

78.參見許慎，《說文解字》，各字解釋。

79.關於英文戰爭用語參見馬少雲著，《戰爭哲學》（台北：臺灣商務印書館，民國64年12月），頁10-12。英文字之翻譯參閱梁實秋主編，《遠東實用英漢辭典》（台北：遠東圖書公司，1992年）。

80.參閱梁實秋主編，《遠東實用英漢辭典》，頁495。

81.蔣緯國，《現代軍事思潮》（台北：黎明文化公司，民國79年3月，初版），頁141。

82.本書引用之版本為楊南芳等譯校，上、下冊（台北：貓頭鷹出版社，2001年5月）。

83.James E. Dougherty, Robert L. Pfaltzgraff, *Contending Theories of International Relations: A Comprehensive Survey*, p.191

84.Ibid., pp.289-290.

85.J. David Singer & Melvin Small, *The Wages of War, 1816-1965: A Statistical Hand Book* (New York: John Wiley and Sons, 1972), p.37.

86.陳世欽譯（Mary Kaldor），《新戰爭》（*New and Old Wars: Organzed Violence in A Global Era*）（台北：聯經出版社，2003年1月）頁106。

87.劉曉（Leslie Lipson），《政治學的重大問題》（*The Great Issues of Politics*）（北京：華夏出版社，2001年8月，一版一印），頁56。

88.陳世欽譯，《新戰爭》，頁8。

89.陳益群譯，《戰爭》，頁42。

90.陳世欽譯，《新戰爭》，頁22。

91.參閱魏汝霖、劉仲平編著，《中國軍事思想史》（台北：中國文化學院出版部，民國68年11月，再版），頁228。

92.李長浩譯，《戰爭的目的與手段》，頁58。

93.梁兆康編著，《哲學概論》（台北：復興崗印刷所，民國64年），頁1。

94.吳康、周世輔合著，《哲學概論》（台北：正中書局，民國62年），頁2。

95.「形而上學」簡稱「形上學」。是日人根據易經繫辭中「形而上者之道，
　　形而下者謂之器」之用語而來。亞里斯多德將哲學分爲第一哲學與第二
　　哲學。第一哲研究一切存在之根本原理，乃指較高級的理論而言。第二
　　哲學（Second Philosophy）是物理學或自然哲學（physics），包括天文、
　　氣象、動植物、心理學等。亞里斯多德在教學程序上先教物理學，哲
　　學。亞里斯多德死後，人將其遺著先編成物理學，再將其第一哲學編於
　　其後，故稱後物理學（Metaphysics）。參見吳康、周世輔合著，《哲學概
　　論》，頁31。

96.參見鄔昆如，《哲學概論》，頁11-14。

97.張肅瑢、簡貞貞合譯（Bertrand Russel），《哲學問題》（台北：業強出版
　　社，1990年，再版），頁2。

98.參閱王弘五譯（Joseph M. Bochenski），《哲學淺談》（*Philosophy: an
　　Introduction*）（台北：御書房出版社，2001年12月，初版一刷），頁30-
　　44。

99.林逢琪譯（Peter K. McInerney），《哲學概論》（*Introduction to
　　Philosophy*）（台北：桂冠圖書公司，2000年3月，初版四刷），頁1。

100.傅佩榮，《哲學入門》（台北：正中書局，2001年，第八次印行），頁
　　5。

101.傅佩榮譯，《西方哲學》，頁174。

102.項退結編譯（W. Brugger），《西洋哲學辭典》（台北：華香園出版社，
　　民國78年1月），頁409-410。

103.徐啓智譯，《西方社會思想史》，頁2。

104.徐啓智譯，《西方社會思想史》，頁3。

105.Chris Brown, *International Relations theory: New Normative Approaches*
　　(New York: Columbia University Press, 1992), p.132.

106.關於正義戰爭哲學的理路主要參閱James E. Dougherty, Robert L.
　　Pfaltzgraff, *Contending Theories of International Relations: A
　　Comprehensive*, chapt 5.

107.Carnap，《卡爾納普思想自述》（*Carnap's intellectual autobiography*）
　　（上海：上海譯文出版社1985年版），頁12。

108.王晴佳，《西方的歷史觀念——從古希臘到現代》，頁236。

109.蔣中正在〈軍事教育與軍事教育制度之指示〉中謂「革命軍人應具備的
　　哲學，那就是軍事哲學，亦就是戰爭哲學。」見先總統蔣公全集編輯委

員會編,《先總統蔣公全集——第二冊》(台北:中國文化大學,民國73年4月),頁2313。

110. 蔣中正,〈軍事科學、軍事哲學與軍事藝術〉,先總統蔣公全集編輯委員會編,《先總統蔣公全集——第二冊》(台北:中國文化大學,民國73年4月),頁2720。

111. 王成業等主編,《軍事哲學原理》(北京:軍事科學出版社,1990年8月),頁8。

112. 李效東主編,《比較軍事思想——部分國家軍事思想比較研究》(北京:軍事科學出版社,1999),頁45。

113. James Fieser, general editor, "The Philosophy of War", in *The Internet Encyclopedia of Philosophy*.

114. 郭少棠,《西方的巨變,1800-1980》(台北:書林出版公司,民國85年11月,一版二刷),頁603。

戰爭認識論

　　戰爭哲學中探索戰爭是什麼與如何認識戰爭的議題與哲學研究範疇中的認識論有關。[1]哲學所研究的對象，不外為宇宙與人生問題的全體，而哲學之目的，即在求得此宇宙及人生純正之知識（genuine knowledge）。從古希臘開始，西洋哲學所關注的焦點問題之一，便是：「人類如何認識外在世界？」人類認識外在世界的努力，稱為「認識論」或「知識論」。Epistemology是由希臘字episteme（知識或知識型）和Logos（科學、學科）合併而成。在公元前六、七世紀時，希臘人的哲學思考便已經表現對於「知識」及「真理」的強烈欲求。[2]

　　認識論是要探求知識的本質與知識的確實性，提供我們尋求真理的依據，以奠定哲學理論的基礎。因為我們從事知識研究的工作，就是要知道知識的真相是什麼，也是哲學中要探討的問題。任何一種關於人類社會的理論，從認識論上看，都是根源於現實生活中的問題，這些現實中的問題引發了人們的理論思考。人類由於其有限性，對現實存在問題總是不滿意，總認為是有問題的。對於有問題的現實生活，人們自然要企求一種將問題解決了的更完滿的社會存在。[3]

　　一般而言，對於戰爭問題的研究很難獲得一些滿意的答案，我們只能運用現有知識對戰爭做基礎性的認識或判斷。誠如哲學家梯特斯（Titus）所言：「知識的獲得是要經由不斷的成長和時間的拷問的；無人能夠正確地聲稱具有這個世界的終極知識。」[4]戰爭哲學研究的認識要素（或結構）包括戰爭研究者、戰爭現象（客體）與對戰爭現象的認識作用等因素的結合。此一結合透過認識作用，可形成完整戰爭知識的概念、推理與判斷的思考成果，而達到獲取正確戰爭知識的目的。若單就軍事運用言，戰爭哲學的研究，可限定在運用軍隊或戰場指揮官個人的智慧、學識，與對敵我雙方戰力與戰爭要素評估，所構成的一個認識與知識成

果。[5]這可提供戰爭實踐的依據。如此,一個戰爭研究者對於戰爭
認識的來源可經由經典研究、理性的思維、對戰爭的經驗觀察研
究與個人對戰爭的直覺認知等,而我們亦本於此種立場對於戰爭
的認識問題作研究。本書除先於第一章就戰爭哲學研究的範圍與
方法作說明外,並界定戰爭的意義,另外準備於第二、三四章分
別就「戰爭的根源」、「戰爭型態的演變」、「戰爭的類型(種類)」
等議題來認識戰爭現象。

註釋

1.「知識論」在哲學研究中有「廣義知識論」與「狹義知識論」之分。「廣義知識論」或稱「知識學」（Science of Knowledge），為德國哲學家斐希德所說，包括「認識論」（Epistemology or Theory of Knowledge），與「邏輯」（Logic）。「認識論」一詞是由日人所譯，即所謂「狹義知識論」。「邏輯」（Logic）或稱「理則學」，專門討論正確思維之法則。一般在哲學書籍中所謂的「知識論」若無特別說明，通常都是指「認識論」而言，這是中文翻譯的問題。對於「邏輯」（Logic）或稱「理則學」通常會另立章節或專書介紹。關於「認識論」的研究範圍與譯名問題詳見吳康，《哲學大綱》（台北：臺灣商務印書館，民國77年8月，增訂八版），頁33-34、199-203。鄔昆如，《哲學概論》（台北：五南圖書公司，民國78年8月，三版），頁29-30, 47。

2.黃光國，《社會科學的理路》（台北：心理出版社，2001年2月，初版一刷），頁17。

3.參考王南湜，《社會哲學——現代實踐哲學視野中社會生活》（昆明：雲南人民出版社，2002年6月，一版三印），頁3。

4.譚振球譯（Harold Hopper Tiaus），《哲學入門》（*Living Issues in Philosophy*）（台南：王家出版社，民國78年1月）頁81。

5.曾國垣認為，認識就是藉由主觀的觀念與客觀的事物相結合，成為能知與被知的對象，依照能知與被知對象所發生的認識關係，構成了概念、推理、判斷思考的成果（即為認識）。所以戰爭哲學上的認識，是將「所知」——即敵我雙方的國力與綜合戰力評估，「能知」——即國家領導人與軍事指揮官的智慧與學識，兩者相互結合，產生判斷和決心的成果。見曾國垣，《先秦戰爭哲學》（2001年6月，初版二刷），頁166-167。我們認為這樣的戰爭哲學認識論過於狹隘，因為戰爭哲學不應限定於單純的軍事指揮與判斷。

第二章

戰爭的根源

為何舉國如此震怒？

　　　　　　　——《舊約詩篇2》

第一節　根源的說明

一、根源的意義

　　戰爭根源的研究自古即已存在。他主要在問：「為何有戰爭？」以此而言，所謂戰爭的「根源」(causes) 的意義有四：[1]1.在一般環境狀下，根源會產生一種功效、結果、或後果。這種意義是將戰爭發生根源當作一種「決定論」來看待，即戰爭的發生是由於各種因素所累積而成。2.從人類意志而言，根源也是一個以虔誠和熱忱去追求的目標和原則。因此，根源可能是促使國家或群體發生衝突的那些力量、因素、和事件。但是，根源也是激勵國家或群體發奮，在其領袖所選定，和大家認同並值得為其奮鬥犧牲的目的。這個見解把焦點集中在探討決定發動戰爭的人的動機，即想從戰爭獲得些什麼？對發動戰爭的人而言，戰爭是不同根源間的競爭，因為人類不僅為了羨慕、貪婪、肉慾、報復等基本動機而產生戰爭慾望，而且戰爭也使他們有機會表現如勇敢、無懼、果斷和忠誠等高貴的品格。3.從人類心理上的矛盾而言，戰爭根源的意義是指：戰爭儘管討厭，卻是人類生存的一種自然現象。和暴風雨、地震、飢荒、肉體痛苦和最後死亡等其他災禍的性質相同。這種通常形成了戰爭的心理學研究。4.從人類社會組織的建構而言，戰爭根源的意義意指戰爭可用來解決人類

社會的紛爭或保衛自身權益的一種可選擇途徑。這種態度使戰爭
的研究學者紛紛探求戰爭的「原始根源」，集中在戰爭與政治社會
間的關係上，形成了戰爭的社會學研究及「和平研究」。

二、根源的研究內涵

關於戰爭的根源（或原因）的意義既然如此複雜，所以要探
索戰爭的根源為何，亦很難從某個觀點來瞭解。研究戰爭根源的
目的通常是為了解釋與防止戰爭。至於研究戰爭根源所要尋求的
問題，可從四個方面做說明：[2]

（一）是否有一個可供分析各種不同層次的戰爭原因系統？

這問題主要是要探索，戰爭根源的「直接原因」，以及另外一
些促成或妨礙（延遲）戰爭爆發的「條件」因素。如歷史學者偏
好採用陳述方式（descriptive approach），來找出導致戰爭發生的
直接原因。這是因為每場戰爭的導火線（catalyst）各不相同。例
如，許多人認為1914年奧國王儲斐迪南大公遇刺引發第一次世界
大戰。相對於歷史學者，政治學者採取同則性的理論途徑，試圖
找出戰爭原因的解釋通則，以應用於不同的戰爭。例如，一次世
界大戰之所以爆發，歐洲國家間權力平衡情勢的轉變似乎扮演了
重要的角色，斐迪南遇刺只是戰爭爆發的最後導火線。[3]

（二）戰爭是否有一個（或不止一個）總原因

亦即是說，所有戰爭是否有一個共同的原因？如果答案是肯
定的，那麼，是什麼？在這一點上，人的本能或本性常被認為戰
爭的關鍵性原因。達爾文（Charles Darwin）在《物種起源》（*The
Origin of Specice*）一書認為，自然界「求生存」的普遍現象，是

戰爭的根本原因。當每一個物種極度努力於增加數目，每一種生物在生命的某一時期，要依靠鬥爭才能生活。所以在自然界裡「戰爭之中還有戰爭，必定綿延反覆，成敗無常。」[4]人既置身於自然界中，為生存而戰是自然的現象、本能的反應。奧地利生態學家勞倫茲（Korad Lorenz）在1963年出版的名著《論攻擊》（*On Aggression*）一書，根據動物的行為類比人類的攻擊性。他認為物種攻擊性是一種本能，在自然條件下有助於個體和物種的生存，亦即動物針對天敵的暴力行為，是為了保命，所以動物暴力行為具有「保種」的功能（species-preserving function）。至於種內攻擊（intraspecific aggression）——針對同類的攻擊行為的原因，則是藉由強者透過暴力手段領導群倫，分配有限資源，利益大眾，以使社群永續發展。[5]在《雄性暴力——人類社會的亂源》（*Demonic Males: Apes and the Origins of Human Violence*）一書中，人類學家藍瀚（Richard Wrangham）及彼德森（Dale Peterson）從演化生物學的角度，解析人類與猿類密不可分的血緣關係，深入非洲雨林實地觀察後，愕然發現：「雄性猿類的種種暴行，根本就是男人殘酷行徑的雛型。」所謂猿類「雄性同盟」出動，在人類歷史上就是戰爭。雄性暴力與父權結構是息息相關的。[6]

英雄主義與尚武精神也是構成戰爭主因。文化史將青銅文明稱為英雄年代，英雄自古在戰場見真章。研究西方戰爭，最遠可以追溯到荷馬的《伊利亞德》與《奧德賽》，這兩部史詩是描寫希臘眾城邦於距今三千二百多年前合組聯軍，由西南往東北對角線橫渡愛琴海，遠征小亞細亞的富庶城邦特洛伊與戰爭結束後，歷經十年海上漂泊，返回家鄉的故事。這兩部著作都在歌詠戰爭英雄。《伊利亞德》描寫戰爭的情景正是英雄情操的原型，以阿基琉斯（Achiles）作為核心英雄人物——看透生死，冷酷無情、為榮耀而活、鄙視死生，最能表現出英雄主義典範與特質。整首史

詩似乎充滿了不停的戰爭,然而英雄光榮但短暫的命運正是必須依賴戰爭來加以實現。[7]對戰爭的頌揚,會形成尚武的精神。當戰爭由少數貴族、武士階層的專利逐漸擴大「普及化」成為全民戰爭時,加上民族主義的興起,領導人物鼓吹偏執的愛國精神,形成了戰爭的共同原因。[8]另外「權力」、「理念」、「利益」、「意識型態」等也都常被視為是戰爭的主要原因。

(三) 引起戰爭爆發的是那些特殊事端?

是否有人能移建立一套不變的,或者隨不同時代而變化的戰爭爆發事端?

自從主權的民族國家形成後,不安全因素增多,致使產生各種可能暴發戰爭的事端,這些事端並無法統一建立成一套不變的標準,而且國內戰爭與國際戰爭的引爆事端也會不同。在國際間,戰爭被認為是常常用作解決國與國間衝突的主要方法之一,同時也可用以調節領導國家間的權力平衡相對關係。這樣可以保持國際體系於比較穩定的狀態。在一般的狀況下,一個國家若能避免涉入戰爭,都會加以避免。但是避免戰爭的願望必須與保護國家主要或重要利益這件首要大事相權衡。「主要利益」的定義並無共同的見解,最常見的是維護國家的領土完整、維護一國的生活方式以及國家的最高理想等。其他可能引發戰爭的事端還有:1.世界分裂的出現與加深。如強國及其盟邦分成兩大敵對陣營,冷戰期間的「民主」或「西方」陣營與「共產」或「東方」陣營的對峙,曾經投下新的世界大戰的陰影。而冷戰後則有文明斷層與衝突的分裂問題。2.經過殖民戰爭後的新興國家之間,有因民族的、宗教的、種族的各種可能戰爭事端。事實上,在第三世界中,傳統的戰爭原因依然未變。畢頓(Leonard Beaton) 認為第三世界中國與國間的戰爭乃是由於一些國家對其他國家生存

權的挑戰（如印尼對馬來西亞、阿拉伯國家對以色列）少數民族
求獨立（卡淡加Katanga，塞浦路斯）　或者爲領土而爭（印度對巴
基斯坦）等原因而起。[9]

　　爲對引爆戰爭事端有一清晰描述，李達爾（Julian Lider）曾
就1950年代期間的相關研究論文中，綜整出適用於國際戰爭事端
的一般原因：1.每一次戰爭都有若干個原因。2.基本原因是追求權
力與權力的新分配（有時侯，這些不是原因的本身，而是含有爭
取經濟利益之意）。3.因有關國家當權政府的形式及其意識型態對
戰爭爆發的衝擊（例如與專制統治相抗的民主政權，二者間的對
立常形成戰爭的狀態）。4.某些因素，諸如軍事機構的影響，社會
的挫敗以及其他社會、心理因素等，助長了某些戰爭的爆發，甚
至影響到戰爭的激烈程度的強弱與時間的長短。[10]

　　至於國內的內戰事端，則來自某些國家的內部矛盾，如社會
結構與經濟基礎的矛盾，民族或宗教中的少數派以追求自治或獨
立爲目標的運動而顯現出來的矛盾等，另外政府組織結構薄弱，
成爲失敗國家，或領導階層不能如社會期待進行革新。國內戰爭
通常有各種不同的戰爭類型，如政變、叛亂、武裝暴動或革命。

（四）戰爭原因是否終歸會消失？

　　戰爭能否完全被消除，基本上是否定的。提出這樣的觀點主
要是支持以下的兩種論斷：1.認爲人類殺戮的能力是與生俱來，
而人類團體從事有組織的暴力行爲也是一種本能。不論這些團體
是否有主權國家之名。人類從事暴力的潛力難以消除。尤其是人
類既然已經學會製造各種武器的方法，便不可能忘記。[11]2.即使不
認爲人類使用暴力或人天生有暴力傾向，但是因爲暴力的使用可
以解決紛爭，所以戰爭很難消失。誠如賀華德（Michael Howard）
所說：「暴力是國際關係中不可避免的因素，這不是因爲人天生

就有使用暴力的傾向，而是因為暴力有用，因此必須阻止和控制暴力。如果所有其他的努力都失敗了，那麼就應該在使用暴力時有所區別、有所克制。」[12]

三、古代對於戰爭根源的研究

在實際研究上，基於戰爭的頻繁與對和平的企望，我國學者在春秋戰國時期即已開始探索戰爭根源這個問題。魯哀公曾經問孔子說：「古之戎兵，何世安起？」孔子回答說：「傷害之生久矣！與民皆生。」（漢·載德，《大載禮記》，卷11，用兵第75）管子認為求群體之自衛與安全是戰爭的根源，他說：「古者未有君臣上下之別，未有夫婦妃匹之合，獸處群居，以力相征。於是智者詐愚，彊者凌弱，老幼孤獨，不得其所。故智者假眾力以禁強虐而暴人止，為民興利除害，正民之德而民師之。」《管子·君臣下第三十一》又說：「夫盜賊不勝，邪亂不止，彊劫弱，眾暴寡，此天下之憂，萬民之所患也。憂患不除，則民不安其居，民不安其居，則民望絕於上矣！」《管子·正世第四十七》可見人類在生存發展中，需求不得滿足，私慾心理作祟，觀念意識不同，彼此之間，即發生爭奪與衝突，部落、國家或國家集團之間，乃引起衝突之白熱化，以暴力行動施於鬥爭，以求決勝負於戰場。另吳起認為戰爭的起因會因動機與條件而異，他說：「凡兵之所起者有五：一曰，爭名，二曰，爭利，三曰，積惡，四曰，內亂，五曰，困飢。」《吳子·圖國》就我國歷史發展情形而言，這五個因素尚稱完整；就現代而言，也可用來說明一些戰爭的原因。

西方對戰爭根源的研究起源也甚早。希臘之史學家修昔底德（Thucydides）於其所著《伯羅奔尼撒戰爭史》（*The History of the*

Peloponnesian War）一書，也曾分析戰爭的起因。按伯羅奔尼撒戰爭（431-404 B. C.）是古希臘時期在繼希波戰爭後（500-449 B. C.）所發生改變希臘歷史的另一個重大戰爭。[13]希波戰爭後，希臘城邦分爲兩個集團，一個集團以雅典爲領袖（海上稱霸），一個集團以斯巴達爲領袖（陸上稱霸）。初期維持同盟的關係，不久後即發生爭端，兩方各有同盟者，彼此間開始發生了戰爭。所以自希波戰爭至伯羅奔尼撒戰爭開始，雖有和平時期，但雙方已經開始了一些小型戰爭。伯羅奔尼撒戰爭的起火點是由於雅典人破壞了與斯巴達先前在攻陷優卑亞後所訂立的三十年休戰和約。修昔底德對伯羅奔尼撒戰爭發生的根源認爲，雅典人破壞和約的理由固然是因爲雅典與斯巴達及其同盟間雙方的爭執與利益衝突事件所使然，但「使戰爭不可避免的眞正原因是雅典勢力的增長和因而引起斯巴達的恐懼。」[14]此一分析成爲國際關係「均勢」理論最早的起源。

對於戰爭根源的研究，雖然已有許多的著作，但是並無定論，通常歷史學家只對具體戰爭的原因感興趣而較少關注引發戰爭的普遍原因。也有人將戰爭看做是一種循環現象。

對國家而言，地球是個險惡之地。世界可說處於無政府的環境中，每個國家都對其自身安全負有最終的責任。與他國結盟或許對國防有所幫助，但是並不可靠。鄰國可能承諾互不侵犯，甚至簽定友好條約，但是一旦領袖易人，或者過去的情誼消散，昔日盟友可能轉變爲侵略者。以土耳其爲例，自1700年以降，該國總共發生了15場戰爭。隨著那圖曼帝國逐漸瓦解（1918年完全解體），俄羅斯開始將勢力擴張到帝國力量較弱的地區，尤其是巴爾幹半島。以俄國與土耳其來說，兩國就曾有過六次爭戰。希臘是土耳其第二大宿敵，自十八世紀以來，就曾和土耳其兩度交手。希臘擁有土耳其沿海大部分島嶼的主權，因此在緊鄰土耳其的區

域，不斷地引發捕漁和採礦權的爭議。此外，土耳其傳統上統治塞浦路斯，該島人口有80％為希臘裔。如今該島分裂，希裔與土裔問目前呈停戰狀態，雙方各自受其母國的支持。[15]

就國內的情形而言，若政府未能有效維持秩序與安全，合法性亦會受到挑戰，此時就會發生叛亂、暴動與革命。

第二節　冷戰與後冷戰時期戰爭的根源分析

一、冷戰時期

國際社會結構不斷變遷、各國內部政情時有所更迭，致使各種爆發戰爭的事端或是相關因果變項、條件，常會因時代變遷而更趨複雜。所以戰爭的根源有其不變的基本因素，也有隨時代變遷的條件因素。這也是研究戰爭根源困難的地方。第二次世界大戰後的國際關係可說是自由世界與共產世界兩大集團之間的冷戰經過。世界的權力中心，以往是集中在西歐達四個世紀之久，第二次世界大戰後則是一分為二。由共黨蘇俄控制歐亞「心臟地帶」（Heart land），另由美國控制美洲、歐亞「邊緣地帶」（Rim Land）、以及各離島。而中南歐、中東、非洲、南亞、與東南亞，則是他們兩者之間的戰場。這引起戰爭情況的改變，戰爭的頻繁與規模、人們對戰爭的態度、以及戰爭在國際關係上所扮演的角色，都隨著下述的各種改變而變動，諸如：影響戰爭毀滅性及攻防威力的軍事科技上之改變（如核子彈、衛星、洲際飛彈、超音速戰機），法律對於遂行戰爭與合理發動戰爭的標準的改變，政治

社會組織（從部落、封建制度、城市國家、與帝國到民族國家與
國際組織）上的改變，以及對民族與人類基本價值之態度與意見
的強烈性、同等性、與連續性上之改變。在國內政治方面，民主
政體或民主政府思想，造成普遍的民族自決、多數的帝國崩潰，
在亞洲、非洲、與美洲，產生了新興的國家，雖然這些國家多致
力於內政民主的思想，但此種民主政治，常不能實現。由於政治
不穩定以及經濟目標無法達成，因而影響到大多數新興國家及很
多其他國家民主政治上的發展，也引發的不少的戰爭。

　　在1989年前的四十年裏，戰爭研究中最受關注的議題是阻止
核戰爭，以及可能升級到核戰爭水準的常規軍事衝突，並倡議軍
備管制與防範大規模殺傷武器（weapons of mass destruction）的
擴散（如核子武器與生化武器），這即是冷戰的基本局勢。冷戰局
勢下的世界，由於嚇阻（deterrence）戰略的成功，達到了某種穩
定的效果。依據西瓦德（Ruth Leger Sivard）的統計，1946年至
1989年間，在發展中國家中發生了127次戰爭，傷亡2,190萬人。
凱利（Charles W. Kegley, Jr.）的結論是：「大規模戰爭的消失和
小規模戰爭的增加，使世界形成了兩個體系──穩定的『中心體
系』和動盪的『邊緣體系』。」[16]但是冷戰結束後，世界體系由一
個壁壘分明的兩極體系，瓦解成一個族群分歧的多極體系。這種
轉變使許多國家領袖造成一股日益不安的感覺。前美國總統柯林
頓甚至告訴記者：「前幾天我甚至說了一個笑話……『天阿！我
真懷念冷戰。』」[17]

二、後冷戰時期

　　自1989年以來，全球變化速度急劇加快。柏林圍牆的拆除以
及中東歐的政治劇變，標誌著「蘇維埃帝國」和蘇聯自身的解

體。1989年後，歐洲軍備的大規模裁減、華約的解散、德國的統一，以及由戈巴契夫（Gorbachev）領導的蘇聯向葉利欽（Yeltsin）控制的俄羅斯的轉變，世界局勢為之一變。冷戰結束後初期，許多學者認為全球將可向大眾民主與市場經濟邁進，美國學者福山（Francis Fukuyama）於1989年夏天在《國家利益》（*The National Interest*）所撰寫的論文〈歷史的終結？〉（The End of History?）指出自由民主已克服世襲君主制、法西斯與共產主義這類敵對的意識型態。自由民主可能形成「人類意識型態進步的終點」與「人類統治的最後形態」，也構成「歷史的終結」。[18]許多人認為世界新秩序即將到來。在1991年雖然發生波灣戰爭（美國率領三十個國家的聯軍對侵占科威特的伊拉克所進行的戰爭），美國前總統布希（Bush）認為國家間合作及和平解決爭端的「世界新秩序」已經來臨，他也認為在這個時代裏，聯合國將能實現其創建者們的最初願望，這也意味國家間的戰爭可能不再容易發生。戰爭研究學者賀華德（Michael Howard）在其1991年的著作《歷史的教訓》（*Lessons of History*）一書中樂觀評價說：雖然戰爭仍有可能發生在欠發達的國家，但「很有可能，戰爭……在高度發達的國家裏將不再發生，而且一個能維持國際秩序的穩定框架將牢固地建立起來。」[19]福山、布希及賀華德的預測或期望引起了一些人的懷疑。事實上，在往後的十年仍然發生許多爭議性的戰爭。如1992年4月～1995年10月間的波士尼亞戰爭（南斯拉夫聯邦內的種族淨化戰爭），1994年12月的第一次車臣戰爭（俄羅斯為阻止車城獨立）、1999年7月科索沃戰爭（以美國為首的北大西洋公約盟軍對南斯拉夫聯邦的塞爾維亞所發動的戰爭，以制止其對要求獨立的科索沃省阿爾巴尼亞裔的種族迫害）。2001年10月的美阿戰爭（2001年9月11日美國紐約雙子星大廈在遭受恐怖攻擊後，對支持主嫌賓拉登的阿富汗神學士政權所發起的戰爭），以及2003年3月

20日的美伊戰爭（美國認為伊拉克的海珊政權，暗中支持恐怖份子，並可能擁有大規模毀滅性武器，將危及世界與美國國家安全，所以發起先制攻擊）。除了這些戰爭外，世界各地除了在恐怖攻擊的陰影下，仍存在著許多戰爭與衝突。

冷戰後，除了政經較發達的民主國家外，世界各地仍存在著不同可能引起戰爭的因素。這些因素有部分原因來自美國的冷戰圍堵所造成的缺點。缺點一，是只從單一稜鏡去看世界（只知圍堵共產主義），而未能制定有效政策，使混亂更加持久，如越戰的失利，造成軍械彈藥散佈中南半島。缺點二，是為了對抗共產主義，可能對行事殘暴、傲慢或狡猾人士及組織提供了掩護。如美國在1970年代在中美洲干預其政府運作，1980年代出售軍火給伊朗，且把賺的錢支持尼加拉瓜反桑定政權游擊隊，祕密支援阿富汗民兵回教組織對抗蘇聯入侵，最後落得必須四處滅火，甚至受到反撲，如阿富汗的塔里班政權庇護911事件主嫌賓拉登。[20]冷戰時期所造成的缺失，在冷戰後逐漸浮現，區域性的動亂持續發生。後冷戰亂局的主要原因是，許多周邊國家的國力日漸衰落，衰落情形有兩種，一種是所謂失敗國家（failed states），政府當局根本沒有維持秩序的能力，非洲大部分地區和歐洲陸塊的小部分地區（如阿爾巴尼亞和車臣）就完全處於無政府狀態。另一種衰弱國家是政府不斷遭受分離運動的挑戰，分離組織要求脫離現有的國家，另建新國家或加入另一國，分離運動較無政府狀態對政府權威更具挑戰，組織更趨嚴整，局面通常可視為準戰爭狀態。[21]

此外，大國間仍舊有對立的情形，俄羅斯及中共仍然欠缺健全的法治民主基礎，美國與俄羅斯間仍保持了足夠威脅對方生存的實力，崛起中的中共軍事力量也不斷升級，其對於台灣問題的態度可能引起與美國的戰爭危機，甚至被學者形容成「全世界最危險的地方」。[22]再者，從以色列到北韓的一條連續的呈帶狀的國

家群（包括敘利亞、伊拉克、伊朗、巴基斯坦、印度和中國），不僅組裝了核子彈或者化學武器，而且正在發展彈道飛彈。在一個六千公里的弧形區域上，擴展出一個恐怖的多級均勢。[23]各國日益關切的問題是，這些大規模殺傷武器正向一些更為動盪不安的地區擴散的危險，這些地區相對獨立（如印度與巴基斯坦都擁有核子武器、北韓擁有長程彈道飛彈對日本及南韓所造成的威脅、持續存在的中東以阿衝突），且難以控制，經常處於戰爭或戰爭邊緣的狀態。各國也越來越感到恐怖組織或所謂流氓國家（rogue states）有可能從國際黑市上得到失竊的裂變材料（fissionable materials），甚至是完整的核武器。[24]其他戰爭的可能性還包括因主權與國界所引起的戰爭危機與地區性的族群衝突。冷戰後十年爆發了許多衝突，其焦點在於主權或邊界的爭議，俄羅斯和鄰國潛藏的衝突、台海的緊張、朝鮮半島的分裂、巴爾幹半島的戰爭、阿拉伯和以色列的紛爭、伊拉克入侵科威特以及印巴為了喀什米爾主權而引發對峙，都是國界與主權爭執。[25]族群衝突是族群要求自治或獨立的地區所引發的族群政治衝突或戰爭，這些雖屬內戰性質，但是因這些族群衝突常常是殘暴濫殺的種族淨化或種族滅絕，在國際和區域組織中常引發激烈的反應，[26]許多人道主義認為國際必須介入制止。

冷戰後的國際社會，仍存在著許多戰爭危機，並未形成一個和諧的世界，杭廷頓（Samuel P. Huntington）認為歷史終結論，所描述的一個和諧世界並不存在，冷戰後短暫的和平現象，不過是短暫的「和平幻覺」[27]。事實上人權、自然環境、國家安全、經濟發展，以及在意識型態結束後日益加劇的種族衝突、語言衝突、領土衝突、地區衝突和宗教衝突，都是戰爭發生的原因，杭廷頓則以「文明的衝突」（Clash of Civilizations）來說明戰爭的根源。他說：

我的假設是，在這個新世界裏，衝突的根源將不是意識型態和經濟。人類之間最大的分野和衝突的主導原因將是文化。民族國家仍將是世界事務中最強大的行為體，但是全球政治的基本衝突將出現在不同文明的國家和集團之間。文明的衝突將主宰全球政治。[28]

杭廷頓對於冷戰後戰爭的根源提出了新的看法。他的目的是想對於新的世紀人類新的戰爭根源提出見解，以提醒大家應從文化的途徑防範戰爭。

第三節　戰爭根源研究的相關理論介紹

一、概說

對於戰爭根源的的分析，誠如前面所提，一方面是要探索根本的或一般的根源。這是指無論國際社會結構如何變遷都不會改變的戰爭根源，或是在方法論的分析上可以獲得一個普遍的規律。史伯雷（Paul Seabury）和柯迪維拉（Angelo Godevilla）認為所有戰爭根源的研究可以歸納為兩類：即一般性因果論分析與意志力（意願、或動機、目的論）兩類。[29]一般性因果論分析，而就研究戰爭根源的人來說，則是在建立相關因果律以闡述戰爭之根源，這就是要對人類生活的一切生存層面，如生理、文化及意識型態、社會組織和政治制度方面、法律規範方面及科技文明的發展方面等，做全盤的因果或數學函數分析。當然在實際上要做「客觀」分析是很難的，因為要將所有變項因素蒐集起來事實上是

有困難的。所以在一般的情況下，大多採取一種或少數幾種變因素，如此常會陷入「決定論」的思考，諸如種族、宗教、政府能力（失敗國家造成內戰）、戰略傾向（如著重先制攻擊的戰略）、軍備競賽、權力均衡、帝國主義論、霸權穩定論、民主和平論等，而無法全盤洞悉戰爭發生之因素。這樣做的原因是基於透過簡化問題，來尋求決定性的戰爭根源因素。一是意志問題，就是發動戰爭的動機爲何？有何目的？目的通常隱藏於佔領、掠奪、富裕、征服、報復、懲罰、秩序、維護價值、理想等種種善或惡的表面下，以期達到以下目標：更換政權、建立一個國家或帝國；在一國或國際間建立一種公共秩序，制服和懲處邪惡（如美國總統布希對一些國家的用語，如邪惡軸心、流氓國家等）；將文化和宗教或非宗教信仰傳給其他地區與人民；防衛自己的領域以抗拒外來或內在之敵人。

戰爭根源意志論還涉及一個問題，就是有沒有意外的戰爭。戰爭的發動在一般情形下應是經過理性計算的結果。依此而言，就發動戰爭者而言，其發動戰爭前應經過相當的損益分析。賀華德亦認爲沒有意外的戰爭，他說：「不論戰爭的動機是不充分而卑鄙，而其發動則無疑是一種故意的且經過深思熟慮的行爲。」[30]澳洲歷史學家布蘭尼（Geoffrey Blaining）在其所著《戰爭的根源》（*The Causes of War*）一書中也不認爲會有意外的戰爭。意外戰爭的說法是因爲將「估計錯誤」或「判斷錯誤」當作是意外。布蘭尼將車禍意外與「意外觸發的戰爭」做比較，這兩種事故發生的方式不同。公路上的交通事故，駕駛人彼此多不認識，當事人雙方亦無恩怨，從前相識的關係也與這次車禍鮮有關聯。國與國間的關係則不同，國與國間若無理由變成仇敵，或彼此畏懼或憎恨，或認爲雙方基本利益有衝突，和不能以和平方式解決的話，兩者甚難發生意外的戰爭。

　　研究戰爭根源的理論很多，有些學者是用清單的方式羅列出戰爭的根源，這種方式通常使人無法對戰爭根源有整合性的認識，所以眾說紛紜，莫衷一是。也有的學者試圖整合各項會發生戰爭的因素，藉由涵蓋性較廣的概念，來說明戰爭的根源。以下是各種不同戰爭根源的理論。

　　羅森與瓊斯（Steven J. Rosen & Watter S. Jones）在《國際關係的邏輯》（*The Logic of International Relations*）一書中提出戰爭的十二項原因，即：

　　1.權力之不平衡。2.民族主義、分離主義與統一主義。3.國際社會的達爾文主義。即把「適者生存、不適者滅亡」的森林法則用之於國際社會而引發的衝突。4.溝通失敗。溝通失敗與誇大的恐懼感，造成國際局勢緊張。5.武器競賽。6.藉外在衝突促進內部團結。如俾斯麥在1866年～1871年，經過計算煽動三次對外戰爭，而來統合德意志內的小邦。7.侵略本能。可從侵略衝動的人之本性、文化差異，以及戰爭與和平的循環週期中找尋答案。8.經濟與科學的刺激。9.軍事與企業的勾結。10.相對的剝削。用以說明內戰的起源。政治叛變最可能發生於人民感覺其所得少於其所應得，為了要得到較大的好處或解除排拒的挫折，群體較易訴諸於侵略及政治暴力行為。11.人口限制。如馬爾薩斯人口論控制方法之一就是戰爭。12.衝突解決。即以戰止戰。[31]

　　道弗提與法茲格拉夫列舉的戰爭原因如下：

　　1.獲得領土控制權。2.加強安全。3.獲取財富或特權。4.（透過保護或擴展的方式）維護種族、文化和宗教的特性和價值。5.維護或擴展王朝利益。6.削弱外部敵人。7.獲得或控制殖民帝國。8.傳播政治意識形態。9.防止國家分裂、解體或領土損失。10.干涉外國衝突（履行條約義務、支持友好政府、推翻不友好政府、援助爭取自由的戰爭等等）。11.保持同盟的可信性。12.維護或恢

復均勢，以便挫敗另一大國的稱霸目標。13.保護重大的海外經濟利益。14.支持海上自由原則。15.填補權力真空（在別人填補之前）。16.現在打一場小戰爭以避免將來打一場大戰，或者打一場現在能夠取勝的預防性戰爭，從而防止正在崛起的大國將來造成更大的威脅。17.為曾經受過的傷害而報復其他國家。18.保護瀕臨危機的民族。19.捍衛民族榮譽，對針對本民族的嚴重冒犯以報復。[32]

　　上述若干學者針對戰爭原因提供的一些理論法則，但是可能過於鬆散，且人言各殊。有些學者提出的可能是發生戰爭的必要條件，所謂必要條件是指有它的存在，戰爭才會發生，然而，僅有這些條件，戰爭未必一定發生；也有的學者提出戰爭發生的充要條件，在這些條件下是會發生戰爭，但是只會引發某些種類的戰爭。由於學者對於戰爭根源的理論過於分歧，為了將各種理論組織起來，本書將借用華爾茲（Knneth N.Waltz）的層次分析法（levels of analysis）來分析戰爭的根源。國際關係學者李柏（Rober Lieber）曾讚譽「分析衝突最有用的出發點是華爾茲提出來的」。[33]許多國際關係的教科書也都用這種方法來介紹戰爭根源的理論。

二、華爾茲的層次分析法

　　華爾茲於1959年的經典著作《人、國家與戰爭》（*Man, the State and War*），以層次分析法來探索戰爭之根源。運用這種方法，華爾茲提出個人、國家和國際體系三個層次來分析戰爭的原因：1.個人層次（individual level），論「人性與國際衝突」的關係，人的私念和權慾是國際衝突的根本原因。2.國家（內）層次（domestic level），論「國家與國際衝突」，國家體制弊端日顯，社

會矛盾深化，爲了加強對國內的控制，統治集團往往從對外衝突或戰爭尋求出入，這是國際衝突的內在原因。3.國際層次（inter-state level），論「國際體系與國際衝突」，國際社會處於無政府狀態，事端多發，一籌莫展，這是國際衝突和戰爭發生的外部原因。[34]

（一）個人層次

個人與戰爭的關係我們在前面已有所討論。華爾茲指出，人類本性是惡的，惡的本性決定人類必然要發動戰爭。[35]人類歷來關心人性，懷疑人類本能中是否生來就有暴力、侵略和主宰的訴求。有關天性或教育的辯論是個老話題，歸結而言，這些說法可以區分從心理驅使（psychological drives），生物本能（biological instincts）與道德墮落（moral depravity）三方面來分析。[36]

「心理驅使」論源自十九、二十世紀的生物、心理及社會學方面的理論——認爲自我求生存的競爭乃是人類及人類進展的首要因素。佛洛伊德學派（Freudian）及近代這類相關的理論都認爲性、敵意及破壞本能乃是人類行爲的主要因素。而經濟學或其他社會學說所奠基的理論也以人的自我中心爲本位，他們認爲導發人類行爲的動機，完全繫於人類的個己私利，人類或以溫和的競爭，或以致命的對抗形式，殘酷無情地追求這些目標。[37]所以一些感性信仰如「優勝劣敗，適者生存，不適者滅亡」、「若欲和平、必先備戰」等已深植人心，戰爭已成爲人類解決爭端「制度化」的一種手段。心理學家雷山（Lawrence Leshan）認爲，人類內心最大的衝突在於，一方面希望自己的生活過得充實、有意義；一方面又希望自己能爲團體接受，只要有一個邪惡的敵人出現在面前，人的需求立刻可以經由戰爭得到光榮感與歸屬感的滿足。[38]相反於自私的動機，有些學者主張「利他行爲」（altruism）與攻

擊行爲有關。社會學家威爾遜（Edmund O. Wilson）認爲「利他行爲」是人類一種像基因和荷爾蒙的遺傳因素，會加強和限制我們的行爲。「利他行爲」成爲人類遺傳的因素，是幾千年自然演變的結果，因爲經過證實利他行爲是適合人類繼續生存的基因，所以經過世代傳遞被保存下來，構成人類行爲中一種遺傳式的驅力或動機因素。其實，在開始時犧牲自己的行爲是違反生存原則行爲，但這種行爲會增進生存的機會，人類會保護同類，如同海豚會幫助受傷的同伴，有些鳥類則吸引敵人的注意以讓同伴有機會逃走。[39]

人性侵略本能說以勞倫茲（Knorad Lorenz）爲代表。勞倫茲反對戰爭是攻擊衝動或本能衝動的說法。他認爲若有一個客觀的、純理性的外星人看到人類一再反覆發生自相殘殺的戰爭現象，絕對不會同意人類的行爲是受智力指揮，或者受道義責任的指使。勞倫茲曾引黑格爾的話說：「經驗和歷史告訴我們——人們和政府從歷史上絕對學不會任何事，也不遵循其間演繹出來的原則。」既然如此「假如我們認定人類的行爲，尤其是社會行爲，絕不是單由理性和文化傳統就能決定，它們還要順從本能行爲的一切法則。」[40]所以他認爲戰爭「『起因於人的』天性」。不講理而且無理性可言的人類天性使得兩個種族互相競爭，雖然沒有經濟上的需要迫使他們如此做；它誘使兩個政治團體或宗教相互攻擊對方，而且它促使亞歷山大或拿破崙犧牲數萬人生命，企圖收攬全世界在他的統治之下。」[41]人類的本性如此，勞倫茲感慨像亞歷山大或拿破崙做戰爭這樣荒唐的人，還受到人們的尊敬，甚至認爲是「偉人」。富勒同意這種觀點，他說：「人類的本性絕不像和平主義者所想像的那麼善良。他是幾千代互相砍殺的遺留，野蠻嗜殺的性格已經深入了其內心。」[42]

人類因「道德墮落」而引發戰爭是出於基督教的說法。按照

聖經的教義，人的腐敗是一種普遍現象，這種腐敗本性導致了人的侵略罪行。[43]「道德墮落」說也與近代道德譏諷主義、虛無主義及強權便是公理等口號有關。這些有關「道德墮落」引發戰爭的主要論述是，如果宗教、倫理及法律價值都不足以控制我們行為的話，那麼還有什麼可以約束人類的行為呢？只有暴力和詐騙罷了。在這種極端的「道德無政府狀態下」，戰爭、革命及無情衝突等暴戾之氣便爆發開來。這種道德價值的降格與分裂化，在戰爭和血腥衝突中，一無保留地暴露了野蠻和反人道。此外，它也提高了罪行與其他反道德現象。[44]

　　有關個人層次原因的另一種研究，所關注的是政治精英與群眾因素對於戰爭的影響。在一些狀況下人們會有「戰爭最終是不可避免」的宿命性認知或誤解，這種狀況使戰爭成了「預言的自我應驗」。根據這一理論，使決策者與公眾都會受到這種「戰爭迫在眉梢」的普遍感所影響，所以會積極的調用資源，推動戰爭計畫。例如1914年夏季，歐洲各國的精英們都已遇見全面戰爭的可能性，並積極作好準備，此即是戰爭「預言的自我應驗」的明證。有關戰爭不可避免性預言的自我應驗，還會受到一國統治人物和公眾對他國或民族集團的形象所抱有的主觀的歪曲和敵視感而進一步強化。[45]即使如此也不是說戰爭就是無可避免的，現代戰爭複雜、慎重，依賴全體社會成員的介入。戰爭的原因不容易完全受到一個人或一群人的攻擊傾向而發生。對外決策者要想動員起大眾對其戰爭目的的普遍支持，就必須考慮到「社會差異」（social distance）。社會差異係指人們對其他民族、宗教團體、政治社群、社會階級內的成員的認同與排斥的一種心理意向。政治精英在對外動武除了要考慮到實力的可靠性外，還須取決於社會成員為戰爭而犧牲個人利益的意向程度。[46]

　　上面推論戰爭的根源都是從人性、心理或集體意識出發，還

有一種戰爭的根源是從國家領導人理性計算的結果來分析，這就是有關戰爭的預期功效的理論（expected utility of war theory）。該理論認為，戰爭的爆發決定於決策者的預期所得；換言之，決策者預期從戰爭中所得越多，他們訴諸戰爭的可能性就越大。誠如賀華德所說：「戰爭的開啓都是經過交戰雙方，經由計算後所作的有意識與理性的決策。因為走向戰爭可以比維持在和平獲取更多的利益。」[47]利益的估算包括兩個因素：採取行動成功能夠實現的絕對得失和成功的可能性兩項（這稱為行動方案的預期效應）。這兩個因素——絕對價值和可能性——都包括在政治決策者的估算中。[48]

當然政治決策者可能做出錯誤的判斷。李維（Jack Levy）認為，決策者的錯誤判斷可能有三種類型：(1)誇大或低估對手的能力；(2)誇大或低估對手的意願；(3)對第三方作出錯誤判斷。斯托辛格（John Stoessinger）認為，領導者對敵人權力的錯誤估計是戰爭起因的最精確的解釋。[49]

另外決策者也會背離理性，價值信念會影響他詮釋資訊的方式，因而對他的決定產生影響，希特勒與羅斯福或邱吉爾的價值信念不同，伊拉克總統海珊與美國總統布希的價值信念也絕不相同，因此只能訴諸戰爭解決彼此的歧見與衝突。除了價值信念外，決策者個人的性格特質也影響決策，這牽涉到他的成長經驗、智慧能力及決策風格。另外還有三種因素會造成決策者個人偏離理性的判斷。1.決策者的理解誤失（misperceptions）或選擇性理解（selective perceptions）資訊。前者是對情勢的誤判，後者則是對於不想知道的訊息充耳不聞。2.情感偏見（affective bias）：決策者理性的損益估算，會因個人情緒好惡的影響而產生偏差，以致做出不計後果的決定。3.認知偏差（cognitive biases）：這種認知偏差與情緒好惡無關，而是人腦在選擇的能力本

來就受到限制。個人認知早已存在個人的邏輯圖像中，若外在事物發生不協調的現象，就必須予以調整。所以是否要發動戰爭可能必須跳離原先的認知圖像，避免戰爭，但也會朝自己的認知圖像，刻意低估風險，誇大軍事行動將獲致的成果，而引發戰爭。[50]

　　對於政治精英或決策與戰爭關係的理論很多，然而，至今尚無學者發現可靠的指標來預測哪些領導者好戰，哪些領導者好和平。許多領導者有能力發起戰爭，也會適時改變尋求和平。前埃及總統沙達特（Anwar Sadat）就是典型例證。[51]

（二）國家層次

　　國家層面分析側重探討國家或社會的特質有些學者認為，若干特質會影響國家使用武力解決衝突的傾向。華爾茲提出一種「替罪羔羊」的解釋（在第八章會有深入探討），即戰爭往往能促進相關國家的國內團結。因此那些為內部動亂與紛爭所困擾的國家，往往會藉由對外戰爭來求得國內的和平。對這些國家來說，為了能使國民團結一致，最好的辦法就是找到一個敵人。華爾茲認為，有缺陷的國家往往會在對外行為中表現出戰爭傾向。在這裏，華爾茲提出了一個有關國家的價值判斷問題：「好」國家是愛好和平的國家，而「壞」國家就是那些容易走向戰爭的國家。[52]因此，避免戰爭最重要的是建立「好」的國家。究竟什麼是好的國家？華爾茲原則同意馬克思主義者的觀點，即國家應由資本主義的國家改造成社會主義的國家，和平才得以實現的說法。惟他否認社會主義國家間的關係就是和平的關係，同時，和平與戰爭傾向不能作為分辨好壞國家的唯一標準。就事實而言，華爾茲關於資本主義是會引發戰爭和社會主義國家間並不能完全避免戰爭的判斷是正確的。[53]

　　華爾茲「好」「壞」國家的標準，在當今的世界上人們顯然有

不同的看法。首先我們應該先認清一個問題是，國家的好或壞是很難歸類的。戰爭對國家來說並非異常，因為人類社會分割成國家或其他各種團體，通常是戰爭造成的。主權與聯盟的建立就是在區別他人與自己，不會憑空而來。誠如古希臘史學家修昔底德所言：「人類被區分為各種團體，彼此不斷競爭，是所有國家具有的基本特徵：很難嚴格的將國家歸類為好或壞。國家會不斷的追求利益，表現出的行為時好時壞。」[54]若同意這個論點，我們可能會認為將某個國家取名為「流氓國家」是有欠公允的。

　　以下要繼續討論除了華爾茲的理論外，還有那些理論從國家的內部特質來討論國家的戰爭傾向。「民主和平」（democratic peace）是西方國家中的一種比較流行的觀點。民主和平論的提出是有歷史淵源的，它的由來可以追溯到康德。1795年出版的康德（Immanuel Kant）著作《論永久和平》（*Zum ewigen Frieden*，英文名稱*Perpetual Peace*），就闡述了這個理論的原型。康德主張必須永久和平的首要條件是是制定臣屬於公民之下的共和制憲法，依據這種憲法，國家是否應當開戰，必須經由公民同意。公民因知道戰爭會剝奪他們的權利，並帶來失去生命財產的苦難，開戰與否對於公民來說成了最猶豫的一件事，戰爭自然就難以發生。若沒有臣屬於公民的憲法，開戰權力來自元首，因開戰對於元首的生活作息、狩獵、度假、宴會等宮廷娛樂活動絲毫無損，元首就可能為微不足道的原因而決定開戰。[55]康德這個論點成為當今「民主國家比非民主國家更愛好和平」的理論基礎。大量實證研究發現，迄今為止，雖然民主國家與非民主國家有戰爭，卻沒有發生過民主國家之間的戰爭。另外民主國家也極少發生內戰，極少主動對外戰爭，更沒有發生過種族淨化、滅絕或大屠殺之類的事件。關於這個問題，有以下種解釋：1.民主國家無戰爭是基於民主國家的內部制約，這些制約包括：(1)公共輿論的約束作用——

必須爲戰爭付出慘痛代價的民眾，可以藉由選票阻止發動戰爭的領袖再次當選。(2)民主國家的對外政策是公開的。(3)國家民主政治結構是相互制衡的，外交決策過程是多重性的。2.民主國家無戰爭可能基於民主國家間共有的自由價值觀，尤其是尊重個體權利和法治。此類國家的文化、觀念和習慣導致了對於政治活動與爭端解決方式的和平態度，[56]亦即民主國家將其國內的和平解決衝突的規範，運用到與其他民主國家的關係中。[57]

　　民主和平論大抵是符合事實的，但也受到一些詰問。1.每逢必要，國家就應當不惜一戰，以求保護國家的實力和生存的利益，國內組織屬於什麼類型在這一點上不起任何作用。2.民主政體並非先天的愛好和平，民主只是意味著多數決，如選出的代議士多數決定參加戰爭，則民主政體可以進入戰爭狀態，而仍維持其民主特質。3.在歷史的例證中，民主國家也有好戰精神，如美國與墨西哥及美國與西班牙；英國與法國（兩個在十九世紀居領導地位的民主政體），也參與許多帝國主義行動。4.整個二十世紀，民主國家樂於擴展其影響力，而以自由的彌賽爾主義（messianism，相信一項主張的絕對正確性），因此威爾遜爲了使民主安然存在於世界而參戰。雷根在1983年派軍隊至格瑞納達，而布希父子也先後派兵伊拉克，進行反制伊拉克侵佔科威特及解放伊拉克的戰爭，小布希另外還以反恐名義派兵阿富汗推翻塔利班政權，這些戰爭都是美國爲維護自身安全與擴展權力的例證。[58]5.民主國家領袖發動戰爭，有時還會獲得人民高度的支持與聲望的提升。1982年，英國首相柴契爾夫人在福克蘭戰爭期間獲得高度的支持，1991年及1992年兩個美國布希總統也都在波灣戰爭期間聲望有著顯著的提升。6.由於民主國家與戰爭的關係，常以戰爭傷亡數做衡量依據，以顯示民主國家較爲「仁慈」。但是有學者指出，民主國家參加許多間接的戰爭，所以應從是否採取非暴力的

手段來計算其愛好和平的程度。因為，人們似乎只看到民主國家好的一面，民主國家一些間接的戰爭或軍事行動，例如以武力威脅製造戰爭危機、隱蔽的軍事行動、海外駐軍及部署、協助盟邦訓練軍隊、提供武器支援盟友戰爭，以及更多的砲艦外交等常被忽視，若將這些與戰爭關係列入，則民主國家參與戰爭的次數並不亞於非民主國家。[59]7.民主國家有時還會助長戰爭的發展與規模。其原因是一些先進的民主國家也是最大的軍火供應商。當前世界七大軍火銷售國——美國、法國、德國、英國、俄羅斯、中國和義大利，除了中國、俄羅斯外，都是民主大國。但他們卻將武器銷售至世界上有戰爭與衝突的地區。盧安達曾在1994年爆發種族大屠殺，當時提供武器的國家包括英國、南非和法國的代理商和出口商。而1989年到1998年間，美國提供了價值2億2,700萬美元以上的武器和訓練課程非洲軍隊。這些款項當中有超過1億美元是流入直接或間接涉入剛果戰爭的政府手中，包括：安哥拉、蒲隆地、查德、那米比亞、盧安達、蘇丹、烏干達、辛巴威等國。[60]

　　以上對於民主和平論的質疑，確實也有若干實證的依據。不過持平而論，當代的民主國家（二次世界大戰以後）確實少有戰亂或發動對外戰爭，惟經常捲入與專制國家間的戰爭。另外要注意的問題是，即使是民主國家也有程度上的差別。有學者指出，十九世紀自由民主國家的衝突（短期戰爭），就比二次大戰之後還要多。民主化的過程，無論是在國際上或在國內，也可能充滿不確定與衝突。有些國家名義上是民主國家，但是沒有傳統上的自由與憲法保障個人權利。如果沒有其他民主盟邦的協助，民主的機構可能無法帶來和平與穩定。[61]

　　在國家層次方面，與戰爭有關者還有「民族主義」。由於歷史發展的使然，民族主義經常導致戰爭；當權力、主權、領土、經

濟或軍事利益與民族主義發生衝突時，更是容易引發戰爭，現代
國家是以民族國家的形式發展出來，其重要的一個過程是必須境
內的民族「被綏靖」後，民族國家才能取得壟斷武力及採取強制
手段的正當性基礎。現代國家這一要素一直到十九世紀才完全達
成，但是許多國家在這方面仍然處於族群分離破碎的狀態。[62]尤其
是一次世界大戰後期，由美國總統威爾遜所提倡的「每個民族都
應有自己的國家」此一民族自決原則的主張，獲得了明確的承認
後，就種下引發後來各種民（種）族戰爭的根源。最先是一次世
界大戰後召開的凡爾賽會議，戰勝的列強只考慮到如何處理戰敗
的強權，以及自身軍事安全與經濟上的利益，當自身利益與民族
自決的原則相衝突時，列強只考慮到自身利益。例如在建立捷克
斯洛伐克的問題上，西方領袖在考慮自身的軍事安全與經濟利益
下，不願依族群同一性的方式來界定領土範圍，卻以合併更大的
人口與領土的方式來建立捷克斯洛伐克，造成了這個國家人群組
合的複雜（包括德國人、匈牙利人、烏克蘭農民），也成了日後戰
亂的根源。不僅於此，在二次世界大戰後期，殖民地國家對抗西
方帝國主義的戰爭常以民族自決的名義進行。不過，一旦亞洲和
非洲這些新興獨立的民族國家，立即會面臨內部的挑戰，因為這
些國家的國內「族群」（ethnicity）異質性很高，甚且呈現一種
「多民族國家」（指由許多不同的族群團體在共同認定的地理區域
內）的形式。這些不同的「民族」又會以民族自決原則進行獨立
訴求，此即形成不斷的內戰，這些內戰通常死傷慘重。例如在一
九六七年由伊波族（Ibos）成立的比亞法拉（Biafra）共和國，即
與其祖國奈及利亞經歷了一場超過一百萬人犧牲的殘酷內戰。至
今因民族主義名義所引發的內戰與種族滅絕未嘗停止，死傷更是
不可勝計。[63]總之，由於近代戰爭原因多半建構在民族原則上，許
多人乃將民族主義等同於戰爭。不過，事情都有正反面，也有人

不能同意這樣的說法。持反對態度的人指出，早在民族國家出現前，人類就有了殺戮行爲。舉例而言，發生在十七世紀的「三十年戰爭」，造成大約30％的德國人喪命，在那個年代，地域差別是導致戰爭的重要因素。即使近代一些國內的大屠殺與民族主義無關，如1930年代史達林（Joseph Stalin）統治下的蘇聯，有數百萬的人民遭到迫害，是獨裁專制統治的結果。[64]

　　還有學者認爲，戰爭是國家內部的社會與經濟制度的產物。巴內特（Richard Barnet）指出，只有當社會的軍事、政治、經濟結構的組織是爲了和平而不是戰爭時，戰爭才會停止。只要有準備戰爭，當戰爭對經濟有利時，戰爭就會繼續，他提出了有助於戰爭的三個重要因素：1.國家的安全設定過於強大並且不顧國家的長遠利益；2.國民經濟的擴張過度依賴於軍備的獲得；3.軍事和工業精英過分地操縱了公眾輿論。就美國而言，它要變成一個和平的力量，就需要改革社會的和經濟的結構，這樣它的軍事工業結構才不會再支配外交決策過程。[65]

　　布爾（Hedley Bull）歸納歷史上國家啓動戰爭的原因不外以下三點：1.國家進行戰爭是爲了獲得經濟上的利益。歐洲國家在重商主義時期所進行的貿易戰爭和殖民戰爭，是最典型的例子。2.國家進行戰爭是爲了維護國家的安全，抵制或消除國家領土完整與獨立所面臨的外部威脅，這類例子甚多。3.國家爲了追求意識型態目標而發起戰爭，旨在擴大其宗教或政治信仰的影響範圍。古時的宗教戰爭，法國革命戰爭以及拿破崙戰爭等都屬之。[66]

　　還有一種是女性主義的論點。女性主義者認爲戰爭是人類長期以來社會父權制的結果。按照這種觀點，因爲男性比女性好戰，所以一個由男權至上統治的世界是一個充滿衝突與爭權奪利的世界。此外，戰爭也源於男性長久以來以「通過暴力控制及解決問題」的傳統價值觀，由於這個價值觀，男性製造的暴力，女

性成為受害者。當然也有人認為男性比女性好戰是值得懷疑的，他們認為好戰傾向與性別無關，而與社會結構、傳統、制度、文化有關。社會結構等因素常會抑制了女性的能力。事實證明女性在進行戰爭與反戰爭的行為上都卓然有成。在軍中若女性與男性擁有一樣的機會，同樣會有傑出的表現，問題在於是否讓女性參與第一線的戰鬥一直是個爭議的問題。[67]有研究顯示，女性非常容易受到軍事價值和信念影響，儘管這些軍事價值或信念可能會危害她們的長期利益。1991年在美國發動波灣戰爭對伊拉克發動僅五天後，反對美國政府訴諸武力的女性就從40％以上大幅降低至20％出頭。這不禁另人問道，軍事化既會危害女性身體安全，又會剝奪她們的若干權益，為何她們還支持戰爭決策者？[68]

（三）國際體系層次

　　若從人和國家方面仍無法窮舉戰爭的根源，還有哪些因素是戰爭的根源呢？華爾茲因此引出第三個層次——國際體系的層次。他指出國際的無政府狀態是戰爭的根源。事實上，所有國際關係的理論都承認競爭與無政府狀態的國際政治結構之存在。這裡的無政府狀態（anarchy）指的是：

　　　「國際體系乃是一個多國體系，其中並不存在一個較高的權威或世界國家。此種潛在或實際的國際競爭情形，有時被稱為『集體行動的問題』（collective action problem），它假定在國際無政府狀態下，國家間的合作是很困難的，甚至是不可能的。」[69]

　　這概念是將霍布斯（Thomas Hobbes）對於國家建立前人類「自然狀態」（natural condition）下的社會所作的描述類比而來。
　　霍布斯在《利維坦》（Leviathan）一書中指出，當國家未建立

前，並無一公認的權力可以壓服一切，眾人交相戰，此即所謂的
自然狀態。此時人雖有高度的自由，卻高度缺乏安全感，因為沒
有一個更高的權威能防止人們彼此殘殺，須自恃個人體力智力以
謀自衛。霍布斯的解決之道是透過眾人簽訂「社會契約」的辦
法，來建立一個國家或具更高強制力的權威（這被稱作「利維
坦」），藉此，所有人都同意將他們的自由交付給國家以獲得安
全。[70]應用這個架構到國際關係上（「國內的類比」），華爾茲假
定，國際體系中的國家跟霍布斯自然狀態中的個人一樣，各國也
會在無政府狀態的國際政治領域中競爭，他說：

> 「在各國之間，自然狀態就是戰爭狀態……（在自然狀態下的）
> 人類之間，跟國家之間一樣，都是無政府狀態的，或缺乏一
> 個政府，這是暴力出現的原因。」[71]

正因為沒有一個世界性的利維坦或世界國家，所以也就沒有
辦法防止國際衝突的再次發生。簡言之，秩序只可能出現在一個
具有更高強制力的權威存在時，國家才能自由追求他們各自的國
家利益而不會永遠感到不安全，因為戰爭不會隨時爆發。

如果國際社會真的處於無政府狀態，而且國家與國家間也沒
有明顯的功能性差異存在時，華爾茲認為這時就可以從行為者間
的權力分配（distribution of power）來區分國際政治結構。明確的
說，就是要以強權國家的關係來定義國際政治的結構。若從過去
歷史來看，國際秩序是否安定，會隨著強權國家的數目增減而有
所改變。華爾茲由此導引出兩個強權國家所支配的「兩極體系」
（bipolar systems）與由三個或三個以上強權所支配的「多極體系」
（multipolar systems），這兩種體系不同的差異，以及與戰爭的關
係。[72]華爾茲既然以權力分配做為推論的根據，他在《國際政治理
論》（*Theory of International Politics*）一書中提到一項他的結論：

兩極結構會比多級結構更為穩定。穩定（stability）意味著不容易發生戰爭，亦即由主要強權組成的兩極體系，將比較不會引起重大戰爭。華爾茲主張「兩個強權國會比多個強權更能夠適當地處理彼此間的關係」，如此一來，就比較能避免一般性、體系間或者爭奪霸權的戰爭。[73]

關於哪一種體系較不容易引起戰爭，或者能夠有更穩定的互動，學者間有熱烈的討論。這個問題蘊含的推理是：

「一種體系的結構影響著戰爭發生率，因此低衝突率的體系便優於高衝突率的體系。」[74]

這也使關於國際間戰爭的可能性的研究，建立在對單極（unipolar）、兩極和多極權力結構的基礎上。華爾茲的著作是冷戰結束前十年提出的論點，以美蘇兩強所建構的「冷戰和平」提供了兩極穩定論的闡釋力。二次世界大戰後到冷戰結束，兩個超級大國間維持了45年的和平，並沒有公開、直接的暴力衝突。除了1969年發生的中蘇邊界衝突外，在任何大國間未發生過直接的戰爭。不過也有人不同意兩極穩定論，因為冷戰期間兩極保持的和平狀態的原因，事實上是來自兩個大國間不相上下的軍事力量，更重要的是核子武器的影響，使彼此願意節制自己的行為，以免引發大災難。國際關係學者唐耐利（Jack Donnely）評論道：「冷戰和平的出現與兩極體系的世界根本毫無關連。」[75]

另一國際關係學者吉爾平（Robert Gilpin）也不同意華爾茲的理論，提出「霸權穩定論」（hegemonic stability theory）來闡述國際單極體系與戰爭的關係。[76]所謂霸權穩定論是指，國際若是一個由超級強國所領導的權力分配結構所組成，也就是單極體系，則該體系會趨於和平穩定，只有當另一國家實力增長，起來挑戰霸權地位時，才會發生戰爭，如果挑戰者成功就會形成新的霸權

國家。國家間爭奪霸權之位以及威望、貿易等就造成了不穩定的局面。由於某一霸權的長期趨勢是會衰弱的，所以國家不可避免地最終還是會回到自然狀態，追求自身的利益。吉爾平認為他的理論比其他理論經得起考驗，不過他也承認，霸權穩定論不能解釋所有戰爭，也無法精確計算出和時會發生戰爭。

單極與兩極相對另一端，是一個多極權力分配結構的體系。通常存在著幾個地位平等的強國，彼此間不常結盟，每個國家都自行決定對於國際事務採取何種立場。然而，有時候基於安全考量也會尋求結盟，協調相互間的行動。聯盟的對象經常會改變，今天的盟友可能是明天的對手，為了保持合作關係，彼此的行為都會有所節制，不至於嚴重破壞到未來合作的可能性，這就形成了體系的穩定。許多學者相信多極權力分配結構最能避免戰爭，不過僅這樣一個多極體系出現的可能性不大。還必須以「權力均衡理論」（balance-of-power theory）來說明多極體系的穩定方式。「權力均衡理論」（balance-of-power theory）以摩根索（Hans J. Morgenthau）為代表。這個理論認為，權力的均衡分配將有助於國際體系內的和平，如果權力分配不均，將容易導致戰爭。[77]權力衡理論的要點是，相互競爭的幾個大國常會結成聯盟，以防止某國或某聯盟佔有優勢，維持各聯盟的力量大致均等是這個體系最重要的任務，所以主要國家會盡力維持均衡局勢，並用變更聯盟，甚至不惜一戰的方式來阻止一個國家或聯盟破壞體系的均勢狀態。

從國際層次與戰爭的關係存在著許多不同而相互批評的理論，但都有一些無法解釋戰爭原因的缺陷。例如兩極體系被認為對冷戰和平做出貢獻，但是這只能說是大規模的戰爭受到抑制，而許多內戰、革命戰爭並未嘗有減少。在霸權穩定論方面也一樣，冷戰後世界進入了以美國為首的單極霸權結構，但是除了美

國自己連續發動了幾次戰爭外，根據《2003年武裝衝突報告》
（*Armed Conflicts Report 2003*）二十一世紀伊始，就有38場武裝衝
突在29個國家進行，直接危害了數百萬人的生命。霸權穩定論有
一個弱點就是該霸權沒有領土擴張的野心，本身是一個愛好和平
的國家，也願意擔負其他國家的生存權力和安全需要。但霸權會
永遠如此自制，不會轉而成爲有擴張領土的國家嗎？由於霸權實
力遙遙領先其他國家，一旦霸權的性質和理念轉變，將無任何國
際組織或國家，足以制止其擴張。2003年的美伊戰爭中，美國無
視多數安理會成員國與國際輿論的反對，執意攻擊伊拉克即是明
顯例證。因此霸權的超強國力，既可是國際體系的穩定力量，也
可能成爲破壞和平的危險因素。[78]

除了權力分配外，另一個經常被討論的是國際體系長期經濟
景氣循環的影響。有些學者認爲經濟蕭條時期將容易導致戰爭，
因爲資源的逐漸缺乏容易引起衝突。例如「康德拉提耶夫循環」
（Kondratieff cycles）理論指出，大戰與世界經濟的長期波動起伏
（long economic waves）有關。[79]但也有學者則持相反意見，他們
認爲在經濟繁榮擴張時期較容易有戰爭，這是因爲各國有更多的
資源以進行戰爭。根據高士汀（Joshua Goldstein）的研究，在經
濟擴張時期，各強國之間的戰爭激烈的程度確實較高，但是經濟
循環並不會對戰爭的頻繁程度造成影響。[80]

藉助華爾茲及相關學者的層次分析方式，來探索戰爭的根
源，確實可以讓我們有定向的思考模式可循，但是，發生衝突與
戰爭的原因是非常複雜的，無論是華爾茲的層次分析或是其他各
類觀點的單一分析，都無法窮究所有戰爭根源的分析，儘管如
此，至少可以掌握出戰爭根源的思考脈絡及方向。我們當留意道
弗提（James E. Dougherty）與法茲格拉夫（Robert L. Pfaltzgraff）
對於戰爭根源研究所做的建議：

不幸的是，我們還不知道戰爭的原因是什麼，或者即使我們
確實知道了戰爭的原因，我們也遠不能就這些原因達成一
致。迄今為止還不存在一種普遍適用的衝突和戰爭理論能為
若干學科的社會科學家們所接受，或者能為那些給予社會科
學家們以啓發的其他領域的權威們所接受。如果最終要形成
一個綜合性理論的話，它可能需要從多種學科和領域中吸取
有益的成果，如生物學、心理學和社會心理學、人類學、歷
史學、政治學、經濟學、地理學、溝通理論、組織理論、博
奕論、決策理論、軍事戰略論、功能整合論、系統論、哲
學、倫理學以及宗教等等。知識界就我們知道什麼和如何知
道等認識論問題一直存有爭論，如果這種爭論越來越複雜，
那麼就不可能把人類有關戰爭原因的大量知識綜合起來。然
而，只要認真考慮綜合知識的必要性，就能使我們避免懷德
海（Alfred North Whitehead）裡所稱的「單一因素解釋的謬
誤」（the fallacy of the single factor）。我們不能認為導致衝突
或戰爭的原因只有一個；假定的原因不僅是複合性的，而且
在整個歷史的發展過程中一直在不斷地增加。[81]

　　總之，人們研究戰爭的原因，最根本的目的是制止戰爭，尋
求和平。在這方面，我們瞭解的東西越多，也許就越可能防止戰
爭。當然，即使我們能證明戰爭並非人類社會的不可改變的屬
性，並且能夠設計出防止戰爭的方法，實際做起來仍然有漫長的
路要走。

一、請敘述戰爭根源的研究內涵及其問題。

二、請就後冷戰時期的戰爭根源作分析。

三、請自行研究某個戰爭，探討其戰爭之根源。

四、研究戰爭根源的理論很多，請自行尋找某個理論作
　　介評。

五、戰爭是否會消失？

註釋

1.參考陳奎良譯（Michael Howard），《戰爭之根源》（台北：黎明文化公司，民國75年6月，初版），頁66-67。

2.李長浩譯（Julian Lider著），《二次大戰後之英國軍事思想》（*British Military Thought After World War II*）（台北：國防部史編局，民國79年5月），頁34。

3.Joshua S. Goldstein, *International Relations*, 3rd ed. (NY: Longman, 1999), p.193-194.

4.葉篤莊等譯，《物種起源》（台北：台灣商務印書館，1998年8月，二版二刷），第三章。

5.參閱中譯本，王守珍譯，《攻擊的祕密》（*On Aggression*）（台北：遠流出版公司，85年6月，初版）。

6.林秀梅譯，《雄性暴力──人類社會的亂源》（*Demonic Males: Apes and the Origins of Human Violence*）（台北：知書房出版社，2003年11月，初版1刷）。

7.關於荷馬兩首史詩的評論參閱：(1) 黃馨逸譯，《荷馬的世界》（台北：左岸文化出版社，2004年3月）。「推薦序」，5-6頁。(2) 譚傳毅，《戰爭與國防》（台北：時英出版社，1998年5月，初版），頁22。(3) 王煥生譯，《奧德賽》（台北：貓頭鷹出版公司，2000年7月，初版），「導讀」，頁18-26。

8.關於愛國精神的偏見引發戰爭的問題，英國社會學家斯賓賽認為，愛國精神相對於國家，猶如利己主義相對於個人──事實上有相同的根源，既有各種好處，又有各種壞處。過分的關心自己、堅持個人權利，會導致侵害與敵對行為，但過分忽視自己，不重視個人權利，會招致他人侵害，喪失個人應得利益。愛國精神亦同，過分的愛國精神使國家變得具侵略性，變得自負。如果愛國精神太淡薄，就會受到別國的侵害。所以國家必須要有適切的愛國精神，以維護國家利益與生存。參閱張紅暉、胡江波譯（Herbert Spencer），《社會學研究》（*Study of Socialogy*）（北京：華夏出版社，2001年1月），頁177-178。

9.李長浩譯，《二次大戰後之英國軍事思想》，頁40。

10.李長浩譯，《二次大戰後之英國軍事思想》，頁38。

11.張保民譯（Inis L. Claude, Jr.），《權力與國際關係》（台北：幼獅文化公司，民國79年5月，初版3印），頁4-5。

12.Michael Howard, *Studies in War and Peace* (New York: Viking Press,1970), p.13.

13.古代希臘歷史中，有兩次大戰：第一次是西元前500～449年的希波戰爭，第二次是西元前431～404年的伯羅奔尼撒戰爭。在第一次戰爭中，希臘人聯合起來，擊退了波斯的侵略軍隊。在這次戰爭中，希臘人使小亞細亞的希臘城市脫離了波斯的羈絆，打通了達到黑海沿岸的道路，在那裡取得了原料、奴隸和市場，為其高度的文化發展提供了經濟的條件，這一時期是希臘社會欣欣向榮、向上發展的階段。關於這次戰爭的史跡，見於希羅多德（Herodotus）的著作《歷史》（*Historiae*）。第二次戰爭，即伯羅奔尼撒戰爭，是希臘歷史的轉折點，希臘社會開始由繁榮走向衰落。

14.謝德風譯（Thucydides著），《伯羅奔尼撒戰爭史》（台北：臺灣商務印書館，2000年8月，初版1刷），頁19。

15.歐信宏，陳尚懋譯（Barry B Hughes），《國際政治新論》（*Continuity and Change in World Politics*），上冊（台北：韋伯文化出版社，1999年4月，初版1刷）。

16.James E. Dougherty & Robert L. Pfaltzgraff, *Contending Theories of International Relations: A Comprehensive Survey*, 5th ed. (New York: Addison Wesley Longman, Inc., 2001), p.3.

17.鄭又平、王賀白、藍於琛譯，《國際政治中的族群衝突》（台北：韋伯文化出版社，民國1999年5月，初版1刷），頁13。

18.李永熾譯（Francis Fukuyama），《歷史之終結與最後一人》（*The End of History and The Last Man*）（台北：時報文化出版公司，民國2003年1月，初版8刷），「序論」，頁 I。

19.Michael Howard, *The Lessons of History* (New Haven, CT: Yale University,1991), p.176.

20.林添貴等譯（Bill Emmott），《20/21：從20世紀出發的21世紀前瞻》（台北：雅言文化出版公司，2003年4月），頁44-45。

21.蔡繼光譯（Michael Mandelbaum），《征服世界的理念》（*The Ideas That*

Conquerd The World）（台北：雅言文化出版公司，2004年1月），頁203。

22.同上註，第五章。

23.蔡輝端譯（Paule Bracken），《東方烽火》（*Fire in the East*）（台北：新知文化，2000年12月），頁37-38。

24.「流氓國家」是蘇聯解體後（蘇聯被雷根政府描述爲「邪惡帝國」（evil empire），美國針對某些民族意識較強，甚至具有原教主義色彩的第三世界國家的歸類。看在美國當局眼裡，這些國家追求國際地位的平等，挑戰第一世界的權威，甚至藐視國際約定成俗的做法，囂張、不理性，行爲難以預測，本身經濟條件差，可是卻擁有大規模殺傷力的武器。隨著蘇聯的解體，美國的國力日增，成爲獨一的超級強國。這時美國對於少數國家的挑戰也就更加顯得忍無可忍，把這些國家統稱爲流氓國家。流氓國家所指稱的對象不是絕對清楚，核心份子一般指伊朗、伊拉克、利比亞與北韓。其他麻煩製造者如古巴、敘利亞與巴基斯坦偶爾也會被歸納在內。911事件後，布希總統另用「邪惡軸心」（axie of evil）說法，將伊拉克、伊朗、北韓等國家歸爲一類，認爲他們除了發展大規模毀滅性武器外，並與恐怖盟友組成了邪惡軸心。周英雄，〈誰才是邪惡軸心？〉，收錄於林祐聖譯（Noam Chomsky），《流氓國家》（*Rogue States*）（台北：正中書局，2002年10月，初版）。

25.蔡繼光譯，《征服世界的理念》，頁204。

26.鄭又平、王賀白、藍於琛譯（Ted Robert Gurr & Barbara Harff），《國際政治中的族群衝突》（*Ethnic Conflict In World Politics*）（台北：韋伯文化出版社，民國1999年5月，初版1刷），頁3。對於目前國際社會出現嚴重衝突、紛爭，隨時會引發大規模戰爭的地區可參閱，蕭自強譯，《閱讀世界紛爭地圖》（台北：世潮出版公司，2003年7月，初版1刷）。本書共整理出23個地區在2003年以後仍會發生戰爭的國家與地區。

27.黃裕美譯，《文明衝突與世界秩序的重建》（台北：聯經出版公司，1997年9月，初版）頁17-18。

28.Samuel Huntington, The Clash of Civilition , *Foreign Affairs*, 72 (Summer 1993) ,22-49,quoted at p.22.

29.李長浩譯，《戰爭的目的與手段》，頁66-90。

30.陳奎良譯，《戰爭之根源》，頁12。

31.Steven J. Rosen & Watter S. Jones, *The Logic of International Relations*, 3rd ed. (Massachusetts: Winthrop Publishers,1980), pp.308-335.

32.James E. Dougherty & Robert L. Pfaltzgraff, *Contending Theories of International Relations: A Comprehensive Survey*, p.284.

33.倪世雄，《當代國際關係理論》（台北：五南圖書公司，2003年3月），頁355。

34.同上註。

35.倪世雄，《當代國際關係理論》，頁355。

36.李少軍著，《國際政治學概論》（上海：上海人民出版社，2002年3月，初版1刷），頁190。

37.蔡坤章譯（Pitirim A. Sorokin），《現代潮流與現代人》（*The Basic Trends of Our Times*）（台北：志文出版社，1991年10月），頁43。

38.劉麗真譯（Lawrence Leshan），《戰爭心理學》（*The Psychology of War*）（台北：麥田出版公司，2000年3月），頁122-123。

39.關於利他行為，參閱陳光中等譯（Neil J.Smelser），《社會學》（*Socilogy*）（台北：桂冠圖書公司，1992年5月），頁92-93。

40.王守珍譯，《攻擊的祕密》，頁212。

41.同上註，頁211。

42.鈕先鍾譯，《戰爭指導》（台北：麥田出版公司，1996年9月），頁51。

43.李少軍著，《國際政治學概論》，頁191。

44.蔡坤章譯，《現代潮流與現代人》，頁48-49。

45.白希譯（Theodore A. Couloumbis & Theodore H. Wolfe），《權力與正義》（*Introduction to International Relations: Power and Justice*）（北京：華夏出版社，1990年12月），頁217-218。

46.同上註，頁219。

47.Michael Howard,*Causes of Wars, and other Essays*. 2nd ed. (Cambridge, MA.: Harvard University Press), p.22.

48.王玉珍等譯（Bruce Russett & Harvey Starr），《世界政治》（*World Politics：The Menu for Choice*, 5th ed.）（北京：華夏出版社，2002年1月），頁104。

49.Jack S. Levy, "Misperception and the Causes of War: Theoretical Linkages and Analytical Problems", *World Politics*, 36, October 1983, pp.82-89. 轉引自李少軍著，《國際政治學概論》，頁192。

50.Joshua S. Goldstein, *International Relations* (New York: Longman, 1999), pp.153-154.

51.Ibid.,p.195.

52.李少軍著,《國際政治學概論》,頁193。

53.倪世雄,《當代國際關係理論》,頁356。

54.Robert D. Kaplan, *Warrior Politics* (New York: Vintage Books,2003), p.51.

55.李明輝譯(Immanuel Kant),〈論永久和平〉,《康德歷史哲學論文集》
(台北:聯經出版公司,2002年4月),頁179-181。

56.王彥軍等譯(Allan D. English ed.),《變化中的戰爭》(*The Changing Face of War:Learning from History*)(長春:吉林人民出版社,2001年8月),頁297。

57.徐緯地等譯(Graig A. Snyder)《當代安全戰略》(*Contemporary Security and Strategy*)(長春:吉林人民出版社,2001年8月),頁87。

58.王業立等譯(Herbert M.Levine),《政治學中爭辯的議題》(*Political Issues Debated*)(台北:韋伯出版社,1999年10月),頁140。

59.王彥軍等譯,《變化中的戰爭》,頁298。

60.朱邦賢(Gideon Burrows),《你不知道的軍火交易》(*The No-Nonsense Guide to The Arms Trade*)(台北:書林出版公司,2004年1月),頁38-39。本書對民主先進國家與軍火交易的關係及其影響有很詳盡的實證探討。

61.李振昌譯(Richard Rosecrance),《虛擬國家》(*The Rise of the Virtual State*)(台北:聯經出版社,2000年10月),頁92。

62.李銘珠譯(David Held),《民主與全球秩序》(*Democracy and the Global Order*)(台北:正中書局,2004年3月),頁55。

63.王業立等譯,《政治學中爭辯的議題》,頁36-37。

64.同上註,頁39-40。

65.Richard Barnet, *Roots of War*, Baltimore:Penguin Books, 1973, p.337. 轉引自李少軍著,《國際政治學概論》,頁194。

66.Hedley Bull, *The Anarchical Society: A Study of Order in World Politics* (London : Macmillan Press Ltd, 1995), pp.188.

67.金帆譯(Conway W. Henderson),《國際關係》(*International Relations*)(海口市:海南出版社,2004年4月),頁136。

68.Cynthia Enloe, *New Internationalist*, Issue 221 July 1991. 轉引自朱邦賢,《你不知道的軍火交易》,頁24-25。

69.周邵彥譯(John M. Hobson),《國家與國際關係》(*The State and*

International Relations）（台北：弘智文化公司，2003年9月），頁12。

70.Thomas Hobbes, *Leviathan* (Cambridge: Cambridge University Press, 1955), chapter 13-14.

71.Kenneth Waltz, *Theory of International Politics* (Addison-Wesley,1979), p.31。轉引自周邵彥譯，《國家與國際關係》，頁30-31。

72.高德源譯（Jack Donnely），《現實主義與國際關係》（*Realism and International Relations*）（台北：弘智文化公司，2002年9月），頁22。

73.同上註，頁200-202。

74.白希譯，《權力與正義》，頁303。

75.高德源譯，《現實主義與國際關係》，頁206。

76.Robert Gilpin, *War and Change in World Politics* (New York:Cambridge University Press).

77.Hans J. Morgenthau, *Politic Among Nations: The Struggle for Power and Peace* (New York: Alfred A.Knopf,1985).

78.王高成，〈戰爭的研究──一個現實主義的觀點〉，《哲學與文化》，第31卷第4期（2004年4月），頁19。

79.Joshua S. Goldstein, *International Relations*, p.174.

80.郭盛哲，〈戰爭社會學：一個新領域的探索〉，《第六屆國軍軍事社會科學學術研討會》（台北：政戰學校，民國92年10月），頁4。

81.James E. Dougherty & Robert L. Pfaltzgraff, *Contending Theories of International Relations：A Comprehensive Survey.* ,p189.

第三章

戰爭型態的演變

歐洲喜歡炫耀其「文明戰爭」的思想，但是，在海外的爭奪
中，談論的越來越多的是「科學的戰爭」……隨著征服行動
的加快，描述這段歷史的書將會把非洲描述成一個被後膛
槍、馬克西姆機槍等武器從當地的野蠻中解放出來的大陸…
…繼續對最新武器的集體屠殺拍手叫好，認為這些屠殺是
「對野蠻致命的打擊；人性與文明的勝利。」文明乘著殮屍馬
車使向前方。

　　　　　　　　——Kiernan, Colonial Empires and Armies,1815-1960

第一節　概說

　　戰爭型態（war-forms）是指對於戰爭內容所表現的形式和狀
態，所作客觀的描述，而演變是指對戰爭歷史發展情況的分析。
在談論演變時，有時是指變革（change）或改革，有時是指革
命，前者是「漸進」的型態，後者是跳躍的型態。

　　變革的改變程度是單純技術性的，而不是結構性的，就是說
從整個歷史社會發展宏觀的角度看並沒有大改變。例如在中國二
千二百年以前的戰國時代，是中國歷史上關鍵性的重大變革和發
展時期，無論政治、經濟、生產技術、文化等各方面，都有重大
的變革和發展，這也引發戰爭的變化。春秋時代武器是銅製的，
主要進攻武器有戈、矛、戟、劍、弓、矢等。戰國時代由於礦業
和冶鐵技術的進步，矛、戟、箭等武器逐漸改爲鐵製，不但有鋒
利的鐵兵器，而且創造了遠射有利的弩。隨著新武器的發明、戰
法的改變，加上政治社會的變遷，使軍隊組織、戰爭規模與方式
有重大的改變。

　　總體而言，春秋時代的軍隊以「國人」（貴族之下層）為主力從事戰爭，軍隊範圍行動比較狹小，戰爭的勝利主要靠車陣的會戰來取得，一次大戰的勝負常在一、二天內就分曉。到了戰國時代由於武器的進步，並實行以郡縣為主的徵兵制，徵召農民作為主力，軍隊人數大增，軍事行動的範圍比較擴大了，戰爭方式由車陣改變為步騎兵的野戰與包圍戰，戰爭也較帶有持久與長期的性質，這時作戰變得比較錯綜複雜，戰爭的指揮成為一種專門技術，兵法開始講究。春秋以前的軍隊，都由國君和卿大夫親自鳴鼓指揮，到春秋晚期已出現著名的將軍和傑出的兵法家。[1]儘管春秋與戰國時代的戰爭有明顯的改變，但是若從人類發展至現代的戰爭型態來看，春秋戰國時期的戰爭型態都是屬於冷兵器與農業時代的戰爭。事實上，中國戰爭型態若有真正的變革應是直到宋代將火藥運用於對抗金人入侵，才算是揭開了中國戰爭兵器發展史上的新篇章。所以變革是一種相對性的與時間性的比較，而不是整個結構的改變。至於何謂戰爭型態的革命將在後面會有說明。

　　所以戰爭型態的演變是指對歷史上不同時期，戰爭內容所表現的形式和狀態，所作客觀的描述。在這一點戰爭內容固然是戰爭型態的基礎和前提，但是任何戰爭卻都是透過一定的型態來反映他的內容和表現他的存在。研究戰爭型態的演變，除了是要瞭解戰爭本身變化，演繹出戰爭不變的原則與發展的規律，以有效指導未來的戰爭，還應試圖瞭解某一時期內與戰爭有關影響所及的技術、社會與經濟諸方面變化，這樣才能深刻理解發生戰爭的社會演變。[2]

　　由於戰爭是人類文明發展過程的一種有組織的暴力社會現象，既是社會現象，就離不開政治結構與文明的發展，每個新的文明都會興起一套自己特有的戰爭途徑。克勞塞維茨說：「每個

時代都有其獨特的戰爭型態……因此，每個時代也都會有其獨特
的戰爭理論。」要瞭解戰爭型態的演變，通常會從文化、政治經
濟的結構與科技之發展做探索。於此當須注意者，無論是變革或
革命，都代表戰爭型態發生了某種演變，而所謂演變代表著戰爭
方式與手段的一種進步與發展，在這種過程中，不同的國家因政
治、經濟、科技等發展的狀況不同，同一時代仍會出現不同的戰
爭型態。如當代一些國家如美國與西歐國家，雖然已發展到資訊
時代的高科技戰爭型態，但是大多數的亞、非國家並無這種能
力，仍停留在工業時代的甚至農業時代的戰爭型態。

第二節　戰爭型態的轉變原因

　　原始人類的戰爭型態由其戰鬥技術與方法的運用所決定，這
些技術與方法相當定型，對於複雜的戰術及長期的實際戰鬥殊少
重視，對於圍城一事，幾全無研究。[3]原始戰爭的發起最先是依靠
突擊行動，以棍棒、寶劍和長矛與對手格鬥。只有在漸漸地採用
投射武器，比如弓箭之後，人類才慢慢地開始在乘馬戰鬥時使用
突擊與投射兩種戰鬥方法。自此開始，人類的補給方法和戰略也
才逐漸從初級發展到高級。此時，人們也開始對於戰爭相關問題
進行研究。[4]所以人類的戰爭型態是由簡單趨向複雜的。

　　不同的文化產生不同的戰爭方式。土地肥沃但人力缺乏的社
會比較傾向於一種「儀式化」的戰爭，實際參加作戰的是少數
「菁英」，但他們的命運卻決定著國家中每一個人的命運。阿茲台
克的「鮮花戰爭」和印尼島人們的「掠奪戰爭」相對來說較少帶
來流血事件，因為他們的目標在於俘擄人口而不是擴張土地；在
於透過戰爭獲得更多的人力，而不是讓他們白白死於流血的衝突

之中。甚至到二十世紀一些非西方國家的戰爭規模仍限於「儀式性」的戰爭。例如，在1960年代，人類學家還在研究印尼部落的戰爭，他們仍以一種儀式化戰爭方式來解決爭端。當然，在此同時，絕大多數國家的戰爭與軍事文化已經被西方歐洲類型和美洲的前歐洲殖民地區的類型所改造而轉型了。[5]

西方戰爭方式主要呈現於技術優勢、嚴整紀律、好侵略性的傾向、變革能力及經濟能力等五個基礎原則。[6]首先，西方武裝力量通常總是在更大程度上依賴於用技術上的先進彌補數量上的劣勢，這就是所謂「技術優勢」。與東方相比，西方並非一開始就擁有技術優勢，馬蹬和火砲都是源自東方，直至十七世紀早期火槍齊射技術和戰場火砲的出現，西方才開始掌握技術優勢。由於西方從戰爭經驗中瞭解與敵人的技術落差將導致致命失敗的惡果，所以西方一直對新技術異常敏感，不管這種新技術是來自它自己的發明家還是來自外部。技術革新與迅速反應能力因此成為西方軍事文化的特性。其次，單單「技術優勢」並不足以確保作戰勝利。約米尼說：「武器裝備的先進可能增加作戰獲勝的機會，但贏得戰爭的並非武器本身。」直到二十世紀，戰爭的結局常取決於技術以外的其他因素：周密的作戰計畫、成功的奇兵突襲，雄厚的經濟基礎，更重要的是嚴格的軍事紀律。第三、好侵略的傾向，使西方獲得許多戰爭實踐的經驗。第四、西方具有獨一無二變革能力使其能夠與時俱進。第五、金錢支持的能力，使西方可以進行戰爭變革。上述西方戰爭方式的五個基礎原則，技術優勢、嚴整紀律、好侵略性的傾向也同時表現在若干非西方的國家中，惟變革能力及經濟能力則是西方長期所擁有的優勢。西方在十四世紀的文藝復興也促進軍事思想的復興。文藝復興帶來了社會革命，造成科技、社會、經濟、政治和軍事全面的「演進」。與此同時的中國、印度、中東等文明大國，對歐洲的發展一無所

知，在這些國度裡，少有革新的意願，最後這些地區不是屈服於
歐洲人的統治，就是從事歐洲式的革命，[7]所以我們在探索戰爭型
態的演變時也常以西方的歷史做依據。

整體而言，戰爭型態的演變是以戰爭經驗所形成的軍事文化
為基礎，並隨著政治經濟型態與軍事科技的發展而演變。因而在
研究戰爭型態的演變，通常須留意戰爭的兩個重要屬性，即：政
治經濟屬性與科技屬性。

若將政治解釋為「國家權力的伸展」，[8]則「戰爭是政治的延
續」，將適用於絕大多數的戰爭。中國五千年前的「阪泉之戰」就
有一個「侵陵」與反侵陵的戰爭（《史記・五帝本記》有「炎帝欲
侵陵諸侯」句）。四千五百年前的顓頊與共工之戰是「爭為帝」，
也即爭奪統治權（《淮南子・天文訓》有「昔者共工與顓頊爭為
帝，怒而觸不周之山」句）。在國家成立以後的政治社會裡，用以
解決民族和民族、國家和國家、階級和階級、政治集團和政治集
團間的爭議與矛盾，使戰爭更具政治的本質屬性。戰爭既是權力
的競爭，離不開物質力量的支撐，雄厚的經濟實力是贏得戰爭的
重要條件，所謂「富國強兵」正說明經濟實力對於政治實力的影
響。另外，政治權力的擴張，通常也為了增進經濟的利益，十
九、二十世紀盛行的帝國主義，是最佳的說明。所以戰爭通常含
有政治經濟屬性。

於此當注意者，經濟發展的程度雖和政治、軍事力量有相互
的關連性，但有時可視經濟為獨立的可變項。如二十世紀初期即
已成為經濟大國的幾個國家（美、英、法、德、日）都是高度工
業化的國家，且只有一半勞力投注於農業上。再者，他們都是種
類繁多的高科技物品製造商，且他們的產品足以提供其人民高水
準生活。[9]在這種狀況下，自然有助於其實施軍事變革，改變戰爭
型態。

　　戰爭的另一個屬性是軍事科技屬性。戰爭是敵對雙方有組織的激烈的暴力對抗行為，而這種暴力是一定的社會經濟力的反映，是用當時的科學技術成果裝備起來的武裝力量間的競爭。原始戰爭使用的是金屬質兵器，可稱為冷兵器戰爭。冷兵器戰爭延續人類政治社會達數千年。隨著火藥的發明和火器的使用，熱兵器戰爭與其相應的戰法主導了戰爭舞臺。至二十世紀的核子武器和核子戰爭（核嚇阻。核戰爭除了美軍在廣島、長崎使用過兩枚原子彈外，此後再也沒有發生過，但核嚇阻一直延續至今）與資訊戰爭的產生，莫不是隨著核能科技和資訊科技的出現而出現的。科技的進步在促進社會經濟發展的同時，也改變了戰爭的科學技術屬性。戰爭的政治經濟屬性主要決定了戰爭的原因、性質、類型、地區和規模等內容。如正義戰爭與非正義戰爭、國內革命戰爭、民族戰爭與國際戰爭、國家聯盟戰爭、局部戰爭與全面戰爭、中小規模戰爭與大規模戰爭等。戰爭的科學技術屬性主要決定了戰爭中使用的武器裝備、軍隊的編成，軍事思想、戰爭型態、作戰方法等內容。如冷兵器戰爭（包括木石兵器和金屬兵器）、熱兵器戰爭、高科技戰爭，或機械化戰爭、海戰、空戰、兩棲登陸作戰、聯合作戰、資訊網路戰等。軍事科技對戰爭規模也產生很大影響，如大縱深立體作戰、戰略空襲等。

第三節　軍事事務革命與戰爭型態

　　由於戰爭的政治、經濟與科技屬性的改變，致使戰爭在政治，經濟與科技發展有重大改變時，同時也會引起軍事革命或戰爭革命。軍事革命的結果會造成戰爭型態的全盤改變。所謂軍事革命有狹義與廣義的定義。狹義的軍事革命是指「軍事技術上出

現的重大突破」，這種軍事革命稱爲「軍事技術革命」（military technical revolution, MTR）。廣義的定義，是指「軍事領域各方面發生的巨大變革」，這種軍事革命稱爲「軍事事務革命」（revolution in military affairs）。軍事革命不同的定義來自於對於「革命」一詞與軍事革命內涵的不同理解所致。就「革命」一詞言，「革命」不同於「改革」。軍事「改革」是最近一代軍事裝備與組織效能的進步，但是仍然保存新舊世代之間的延續性，「革命」則使新舊世代完全失去延續性，所以革命是完全嶄新、全面的一種變化。[10]所以戰爭型態的演變若屬於革命式的，將可能引起整個戰爭面貌甚至本質的改變。[11]回溯歷史，軍事事務可以被視爲是對勝利連續不斷的追求，而「改革」僅是用來形容軍事組織結構跟隨時代變化而改變，以爭取戰場勝利這個「程序」的一個名詞。至於「革命」則是政治社會、經濟型態與科技文明交互作用所產生的一種躍升。軍事革命的內涵，在早期的研究是以科技對軍事所造成影響爲研究內涵。依據哲學家羅素的研究，早在西元前212年的希臘數學及物理學家阿基米德（Archimedes）即懂得運用科學技術協助希臘城邦，對抗羅馬人的進攻。儘管本次戰爭希臘人未能獲勝，但羅素認爲自此以後，科技即已成爲戰爭勝負的決定性因素，文藝復興時代的著名人物，都是運用科學作戰的技巧獲得權力。[12]

　　近期軍事革命的產生，實際上是隨著二十世紀中葉導彈、核武器、衛星和電腦等的出現，就開始萌發，並一直在持續演進著，而其中有關思想觀念的提出，最早可能是在1970年代。最初，原蘇軍的一些軍官和將領，面對科學技術進步對軍事領域產生的愈來愈廣泛的影響，提出了發生「軍事上的革命」的可能性。除了在報刊上常見這類論文外，還陸續出現了一些專著，如蘇聯國防部軍事出版社1973年出版的《科學技術進步與軍事上的

革命》一書，就是其中的代表。該書由洛莫夫上將等16名作者集體編寫而成，儘管主要是以導彈核武器等新武器裝備的出現與運用作爲背景，但作者很明確地表示：「本書試圖在介紹新兵器性能的基礎上扼要地闡明軍事上的革命所引起的一些新的現象。」到1970年代末和1980年在蘇軍刊物的某些文章中，已經出現了「軍事技術革命」的概念。1988年中期，前蘇聯對於「軍事技術革命」的興趣，已提升到最高軍事階層，以總參謀長歐加科夫（Nicolai Ogarkov）爲代表，他公開認爲美國的戰力，拜軍事技術革命之賜，已凌駕蘇聯之上。力主蘇聯必須增加國防預算，將軍事工業發展優先順序的決策權，移回軍方，並將採購方向，從美國極感興趣的電子投資方面做調整。他的主張，以及大幅提升預算以挹注前蘇聯本身的軍事技術革命的公開呼籲，促使他下台。然而，當戈巴契夫讓他成爲華沙公約組織的總司令之前，歐氏的文章早已激起西方的蘇聯觀察家極大的興趣，而將他對軍事技術革命的各種命題，以英文縮寫字母MTR來代表。

美國對軍事革命的研究起於1977年，當時國防部三名重要的官員布朗、馬歇爾、裴利，開始共同思考如何將科技運用到軍事上。 1970年代初，國防部長斯勒辛格（James Schlesinger）任命馬歇爾擔任國防部淨評估辦公室的第一任主任。他是以深諳蘇聯事務的專家身分被延攬的。在蘇聯瓦解前，這個辦公室的分析重點，擺在美蘇的軍事關係上，包括衡量超強之間的軍力平衡，如何轉爲對美國有利等課題。換言之，這表示他得閱讀大量的蘇聯內部談話的資料。當蘇聯軍事專家於 1970年代末期，開始在其軍事期刊上撰寫有關 「軍事技術革命」的理論時，也引發馬歇爾與其同僚的注意。蘇聯技術官僚開始認爲：電腦、太空監偵以及長程飛彈，正逐漸將軍事科技融入至另一個新的層次，在程度上已足以轉變歐洲的軍力平衡，而有利於美國與北約方面。當時，許

多西方的蘇聯觀察家認為此類文章，乃是蘇聯技術有了新進展的徵候。但是對馬歇爾而言，情況並非如此單純，應別有蹊蹺。他認為，蘇聯的動機，與其說是對自身科技方案的自滿，毋寧說是對美國發展的焦慮。他指出蘇聯的反應，其實是衝著如美國「攻擊破壞器」方案而來的。

　　同時馬歇爾也開始相信蘇聯的軍力，其實遠較美國國防部所瞭解的要來的得弱，此後，軍方為此常關起門來激辯。軍方的傳統派堅持把蘇軍形容成一支全球性龐大，具有突穿東西德邊境，與美海軍進行海戰，以及鄰近蘇聯邊境戰略區域均受其威脅而無可抵抗力量。當蘇聯於1980年代終於開始瓦解時，許多國防部內的人士紛紛讚許馬歇爾。與此同時，美國對原蘇軍軍官、將領們提出的看法非常敏感，亦紛紛注意軍事領域即將可能發生的巨大變革。美國國防部基本評估辦公室，從1980年代末開始評估蘇軍提出的有關軍事革命的觀點，並結合美國的情況進行有關研究，但其真正全面研究新軍事革命問題，還是在1990年代初進行波灣戰爭之後。這場戰爭不僅使美國人看到了高科技武器裝備在戰爭中的重大作用，而且直接感受到一種新戰爭型態正在出現。因此該次戰爭後，不僅俄羅斯等國家進一步加大了探討「軍事技術革命」和軍事改革問題的力度，而且美國也掀起了一場關於新軍事革命的研究熱潮，陸續發表了大量的論文、論著與研究報告。美國未來學家托夫勒夫婦在1993年出版的《新戰爭論》一書中，提出了「第三次浪潮文明」將導致第三次「戰爭革命」或「軍事革命」的觀點。

　　同年，馬歇爾及手下的分析人員斷言「軍事技術革命」一詞，並不能充分表達冷戰後的美軍潛能。在1989至1993年間，馬歇爾及其同僚在美軍期刊與美國防部內部備忘錄指出，歐加科夫之「軍事技術革命」的概念過於狹隘。根據他們對早期軍事改革

的研究指出，雖然技術可以大幅改變軍事能力，但僅憑技術，並不足以促成目前已可產生那種變革的規模。多數他所贊助過的個案研究顯示，新式武器與其他軍事裝備在實用化後，只有戰術、準則與軍事組織也同樣明顯的改變時，才會大幅提升軍力。其中牽扯的因素，已不止是軍事技術而已。

到了1993年「軍事技術革命」一詞已從美國國防部淡出，代之而起的是較新且大內容更廣泛的「美軍事務革命」的名詞。馬歇爾在總結一系列的軍事革命研究之後強調：眞正的軍事革命不會經常發生。就算發生了，也要在相當時日後，才會影響到軍方及整個社會。[13]

由美蘇等國對軍事革命的研究情形來看，戰爭型態的改變，「科技」固然是關鍵因素，但政治社會、經濟等文明的發展狀況也對戰爭型態產生關鍵性的作用。在某些情況下，技術創新極爲重要，幾乎可以獨立改變作戰的特性。比較常見的情況是，富有創新精神的軍隊必須創造新的更完善的組織體制和戰術，以便對不大容易適應現有編制或作戰計畫的武器加以利用。此外，這些軍隊的政治領導人還應當給予必要的推動和必要的資源，以便使初步計畫和技術原型能成爲新型軍事機器。[14]

除了科技會引起軍事革命造成戰爭型態改變外，更要注意技術以外的文明關鍵因素。例如《槍炮、病菌與鋼鐵──人類社會的命運》(*Guns, Germs and Steel*)一書作者戴蒙（Jard Diamond）即認爲，歐洲人所以能征服印加帝國和阿茲特克人（Aztecs），[15]雖然依靠的是槍炮、武器和馬匹等先進軍事科技，但是除此之外，還應該從歐洲文明、對人類優良文化的繼承，先進政治體制、經濟更加發達和城市化等方面探索使歐洲能夠成功的擴張的因素。[16]所以托佛勒夫婦亦從人類社會、科技與文化等因素所發生的重大轉化（transformation），即農業文明、工業文明及資訊文

明，來定義人類所發生的三波戰爭型態的演變。[17]

第四節　戰爭型態演變的分析類型

　　大體而言，我們可以從兩大類型來描述戰爭的演變情形，一是針對科技在戰爭的發展和轉變中所曾扮演的角色所作的歷史分析，這種分類較偏向於變革式的演變（當然也涉及革命的演變）；二是針對整個人類文明（主要是政治、社會、經濟）歷史發展狀況對戰爭的發展與轉變所扮演的角色所作的歷史分析，這類型的分析較重視革命式的演變。

一、以科技為關鍵的分析類型：

　　在翟文中、蘇紫雲所著的《新戰爭基因》一書對以科技為分析依據蒐集了相關的分析類型：[18]

（一）美國學者克里費德（Martin van Creveld）的「四次革命論」

　　克雷佛爾德就科技對戰爭的影響，認為人類歷史上曾出現過四次不同的「軍事革命」。第一次係1648年後滑膛槍引發的革命；第二次是1815年後來福槍和鐵絲網引起的革命；第三次1918年後坦克和無線電引起的革命；第四次則係由當前各項新科技引發的軍事革命。

（二）美國學者林德（William S. Lind）等人的「四世代」戰
　　　爭論

　　林德將戰爭依軍事發展演化過程分為四個不同的世代：第一
世代是無膛線步兵戰術的時代：最大火力線、嚴格訓練集中火力
以及戰場沒有作戰藝術（operational art）係其特徵；第二世代是
來福槍步兵、後膛裝填槍砲、機槍與間接火力的時代：砲兵戰
勝、步兵佔領、火力密集取代了人力密集為其特點；第三世代是
火力強化的時代：滲透迂迴、非線性戰術、誘敵深入施予打擊係
其特色；第四世代係當前面臨的年代，戰場範圍擴及整個社會、
戰爭與和平的界限消失、平民與軍人的差別不再、恐怖主義盛
行、西方國家不再主導世界等為其特徵。

（三）俄羅斯「總參謀學院科學研究部」主任斯里普欽克（V.
　　　Slipchenko）少將的「六世代」戰爭型態論

　　斯里普欽克將戰爭分為六個不同的世代：第一世代是沒有槍
砲的步兵與砲兵；第二世代是擁有無膛線槍砲的步兵與砲兵；第
三世代擁有來福槍與有口徑砲；第四世代擁有自動武器、軍用航
空器、通訊裝備與強而有力投擲武器的新方法；第五世代是核子
武器；第六世代則是藉由先進的資料處理流程（data-processing）
與指管通情系統，摧毀各自獨立的目標而解除敵人所造成的軍事
與政治威脅。

（四）美國學者克里派尼維奇（Andrew F. Krepinevich）的
　　　「十次軍事革命論」

　　美國學者克里派尼維奇認為截至目前為止，人類歷史計發生
了十次不同型態的「軍事革命」，它們分別是步兵革命（Infantry

Revolution）、火砲革命（Artillery Revolution）、帆船與艦砲革命、堡壘革命（Fortress Revolution）、火藥革命（Gunpowder Revolution）、拿破崙革命（Napoleonic Revolution）、陸戰革命（Land Warfare Revolution）、海軍革命（Naval Revolution）、兩次大戰間的機械化、飛行與資訊革命（Interwar Revolution in Mechanization, Aviation, and Information）及核武革命。[19]

　　另外則有人主張就戰具在戰爭中的應用來分類，此即：1.戈矛時代及以前使用石器的刀、箭、戈、矛等兵器所行的戰爭：西元前3000～西元1130年，由石器時代的漁獵社會，進入銅、鐵時代的農牧社會，使用石器、木器、銅器及鐵器所製造的兵器，是此期間所行戰爭的主要戰具；2.槍砲時代的戰爭：火藥的發明，戰爭工具進入槍砲時代。宋理宗紹定五年（西元1232年）時，與金作戰即已應用火箭，宋人並有用旋風單稍虎蹲等火砲之記載[20]，尤其蒸汽機發明後，工業革命帶給槍砲的改良，使戰爭型態由線的進退演變為面的攻防戰鬥。3.航空時代的戰爭：西元1903年賴特兄弟（Wright, Wilbur. Wright, Orville）發明飛機（Aircraft），首先使用於第一次世界大戰，遂發展成空軍。第二次世界大戰中，廣泛使用，使得作戰無軍隊與平民之分，戰場無前方與後方之別，戰爭型態由平面演變成立體。4.核子時代的戰爭：西元1945年7月16日凌晨五時三十分，美國在新墨西哥（New-Mexico）阿拉莫多沙漠試爆原子彈成功，並於同年8月6日及9日分別將原子彈投擲於日本廣島與長崎，不但結束了第二次世界大戰，亦使戰爭進入核子時代。繼原子彈之後，又有氫彈、洲際飛彈、巡弋飛彈、電子戰及星際戰爭的構想問世，中東波斯灣戰爭（西元1991年）中，核子武器沒有展現其效用，而尖端科技武器發揮了戰鬥能力，贏得最後勝利。

　　科技對於戰爭型態的影響，較具完整性研究者，應屬著名戰

略學者克里費德（Martin Van Creveld）於1989年所著《科技與戰爭》（*Technology and War: From 2000 B. C. to the Present*）一書。本書係克氏接受美國國防部之委託，從事一項爲期五年的研究計畫的濃縮。緒言中首先提出一個基本假定，即戰爭的任何部分，從肇因到結果，從觀念架構到計畫、準備、執行，都不能免於科技的全面衝擊，自古迄今，莫不皆然。克氏的分析雖以科技發展爲關鍵性因素，但他特別重視的革命性的科技轉變所帶來的戰爭演變。克氏將戰爭型態分爲四個時代：「工具時代」（The Age of Tools）、「機器時代」（The Age of Machines）、「系統時代」（The Age of System）及「自動化時代」（The Age of Automation）。每個時代戰爭的形式與狀態都因新科技的到來，而產生革命性的演變。[21]

1.「工具時代」（The Age of Tools）：

所包括的時間長達數千年，從遠古的史前時代（prehistory）至西元1500年止。此一時代軍隊之戰力來自人力與獸力，並藉著運用各式物質材料（如石器、鐵器、刀劍、弓箭、馬車、馬蹬等）來作戰。科技此時有一部分逐漸日益專精化的發展，致使對戰爭的衝擊與影響逐漸擴大，終於達到初具規模的程度。

2.「機器時代」（The Age of Machines）：

包括自西元1500年至1830年，共330年。西方文明自農業社會進入機器經濟的工業時代，戰爭工具逐漸機械化，各國的陸、海軍亦隨之改革，如拿破崙時代戰爭、美國內戰。此時戰爭型態已不再與體力有太直接的關係，而變成一種團體操作（team-operated）、訓練與專技問題的趨勢，然而尙未整合成爲系統（system, or complexes）。就整體而言，此時代的特點爲連續的和相當穩定的技術進步。若與前一時代相比較，這也意味著不可能有對舊武器

作週期性重複的趨勢，若干落伍武器已逐漸淘汰而代之新發明的武器。所以，從長期來看，只有技術最進步的政治實體始能在競賽中維持其領先地位，而其餘逐漸沒落或遭淘汰。

3.「系統時代」（The Age of System）：

係自西元1830年至1945年。在此一階段中，科技如脫韁之馬，加速前奔。許多科技產品都紛紛出籠，它們都是工業革命所帶來的結果，諸如：鐵路、輪船、飛機、潛艦、無線電等等。尤其值得注意的是科技衝擊並非局限於物質方面，同時也延伸到思想、精神、心理的領域。於是戰爭開始系統化，第二次世界大戰期間，德軍成功的運用新科技和新編組，產生新的戰術（即「閃擊戰」，結合了空中密接支援，無線電通信，精心編組的裝甲師，即能以寡擊眾，克敵制勝。），另各種不同內涵的因素開始整合，所謂大戰略概念亦開始形成。

4.「自動化時代」（The Age of Automation）：

係指自1945年起迄今，也就是所謂的「現代」或「當代」。這是一個最複雜的時代，各種武器硬體逐漸日益精密，裝備極端多樣化，硬體與人員必須依賴電腦，處理複雜的資料、訊息，使戰爭成為「整合」或「系統」的戰爭。當今時期，有許多科技仍在發展階段，也有許多問題尚難定論，因為沒有任何一個國家能在新武器出現時就淘汰所有一切較舊的武器，所以加速技術進步的效果通常在每十年間都會有更多的不同種類武器出現。由於許多不同的武器輪流出現，而且彼此相互對抗，所以整合成為系統（integration-into-systems）遂成為趨勢，武器不再以個別基礎來運用，而是彼此間以複雜的電子資訊網路連成一體，因而形成「電腦戰爭」（Computerized War）。

其次，核子戰爭是此時期戰爭的另一趨勢，核子戰爭一方面

可以讓擁有核子武器者，可以發動第一擊造成大規模毀滅敵人的能力，但也形成了相互毀滅的嚇阻戰力，使擁有核子武器的國家因為面臨不可承受的損毀，而嚇阻戰爭之發生。「虛偽戰爭」（Make-Believe War）[22]中所討論的主題具有超現實感，著重心理方面的問題，這是由於核子威脅、對科技的依賴與持續存在著傳統戰爭混合所形成的現象，諸如嚇阻、緊張、升高、危機處理、運用傳統武力進行有限戰爭等等，這也是現代戰爭所特有的現象。我們所處的這個時代的另一個戰爭型態是次傳統性（subconventional）的戰爭，這種戰爭通常被稱為叛亂（insurgency）、恐怖行動（terrorism）和游擊戰（guerrila warfare）。這些次傳統戰爭的特點使採取此種行動的集團，不管其身分為何，都被現有合法體制所認為無權使用暴力。因此，這種暴力被形容為「非正規的」（irregular）。此即意味它不尊重現有體制，而且不遵守適用於正規戰爭的規律。矛盾的是，因為各種不同的叛亂者都不具有現代軍事生活所培養的武德，也使正規軍人不承認對付他們的行動是真正的戰爭。

最後的結論中，克氏基於歷史分析，指出科技與戰爭代表著兩種不同的邏輯系統。因此，科技的進步也不一定等於戰爭的進步；最尖端的科技未必就是最優良的科技。科技之於戰爭的真正價值在於能夠發揮我方所長，而掩飾我方所短；同時又能利用對方所短，而抵消對方所長。

以科技為重點進行戰爭型態演變的分類固有其特點與參考價值，但這種分類方式僅從不同角度說明「戰爭工具演進的階段與順序」（what?），並沒有掌握「為什麼演進」（why?）以及「如何演進」（how?）的問題。演進的關鍵通常被認為是科技，但推動的動力為何？將科技與戰爭聯在一起的力量又是什麼？[23]這些可藉助政治社會、經濟發展的途徑來回答這方面的問題。

二、從人類政治社會、經濟發展的途徑來分析戰爭型態

(一) 從人類好戰傾向的變化來分析戰爭型態的演變

好戰傾向是指對將戰爭視為是一種表現自信，逞勇稱能，彰顯英雄氣質的傾向。隨著資源的減少、與外界接觸及領域感的增加，戰爭的目的由單純的生存自衛變成利益之增，引起人類好戰的傾向的變化，從而改變了戰爭的規模與戰爭的型態。從這個面向來看，人類依好戰程度所引起的戰爭型態可分為四級。由低至高分別是防衛（自衛）戰爭、社會戰爭、經濟戰爭與政治戰爭。[24]

1. 防衛性戰爭：

防衛性戰爭是人類最早的戰爭型態，好戰程度最低的時期。此時人類風俗習慣中尚無戰爭的觀念，也沒有軍事組織，戰爭係為自衛生存，所用武器是現有的工具或狩獵武器。在最原始社會部落戰爭所用武器同打獵的武器一樣，通常是一種游擊戰鬥，交戰雙方不過數十人，在簡單的交戰中，個人行動就決定一切，與現代戰爭中有完整之組織，嚴肅軍紀和指揮、節制者儼然不同。原始部落戰爭只是一種各個人的斬獲的總數。這些斬獲，包括搶奪別人的馬匹，打擊敵人或收取敵人的頭皮等。不過，這種形式的戰爭，在面臨種族的遷移或文化的擴張而與具有較大的侵略性和好戰的鄰人相接觸時，戰爭就會從先前部落形式的戰爭變成為生存的大事了。

2. 社會戰爭：

指在有些民族的習俗中，逐漸有好戰的跡象，但是並不是為

政治或經濟的利益而戰。這些民族戰爭的是一種儀式化的戰爭，目的是在奪取戰利品，流血報復，宗教原因，或其它象徵性的意義等。戰士是自幼即在戰爭的禮俗中訓練大的，各種戰術特別講究形式並注重個人行為，甚至於可稱為是決鬥式的戰爭，此種戰爭的損失通常都不高。

3. 經濟戰爭：

係指有些民族開始為經濟利益而從事戰爭的，諸如奪取奴隸，妻子、動物、草原或其它經濟財物等，同時也有防衛的及社會的目的在內。這些民族戰爭為生活中必需的部分，通常他們還使某一年次的人來專門從事戰爭。在轉變的戰爭形式中，防衛的重要性是不斷增加。使用包括集團的攻擊和協同的戰術以達成並防衛所希望奪取或保護之經濟目標。這種戰爭的傷亡人數，比社會戰爭為多。

4. 政治戰爭：

好戰程度最高的為政治戰爭，係指有些民族之所以為戰，除了為防衛，社會及經濟的戰爭之外，還加上政治目標。這個目標包括統治權力階級的保持，政治控制的擴張，叛亂的鎮壓。甚至更為抽象的目標如「維護和平」等。政治戰爭產生了專業軍人，組織、紀律與戰術亦日漸完備。戰爭時間也增長，傷亡也較高。

總之，從經驗中我們可以推知，原始人類原先都居住在某個提供其生活資源的限制區內，初始幾乎都是為保衛其領土而戰。當相鄰部落之習俗尚未產生政治或經濟戰爭，而其疆界又甚明確時，戰爭規模不會太大，僅限於社會戰爭。但當人類進展至畜牧及農業時期，活動範圍開始擴張，戰爭勢將涉及土地之主權，則戰鬥必趨於嚴重而傷亡亦隨之而增加，於是產生了政治戰爭。政治戰爭的發生是由於人類在經過某種文化階段後，所形成的有組

織的戰爭了。也就是說，此時在人類的政治組織中，已存在著一個適當的結構以有效支持協調及節制軍事活動。政治戰爭除了政治目標外，還包含了防衛、社會與經濟性戰爭，同時防衛的本質也有所改變，不論防衛者好戰的程度如何，防衛都從原先的消極、被動性防衛，轉變成積極的防衛。此時的防衛戰爭其實也成為政治戰爭。防衛作為一種權力，當其用於個人時，是由得以格殺入侵者的自保原則演變而來，當其用於群體，則係指社會及政治（軍事）本身的的領土安全與維護秩序而言。這樣防衛權力有了雙重意義，一面是指對抗武力的自衛權，是一種以暴制暴的權力；一面是維護既定政治秩序的權力，是屬於一種懲罰性的戰爭。所以正當戰爭的觀念是一種有關訴諸武力和遭受損失或權力受侵的公正關係的觀念。此一觀念的形成，使戰爭的真正功效成為伸張正義的工具：預防傷害、恢復和平及秩序等。[25]

（二）未來學者托佛勒夫婦的「第三波戰爭論」

　　托佛勒夫婦使用人類「波」（wave）的理論來闡釋歷史上曾發生的三次「軍事革命」，產生三種戰爭型態。第一波係農業社會的戰爭：傭兵將領、通訊原始、肌力操作的近身武器、戰爭發起必須配合農閒；第二波係工業社會的戰爭：職業軍官、徵兵制度、紀律嚴明的龐大軍隊、對敵逐行大規模的殲滅；第三波為後工業時代的戰爭：知識導向、精準打擊、彈性自主的軍事組織、強調以資訊、科技與財富為基礎的戰爭型式。

　　托佛勒夫婦是從戰爭的政治經濟屬性看戰爭型態的演變，其發展情形是：

農業社會戰爭

（包含著原始社會末期、奴隸社會、封建社會）

↓

工業社會戰爭

（包含了資本主義社會和資本主義與社會主義並存時期）

↓

資訊社會戰爭。

（從二十世紀末期，人類戰爭可謂進入資訊時代的戰爭，如
波灣戰爭、科索沃戰爭、美阿戰爭、美伊戰爭。）

　　托佛勒夫婦對於戰爭型態提供一個重要的觀念就是「戰爭型
態之衝突」（collision of war-forms）。所謂戰爭型態的衝突是指當
新的戰爭型態崛起時，舊的戰爭型態並不會因此立刻消失，此時
會有兩三種戰爭型態同時存在。這是因為人類文明的發展並非齊
一共進的，有慢有快，致使戰爭型態產生「代差」或文明「波」
差。人類文明的發展是第一波的農業經濟在底層，第二波的工業
經濟在中層，第三波的資訊（知識）經濟在最上層。當進入資訊
經濟的國家與尚在工業經濟的國家發生戰爭時，就會產生戰爭型
態的衝突。

　　戰爭型態的衝突有三種：1.相同戰爭型態的衝突：交戰雙方
基本上都利用同一種方式進行——都依賴同一種戰爭型態。如中
國古代與中世紀的王國之間的戰爭都是農業型態的戰爭。2.不對
稱戰爭型態的衝突：十九世紀的殖民戰爭就是歐洲人對於亞洲、
非洲等農業部落和社會發動工業化的戰爭。這種衝突的雙方，不
光是代表著不同的國家與文化，它們也代表著不同文明與不同的
財富的創造方式——一方仰仗犂鋤；一方依靠生產線。它們各自
的軍隊，也就反映了不同文明的衝突。3.單一與雙重戰爭型態的

衝突：是指依賴單一戰爭型態的一方，與運用了雙重戰爭型態另一方所發生的戰爭。就如同1991年的波灣戰爭、2003年的美伊戰爭反映這樣的戰爭型態的衝突。即伊拉克只依靠單一的戰爭型態，美軍及聯軍則運用雙重戰爭型態。這早在1868年日本明治維新之後，軍隊是由拿武士刀與配有機關槍、迫擊砲、來福槍的士兵所組成。電影「末代武士」就描述這樣的一個過程。4.混合結盟的戰爭型態衝突：如第一次世界大戰，是第一波和第二波文明國家，混合結盟而交戰。[26]

　　戰爭型態的衝突越來越複雜，如有些第一波與第二波的文明國，現在已經在尋求第三波的武器——從空防系統到長程飛彈。隨著戰爭日益的多樣化使維持和平的可能日趨困難，同時潛伏著不可測的毀滅性危險，如貧窮或低科技的國家基本上發生的是第一波文明的內戰，但若交戰某方握有大規模毀滅性武器，戰爭可能就會失控，並將其他國家捲入危險之中。

三、戰爭型態的演變趨勢

(一) 從戰爭規模看

　　政治經濟型態的改變會引起戰爭規模的改變。中國春秋時代（西元前770～453年），由於周王朝衰微，出現了諸侯稱霸的局面，這種政治結構，形成「春秋無義戰」的狀況，即戰爭的發起不再由周天子主導，改由諸侯進行爭霸的戰爭，政治經濟結構產生了根本的改變，使戰爭型態由原先的士為主體的「禮戰」，轉而成為以平民為主體的「總體戰」，戰爭規模相對擴大。

　　歐洲的「30年戰爭」（1618～1648年）所引起的戰爭規模也是當時歐洲的政治經濟型態所決定的。當時德意志處於諸侯割據狀

態，英、法、西班牙諸大國都將德國作爲謀求對外擴張的角逐目標，其中還夾雜了宗教和民族衝突。此時戰爭由神聖羅馬帝國的內戰，擴展爲歐洲主要國家捲入以德意志爲主戰場的大規模國際戰爭。此外當資本主義發展到帝國主義階段後，帝國主義政治的繼續便是帝國主義戰爭。[27]

帝國主義的戰爭首由美國經濟學者霍布森（John A. Hobson）在1902年提出，策後由列寧於1916年的《帝國主義》（*Imperialism*）一書所引用，以馬克斯思想爲主要論點。根據霍布森與列寧的說法，在十九世紀末，資本主義在西方核心社會的經濟中興起，無可避免導致世界經濟權的集中與壟斷，幾個主要資本主義國家（英、法、德、美）爲了控制原料的來源與開發新市場，以保持其獲取高利潤，於是產生殖民主義戰爭，資本主義國家不斷向外擴張，瓜分海外弱勢國家。取後由於可瓜分的殖民國家已被資本主義國家佔滿，而便宜的原料和新市場仍不斷需求。再加上這些國家已建立的軍力，終於導致了第一次世界大戰的發生。[28]霍布森與列寧的分析，多少也說明了戰爭由區域的殖民戰爭進入全面世界大戰的過程。

根據歷史我們可以看出人類戰爭規模存在著循環的關係，從局部而世界大戰，又從世界大戰轉向局部戰爭。簡言之，戰爭規模的一般趨勢是由小向大發展，由雙方向多方進行波浪式的發展，達到了戰爭規模的最高峰的世界大戰後，又會回到局部戰爭。

（二）從人類社會的發展看

人類正處於尖端科技的時代，不但傳統武器系統持續改進更新、也開發出新的核子武器、太空武器、生物、化學等武器系統，以及自動化指揮系統等。這些改變將會給戰爭帶來許多新的

特點。未來戰爭，也可能是核子武器與傳統武器並用，或僅使用傳統武器；戰場可能在陸地、海洋、空中或外太空進行。屆時由於大量新尖端科技武器裝備的投入戰爭，因而「時、空、力」對戰爭的限制相形減少，使戰爭的變數增大、戰線廣闊、戰程縮短、形成立體化；加以電子戰科技的蛻變，各種角逐將更激烈，新的軍種、兵種將會不斷的產生；由於武器的殺傷力與毀滅性空前增大，戰爭將會異常殘酷。

　　就目前政治經濟型態與科技發展運用於戰爭的狀況而言，有學者認為人類戰爭似乎是朝向「多極局勢下的高科技局部戰爭」方向發展。[29]如果真是如此，我們更必須掌握戰爭型態的衝突類型，才能真正掌握可資運用的既有資源，發展具體克敵致勝的戰爭方式。

問題與討論

一、何謂戰爭型態？戰爭型態轉變的原因為何？
二、為何中西方戰爭型態的轉變存在著差異性？
三、戰爭型態對於一個國家戰爭效能的影響。
四、何謂戰爭型態的衝突？找出一至二個戰史說明之。
五、你認為我國目前進入第三波的戰爭型態了嗎？

註釋

1.關於春秋戰國時代的戰爭型態演變情形參閱楊寬著，《戰國史》（台北：臺灣商務印書館，2001年11月，初版7刷），頁1-2及301-311。

2.賀華德（Michael Howard）在其著《歐洲歷史上的戰爭》（*War in European History*）一書，即主張戰爭是人類總體歷史經歷的一部分，所以必須從戰爭的政治、經濟、社會、文化、技術等背景來研究戰爭型態的演變。賀氏將歐洲戰爭型態的演變過程劃分為騎士的戰爭；雇傭軍的戰爭；商人的戰爭；專業軍人的戰爭；革命戰爭；國家間的戰爭；技術專家的戰爭；與核時代的戰爭。見褚律元譯（Michael Howard），《歐洲歷史上的戰爭》（*War in European History*）（瀋陽：遼寧教育出版社，1998年3月，初版1刷）。

3.楊開晉譯（Wendell J. Coats），《論武力戰——戰爭理論再檢討》（*Armed Force As Power: The Theory of War Reconsidered*）（台北：三軍聯合大學，民國57年12月，初版），頁31。

4.劉克儉、劉節國譯校（Archer Jones），《西方戰爭藝術》（*The Art of War in The West World*）（北京：中國青年出版社，2001年5月，初版1刷），頁1。

5.傅景川譯（Geoffrey Parker），《劍橋戰爭史》（*The Cambridge Illustrated History of Warefar*）（吉林：吉林人民出版社，1999年1月，初版1刷），頁2。

6.同上註，頁3-9。

7.曾祥穎譯（James F. Dunnigan），《數位化戰士》（*Digital Soldiers*）（台北：麥田出版，1998年6月），頁29-30。

8.陳世欽譯，《新戰爭》（台北：聯經出版公司，2003年1月，初版），頁106。

9.李淑芬譯（Daniel Chirot）《近代社會變遷》（*Social Change in the Modern Era*）（台北：萬象圖書公司，1993年12月，初版），頁125。

10.蔣永芳，《擊碎方陣》（台北：麥田出版，2000年9月，初版1刷），頁49。

11.關於戰爭本質改變的問題，將在本書第五章「戰爭的本質」作探討。

12. 鄧宗培譯（Bertrant Russell），《科學對社會的影響》（*The Impact of Science on Society*）（台北：協志工業出版公司，民國68年7月，四版），頁51-52。

13. 有關軍事革命研究的歷程參閱：(1)曾祥穎譯，《移除戰爭之霧》（*Lifting The Fog of War*）（台北：麥田出版，2002年3月，初版1刷），頁97-102。(2)梁必駮，《軍事革命論》（北京：軍事科學出版社，2001年10月），頁2-4。

14. 王振西主譯（Michael O'hanlon），《高科技與新軍事革命》（*Technologial Change and The Future of Warfare*）（北京：新華出版社，2003年8月，初版2刷）頁26-27。

15. 印加人是南美印第安人，曾在太平洋沿岸建立大帝國，1532年遭西班牙侵略，後被征服，變成了西班牙的殖民地。阿茲特克人是墨西哥印第安，有高度文化，約自公元1200年起在墨西哥中部建立帝國，1521年為西班牙殖民者征服。

16. 王道還、廖月娟譯，《槍炮、病菌與鋼鐵》（台北：時報文化出版公司，2001年9月，初版14刷），第三章。

17. 詳見傅凌譯（Alvin and Heidi Toffler），《新戰爭論》（*War and Anti-War*）（台北：時報文化出版公司，2002年7月，初版14刷）。

18. 翟文中、蘇紫雲著，《新戰爭基因》（台北：時英出版社，2001年5月），頁26-29。

19. 轉引自翟文中、蘇紫雲，《新戰爭基因》，頁26-29。

20. 見明，茅元儀輯，《武備志》，第二十一冊，卷122。

21. 鈕先鍾譯（Martin Van Creveld），《科技與戰爭》（*Technology and War: From 2000 B. C. to the Present*）（台北：國防部史政編譯局，民國80年6月）。

22. 「虛偽戰爭」的概念，首由李達哈特提出，他用來描述在核子威脅下所進行的具有侵略性質游擊（見鈕先鍾譯，《戰略論》，頁464）。

23. 安豊雄等著，《軍事學導論》（台北：揚智文化公司，2002年10月，初版1刷），頁53。

24. 楊開晉譯，《論武力運用——戰爭理論再檢討》，頁32-35。

25. 同上註，頁216-217。

26. 參閱傅凌譯，《新戰爭論》，「第十章」，107-113。

27. 王普豊，《明天的戰爭與戰法》（北京：軍事科學出版社，2001年10

月），頁37。

28.李淑芬譯（Daniel Chirol & Richard Merton），《近代社會變遷》（*Social Change in the Modern Era*）（台北：萬象圖書公司，1993年12月），頁103-104。

29.王普豐，《明天的戰爭與戰法》，頁42。

第四章

戰爭之類型

為欲分類起見，可把戰爭約分為四種，不過所有的戰爭，不能清清楚楚的屬於哪一種，這是自然的，照以上之條件，我們可分為：（一）殖民戰爭；（二）主義戰爭；（三）自衛戰爭；（四）耀威戰爭。這四種戰爭中，我說那第一與第二是正當的；第三種除對抗劣等文明之敵外，鮮能作為正當；那第四種，就是這次戰爭（指第一次世界大戰）所屬的，就絕不能說是正當了。

——羅素，〈戰爭之倫理學〉，收錄於《羅素的戰爭倫理學》

　　戰爭的類型（Types of War）或種類（kinds）是要對已發生過的戰爭進行分類，戰爭的類型非常多元，在不同情況下，戰爭會呈現不同類型。研究戰爭類型的意義在於對戰爭做內容分析，探索當今戰爭趨勢，提供一個國家建立戰爭或戰略指導的依據。例如美國的國家防衛戰略評估的關鍵決策首要釐清之問題是：

「美軍在今後10～20年應準備防止什麼樣的戰爭？或者如有必要的話，進行並打贏這場戰爭（What kind of wars should the U.S. military be prepared to deter and, if necessary, fight and win over the next 10-20 years?）」[1]

　　另外對戰爭分類，可以區分戰爭的性質，作為評價戰爭的依據，如對於戰爭態度或正義戰爭的探討。

　　在中國古籍《吳子》的〈圖國〉篇中，曾對於古代的戰爭做過分類，內容如下：「禁暴救亂曰義，恃眾以伐曰強，因怒興師曰剛，棄義貪利曰暴，國亂人疲，舉事動眾曰逆。」吳起的分類具有價值的判斷，著重於戰爭正當性，主張義戰，至於強、剛、暴、逆等戰爭則為不正義的戰爭。這是就春秋戰國時期的歷史背景所作的分類。此外，約米尼在其所著《戰爭藝術》（*The Art of*

War）一書中，對於戰爭曾經作了以下的十種分類：

1. 為了收回權利的攻勢戰爭。
2. 政治上採守勢而軍事上採攻勢的戰爭。
3. 爭權奪利的戰爭。
4. 干涉性的戰爭。
5. 侵略性的戰爭。
6. 思想的戰爭。
7. 民族性的戰爭。
8. 內戰。
9. 宗教戰爭。
10. 雙重戰爭（兩面作戰）。

以上這十種分類，就今天和未來的戰爭而言，仍然有參考的價值，不過這種分類仍嫌鬆散，無法使人有具體性的認識。我們認為要將戰爭作有效分類首應瞭解戰爭的實質意義。

第一節　戰爭的意義與分類

戰爭分類的基礎首須釐清戰爭的定義。現代學者對於戰爭的分類，如同對於戰爭一詞所下的定義一樣，也各因其觀點的不同而有不同的分類。由我們在第一章所論及的戰爭的定義可知，戰爭最基本的意義是有組織群體間的暴力衝突，戰爭是衝突的最終手段。在詞意上，衝突（conflict）包含了戰鬥（battle）與戰爭的意思，[2]也包括暴力與非暴力的兩種形式。作為人類群體間對抗的狀態和行為，它具有廣泛的內涵，既包括不可觸及的思想、觀念、文化和政治制度等因素的對立，也包括可觸及的如經濟、軍

事等因素的競爭與對抗；包括不使用暴力的對抗，諸如新聞媒體方面的衝突，也包括使用暴力的衝突，如軍事衝突；包括較低強度的對抗，諸如邊境摩擦，也包括高強度的對抗，諸如大規模的戰爭。就參與者而言，它包括個人、小集團之間的對抗，也包括國家乃至國家集團之間的對抗。就廣義的「衝突」概念而言，發生在國家間或國家內的衝突有許多不同的形式，而戰爭則是具有特殊強度的一種衝突形式。戰爭既是使用暴力的衝突，所以對戰爭進行分類時必須將未發生暴力的衝突做必要的區別，如武力示威、展示、對峙都不是戰爭。

　　格洛索普（Ronald J. Glossop）認為，戰爭是有組織的群體之間的暴力的衝突，這種衝突有三個特點：1.戰爭的根本屬性是使用暴力，它應該是「熱戰」而不是「冷戰」；2.戰爭的參與者都是有組織的集團的成員而不是個人，個人即使在衝突中使用暴力，也不能算戰爭；3.戰爭涉及的是政府，或者至少一方是政府，如果另一方是非政府行為體，其根本目的也在於建立政府。[3]另外戰爭作為使用暴力的衝突，它應該有一個標準，即暴力達到何種程度才算是戰爭。衡量的標準視界定的嚴格程度（severity）（死亡與破壞的程度）和範圍（scope）（參戰者的數量）。對此，國際學術界有一種較多人認可的界定，即戰爭是指死亡1,000人以上的衝突。如斯德哥爾摩國際和平研究所的年鑑在界定「重大武裝衝突」（major armed conflicts）時就採取這樣的界定。在這認定下或許可以對戰爭與一些武裝衝突做區隔。不過我們仍必須承認，現行研究中至今尚沒有一種被普遍認可的分類方法，能將各種衝突加以整理、歸類、定義和區別。

　　不論是衝突還是戰爭，都可能具有比較複雜的結構，可能涉及多個主體，具有多個側面和層面，涉及多方面內容，有著不斷變化的程度和範圍。例如，以阿衝突就具有極複雜的背景因素，

既涉及巴勒斯坦建國問題、領土劃分問題、水資源問題和宗教聖地問題，也涉及巴勒斯坦難民問題和猶太定居點問題。在它們之間既有武裝衝突，也有非武裝衝突；既有游擊戰，也有恐怖主義襲擊；雙方既有決戰到底的一面，也有討價還價，進行和平談判的一面。

另外，雖然人們在判斷各種戰爭時，總是依據暴力衝突性質、範圍、持續時間、激烈程度等等，來說明它們是否算作戰爭。這就無法有較客觀或一致的標準，使戰爭與非戰爭之間無法有明顯的區別。例如，在人們指稱的各類戰爭中，有王朝戰爭、宗教戰爭、階級戰爭、民族戰爭、聯盟戰爭，有爭奪土地的戰爭、爭奪自然資源的戰爭、爭奪入海口的戰爭、爭奪繼承權的戰爭、爭奪監護權的戰爭，有局部戰爭、有限戰爭、低強度戰爭、總體常規戰爭；有限核戰爭、全面核大戰等等。另外有些暴力形式則介於戰爭與非戰爭之間。例如，伊斯蘭基本教義派的政治恐怖主義行為，印度和巴基斯坦在喀什米爾問題上的間歇性摩擦，北愛爾蘭人與英國的政治及宗教衝突，庫爾德族游擊隊與伊拉克、伊朗、土耳其等國政府軍的遭遇戰，南非種族主義者與反種族主義力量的衝突，秘魯被取締的組織「光輝道路」[4]（shining path）一而再、再而三的反抗舉動等。[5]在二次世界大戰後的國際體系中，到底怎樣才算戰爭？這個問題眾說紛紜而無定論。在諸如公開宣戰這樣一些法律上的形式要件不再被承認後，不同的學者使用不同的標準來判斷什麼事件應當列為戰爭或暴力衝突。綜合西方學者的看法，當戰爭傷亡、破壞程度極大，並有多個強權參戰時，可稱為「全球戰爭」（global war）或「體系戰爭」（systemic wars）。歐洲1618～1648年的「三十年戰爭」（Thirty Years' War）是確立現代主權國家體系的第一個全歐戰爭。此次戰爭時間很長（30年），傷亡人數很多（超過200萬人），當時歐洲的幾個強

權（英國、法國、奧地利的哈布斯堡、西班牙、瑞士、荷蘭等）都曾參加。一直到1792～1815年間的法國大革命與拿破崙戰爭又造成另一次重大的傷亡（約250萬人）。[6]二十世紀的兩次世界大戰（World War I 1914-1918, World War II 1939-1945）將工業革命的先進技術用之於戰場，更造成了空前的大破壞與大傷亡。事實上，在戰爭原因的討論上，除了全球性的大戰以外，國家間也為許多原因發生戰爭。依據統計1648年至2000年間共有186次重大戰爭。這些戰爭的原因有領土（45）、建立國家（29）、經濟（27）、意識型態（25）、掠奪及求生存（21）、戰略性領土（20）、人道同情（18）等。[7]

　　十九世紀以前的戰爭以領土爭議為主，十九世紀至第二次世界大戰結束後的戰爭，主要是為建立民族國家為多。伴隨著1870年間歐洲殖民政策於十九世紀興起的民族獨立運動。民族獨立運動的訴求包括民族解放、統一及分離運動。二次世界大戰後，去殖民化的風潮（wave of decolonization）更成為二十世紀的前半世紀國際戰爭的中心議題。大多數這些戰爭並不是真正的國家間的戰爭，而是歐洲國家在他們的殖民地領土上發起的殖民地戰爭。例如荷蘭在印尼（1945～1949）的殖民戰爭；法國在越南（1946～1954）、突尼西亞（Tunisia）（1952～1956）、摩洛哥（1953～1956）、阿爾及利亞（Algeria）（1954～1962）等地區的殖民戰爭，英國在巴勒斯坦（Palestin）（1946～1948）、馬來群島（Malay Archipelago）（1955～1960）、賽普勒斯（Cyprus）（1955～1960）的殖民戰爭；葡萄牙在幾內亞（Guinea）、莫三比克（Mozambique）（1965～1975）、安哥拉（Angola）的殖民戰爭。

　　經濟衝突則是另一個值得注意的衝突型式，這些包括了貿易航道、資源獲取、殖民地競爭、貿易利益的保護。自1945年以後有五分之一的戰爭是經濟利益引起。1990年伊拉克入侵科威特主

要是爲了石油的蘊藏量。由美國所領導解放科威特的1991年的波灣戰爭（the Gulf War）則被一些人視爲是因爲各國想要確保維持低價位的油價所使然。至於意識型態的衝突，除了是共產主義與資本主義所形成東西兩大陣營的冷戰局勢外，其他還包括宗教及種族間的戰爭。人道同情則如前蘇聯軍隊於1990年1月對亞塞拜然（Azerbarjan）的首都巴庫（Baku）發動猛烈攻擊，以解決巴庫的反亞美尼亞（Armenia）人的大屠殺行動。[8]

此外，戰爭跟一國對內或對外進行軍事干預有重大關係。據另一項研究統計，在1980～1990年期間計有68個國家分別捲入115場戰爭——公開的武裝衝突，其中至少有一方以正規部隊參與，士兵和戰鬥在某種程度上是集中組織起來的，一場場戰鬥之間具有某種延續性。另一項研究則發現在冷戰之後1989～1993年這段時期一共發生了90場武裝衝突。其中1993年的47場武裝衝突無一是國家之間的戰爭，通通都是內戰。而且，1989～1993年期間歐洲的18場武裝衝突中，有15場發生在前蘇聯或前南斯拉夫領土上。蒂勒瑪（Herbert Tillema）把「公開的軍事干預」（overt military intervention）界定爲：「由一國的正規部隊在他國領土上進行的直接戰鬥或預備性的軍事活動」；稱之爲「強制性外交的最終工具」。[9]據其研究1945～1991年期間共計發生690場干預事件，其中有285次國際武裝衝突；有106次不同的國家對外國至少進行過一次公開的軍事干預，其中80次（75％）是在第三世界國家發生，並造成2,400萬人死於非命。[10]可見，無論是如何精確定義戰爭或軍事干預，無論如何正確估計爭端的數字，顯然的，政策制定者仍然看重武力的功效（utility），並以此作爲發動戰爭的重要依據。

暴力衝突的另一個中心目標是控制國家。二次大戰以來，大約創建了150個國家。由於許多這些國家的居民分屬多民族或多部

族，也由於以西方價值爲取向的政黨和共產黨之間的意識型態衝突，使許多新興國家長期陷於四面楚歌之中。這些新興國家的反對陣營往往以暴力爲主要手段，挑戰業已建立的政府，爭奪對一國或希望自己單獨成爲一國的某個地區的控制權。在當代的世界體系中，這些非國家的行爲者（nonstate actors）使用武力已經成爲民族國家面臨的重大挑戰之一。眾所周知，國家的主權在於壟斷對內對外使用武力之權這樣的一種法律地位。這一壟斷一直而且繼續遭到挑戰：1945年之後的衝突大部分是某種形式的內戰或國際化的內戰（internationalized civil war）。[11]

當代非國家行爲者的暴力行爲，主要採取游擊戰和恐怖主義的方式。有的觀察家把它們稱爲國際暴力的「新」形式，但實際上兩者都有著漫長的歷史。[12]眞正新的乃是不斷變化的國際衝突模式。有資料顯示1900～1941年之間的戰爭中，80％屬於傳統的一類：由兩個或多個國家的武裝力量進行。而從1945年以來，80％的暴力衝突僅在一國的領土上進行，是內戰取向的。內戰在開始時，國內反對陣營在軍事上往往大不如現有的政府。外部勢力爲求獲得影響力，經常向政府、游擊隊或恐怖主義集團提供援助。政府支援他國政府的辦法是提供裝備、顧問或應付挑戰者的非常規戰術的專門技能。1976年7月，以色列派遣突擊隊進入烏干達的恩德培機場，一戰成功，之後便常爲其他國家訓練反恐怖主義的武裝部隊。[13]

從上面的分析可知，戰爭現象隨人類政治社會之發展有許多不同的面向。在分類的過程中，必須謹愼戰爭的意義，才不至於將一般衝突劃入戰爭之中。

第二節　戰爭類型的分類方式

戰爭的分類方法人言各殊，隨時代而有變易。漢德森
（Conway W. Henderson）綜整當代戰爭研究文獻，提出了幾個值
得注意的戰爭種類特點：[14]

1.二戰以來大國對戰爭的捲入程度大大降低。

2.大多數戰爭是第三世界國家的內戰或革命。

3.由於科技的發展，戰爭破壞性增大。

4.在二十世紀被指責侵略的國家有的在戰爭中失敗，有的陷
　入戰爭的膠著狀態。

5.許多國家領袖和學者認為引發核大戰是不理智行為，因為
　沒有一個目標的實現值得以完全的毀滅為代價。

6.不同國家類型之間傾向於彼此開戰。

7.二十世紀民主國家之間沒有戰爭。

8.學者們對戰爭循環（比如20年）的說法不再那麼堅信不
　疑。

上述對當代戰爭的種類趨向的說明，只是做一個概況的闡
述。在各種戰爭類型的著作中，很少有對戰爭分類做全面周詳的
探究者（例如探求戰爭如何分類、戰爭的類型是什麼等），通常都
只是就研究者本身的見解做個別性的分類。最常見的分類法主要
是以外在的表象與軍事、政治內涵為標準，如武器（核子與傳統）
的使用、軍事行動的強度（有限或無限）、作戰的規模（全球性或
局部性）等。自二次世界大戰以後到1960與1970年代中，各種內
戰的頻頻發生——諸如社會主義革命戰爭、由專制轉向民主的戰

爭或者改換政府的戰爭、種族之間的戰爭等，出現「戰爭的多樣性」問題。戰爭的型式逐漸增多，而將戰爭類型作制度化分類的方法亦有多種，其中最常用的是下列各種：[15]

1. 使用各種標準與各種名稱的政治性分類法，主要關於國與國間以及內戰。
2. 基本上屬於軍事性分類，使用科技軍事學以及戰爭的其他現象學特性作為主要標準；這些標準特性含有或至少暗含一些政治特性在內。主要是將戰爭分成總體戰、局部戰爭以及冷戰。
3. 純粹屬於軍事性分類，這種分類法實際上是作戰方法分類而不是戰爭分類。如核子戰爭、傳統戰爭。
4. 特種形式的戰爭。這是指日益增加的游擊戰爭、恐怖主義。這種戰爭雖具有特殊的軍事行動模式，惟不再僅以獲得軍事勝利為目標，是一種低強度的持久戰略，並將所追求的政治、心理、宗教、文化、種族、經濟、社會等和軍事目標相結合。

再者，各種戰爭類型的分類方式可從兩方面探討，一是政治性分類，二是兼具政治與軍事屬性的分類。

一、政治性分類

在政治性分類中可分為兩類，即所謂的國與國間的戰爭（international war）與內戰。另一類是一個國家內部之內為了爭奪政府控制權而進行的戰爭，即所謂的內戰（intrastate war）。內戰有時會在得到國際支援的條件下有可能轉化為國際戰爭，民族分

離所進行的戰爭。皮爾森（Frederic S. Pearson）和羅切斯特（J. Martin Rochester）認爲衝突與戰爭可分爲三大類：第一類是國際戰爭，即發生在主權國家之間的戰爭，其中影響最大的是大國（great powers）之間的戰爭。第二類是非戰爭的暴力模式（force without war），這種模式是指在未正式進行戰爭的情況下使用軍事力量，其中包括武裝（軍事）干涉、邊界摩擦、封鎖以及各種國際危機等。這一類暴力模式，實際上是一種有限的戰爭（limited wars）。第三類是內戰（civil war），這種戰爭古已有之，但1945年以來表現得比較突出，而冷戰後則表現得更爲突出。在1990年代，大約有40個國家發生了死亡1,000人以上的內戰。[16]

（一）國與國間的戰爭

政治性分類中的每一概括分類中，又可依各種標準再細分成各型。通常都是簡單地列出國與國間的戰爭，然後又列出各種內戰便算是分類。例如國與國間戰爭又可分爲的三種型式[17]：

1.超級強國之間的戰爭——高度不可能。

2.在超級強國勢力圈內各國之間的戰爭。這些戰爭的可能性亦不高，因爲聯盟的會員國或「受援」國通常都將局部衝突置於超級強國的關係要求之下。

3.在「邊緣」地區內國家之間的戰爭，唯有這種武裝衝突被認爲有發生的可能。這些國家被認爲是在東西方主要均勢之外或在其邊緣的國家，較易從事領土或資源等衝突，這些國家像印度與巴基斯坦，印尼與它的鄰邦，非洲的一些國家也屬於此類。

（二）內戰

　　內部戰爭亦有各種不同的分類。依內戰的政治目標可作下列區分：

1. 革命戰爭：改變社會的基本社會經濟結構的戰爭。
2. 獨立戰爭：為達成少數民族或宗教地方自治的戰爭，或為了分裂國家的再統一的戰爭。
3. 軍事政變：由執政組織中的其他派系取代現政府官員而改變政府的戰爭。
4. 殖民地戰爭：為從殖民地統治者手中取得民族自決的戰爭。這種戰爭有時很難認定是國與國間戰爭或是內戰。如從英國立場看，如果是要從英國的統治求解放的，因為它是在英帝國內部進行作戰的，所以稱為內戰。

　　有時侯，這些內戰類型戰爭都被稱為「游擊戰」（只有軍事政變除外），因為這些戰爭常常使用游擊戰的方法進行。[18]

二、兼具政治與軍事屬性之分類

　　這種分類通常是一種混合戰爭的軍事手段與政治目的的分類，依戰爭的強度可分：總體戰（total war）、有限戰爭（limited war）與低強度衝突（low-intensity conflict）。

　　「總體戰」係指將整個國家的經濟與社會資源做最大程度動員所進行的戰爭類型。[19]這類戰爭是伴隨著工業化社會與現代科技的發展而出現。「總體戰」不同於其他類型的戰爭，其主要特點是戰爭涵蓋的區域範圍與所使用的武器都是不受限制的，即使是大

規模毀滅性武器都可能被用來攻擊敵人及敵後設施與人民，所以又稱爲全面戰爭（general war）。這種戰爭也可能是聯盟與集團戰爭，牽涉不同敵對體系的對峙。兩次的世界大戰就是這樣的戰爭。總體戰的戰爭目標是徹底擊敗對方，迫使其完全投降，在大多數情況下戰敗國政府將被改組，受戰勝國之支配。較少的情況是戰勝國直接併吞戰敗國，1990年8月伊拉克直接攻佔科威特即爲其例。拿破崙戰爭（Napoleonic Wars）被視爲是近代總體戰的先驅，原因在於當時法國率先實施普遍的徵兵制，啓動整個國家經濟配合戰爭需求，造成大規模的毀滅。[20]進行總體戰的條件至少有二：一是靠現代化高生產力的工業經濟，二是靠大部分經濟活動掌握在非戰鬥人員的手裡。傳統的農業社會通常只能作季節性的徵用，沒有能力長時間的供應大量兵源。所以霍布豪斯認爲眞正的總體戰至1914年的一次世界大戰才眞正出現。[21]

總體戰通常會帶給人們重大的災難，暴力運用達於極致，之所以會如此，是由於以下幾個原因：1.或許人類潛在的獸性眞的會受到戰爭的加劇而逐漸合理化，面對殘暴的敵人，親見身旁袍澤的慘死，加上不同意識型態的衝突，領導人的煽動，致使大規模暴力成爲執行「正義」工具。2.「民主化」戰爭的出現，使全面性的衝突轉變成人民的戰爭，平民已經變成戰略主體，甚至成爲主要目標。現代所謂的「民主化戰爭」（democratic wars），跟民主政治一樣，競爭雙方往往將對手加以醜化，令其受到人民的恥笑、憎惡，甚欲加以消滅。簡言之，現代戰爭必須將敵人形象惡魔化，這是戰爭合理化的另一需求。3.科技促使戰爭的非人性化。戰爭的殺人行動因科技的進步，變成一個按鈕或開關即可解決遙遠的目標。這種情況使戰爭的執行全然組織化、例行化，並在遠處即可執行暴力，不再帶有近戰的感情因素。[22]

有限戰爭（limited war）通常是指在戰爭的政治目的、交戰

區域、戰爭持續的時間，作戰目標的選擇和使用的武器和手段都進行有意克制的戰爭類型。有限戰爭的戰爭目的通常不在徹底摧毀敵對國家或軍隊，而在獲取一塊土地、自然資源或航運設施，甚至只是懲罰對手。在交戰區域方面則限於直接衝突的地區，邊境衝突是較典型的例子。至於有限戰爭的時間是否會受到限制，通常雙方都希望能夠儘快結束戰爭，但實際上可能會延續數年，這是個有爭議性的問題，我們將留待下面再討論。關於有限戰爭作戰目標的選擇，通常會以純軍事目標作爲限制，通常指向敵指管通情系統、運輸與補給線、後方基地或是敵所擁有的大規模毀滅性武器等。有限戰爭的另一個內涵意是使用的武器和手段的限制。這通常指的是對運用核子武器的克制，惟有限核戰仍被認爲可能，即運用所謂的戰術性核子彈，避免全面性核戰發生。在後冷戰以後，運用由於擁有核武的國家日益增多，這種戰爭發生的可能性仍然存在，對於非核國家而言，不使用大規模毀滅性武器的行爲也是有限戰爭的重要因素。[23]

第二次世界大戰以後發生的國際性戰爭如韓戰（1950年～1953年）、越戰（1960～1975年）、兩伊戰爭（1980～1998年）、英阿福克蘭群島戰爭（1982）、波灣戰爭（1990年～1991年）、美阿戰爭（2001年）、美伊戰爭（2003年）都可視爲有限戰爭。中共將有限戰爭稱爲「局部戰爭」。1997年版《中國人民解放軍軍語》將「局部戰爭」明確定義爲：「在局部地區進行的，目的、手段、規模均較有限的戰爭。相對於世界大戰而言，有的國家亦稱有限戰爭。」一般來說，對於戰爭施加限制的原因有三：1.避免引發世界大戰。爲避免再次的世界大戰悲劇發生，交戰國家願意將衝突控制在一定地區，以防止戰爭升級。2.提高嚇阻政策的可信性。在冷戰時期美蘇兩個超級強權，透過間接介入有限戰爭，或採取有限戰爭的原則，目的是增加報復威脅的可信性，或表現出報復

侵略行為的決心。3.根據克勞塞維茨的軍事原則而來,即戰爭規模和性質取決於所追求重要性而來。4.限制可以作為與對手談判的籌碼或試探對手的決心。這類例子的關鍵是在於還有多少力量尚未投入,而不在於實際投入多少力量。[24]

　　無論是有限戰爭或局部戰爭可能要留意語意上的問題:1.有限戰爭對作戰目標的選擇雖希冀限定在純軍事目標內,只能說是人們對現代戰爭發展做理性限制的趨勢,能真正執行的國家不多,因為這必須有精確的情報能力與擁有精準的武器才能執行,而避免附帶的損傷,所謂外科手術式的打擊(surgical strike)、斬首行動(decapitation strike)就是對作戰目標的具體限制。2.有限戰爭或局部戰爭雖然在內涵上強調目的、區域、手段、影響的有限性,但在「持久性」(時間)的有限性,則不盡如此。如越戰、兩伊戰爭、蘇聯入侵阿富汗戰爭(1979～1989年)、越南入侵柬埔寨戰爭(1978年～1989年)其持續時間都在十年左右,遠比兩次世界大戰還長,這就是說,所謂的有限的時間是相對性的。3.從戰爭規模來看有限戰爭的戰爭規模也是相對的。對大國來說某場戰爭是有限的、局部的,對中、小國而言可能是全力以赴,舉國迎敵的全面性戰爭,韓戰、越戰、波灣戰爭都是這樣的例子。[25] 4.有限戰爭常涉及許多形式的戰爭,種類繁多從內戰、游擊戰、反暴亂戰爭、低強度衝突(low-intensity conflict)到非正規戰爭(non regular warfare),以及一種現代的發展形式,即「強制和平行動」(peace-enforcement),這些戰爭通常很難分類,有時是在論述戰爭,如非正規戰爭有時指的就是游擊戰。[26]5.與有限戰爭有關的還有突襲(raids)。「突襲」是有限戰爭經常採取的手段,通常是針對目標進行轟炸,或派出地面部隊掃蕩某個地區。突襲行動通常都是針對特定的目標,時間也很短,例如:1981年以色列出動戰機轟炸伊拉克境內一個核子研究所,以阻止伊拉克發展核

子武器的計畫。如果以色列不採取突襲行動，伊拉克很可能在1990年入侵科威特就已獲取核子武器。這項空襲行動的目標甚為單純，前後只花了幾個小時。突襲是戰爭與和平間的灰色地帶，這是因為其所造成的損害有限，為時也十分短暫。不過，若突襲行動反覆進行，或是引起當事國的循環報復，就會形成有限戰爭，或是所謂「低強度的衝突」。[27]

「低強度」此一名詞首見於1980年代，起先是美軍在冷戰時代專門用來指涉游擊戰或恐怖主義，後來被用來描述內戰雖然這些戰爭大多局限於地區，卻經常涉及超國界的問題，以致令人很難區分內和外、侵略（外來的攻擊）和鎮壓（來自內部的攻擊）。[28]自從1945年以來世界上的武裝衝突約有四分之三是屬於低強度衝突，除了次數較多以外，低強度衝突亦比1945年以來任何其他戰爭更為慘烈。從1947到1949年間爆發的印度教與回教徒衝突，可能造成一百多萬人的傷亡。據說於1966年到1969年發生的奈及利亞內戰中，約有三百萬人喪生。將近30年的越南衝突中，超過一自萬人死亡，另有一百萬人死於中南半島上其他衝突之中（包括柬埔寨與寮國國內）。一百萬人可能死在阿爾及利亞，另有三百萬人死於阿富汗，並製造了五百萬難民。發生在中美洲與南美洲的衝突規模較小，不過死亡人數也有數十萬之多。另外如發生在（有些仍在進行之中）菲律賓、西藏，泰國、斯里蘭卡、庫德斯坦（Kurdistan）、蘇丹。衣索披亞、烏干達、西哈撒拉（Western Sahara）、安哥拉，及其他國家的衝突，死亡總人數超過兩千萬。[29]

低強度衝突通常是指低技術的、人力密集的、低頻度與低密度的交戰。但是這僅止於一般的概念，我們尚須注意「低強度突衝」的實質內涵：1.低強度衝突常與非正規戰爭或游擊戰有關，引發這種戰爭的原因是「失敗國家」的出現或文化與宗教的衝突，以及這些現象的結合。2.一般認為低強度衝突是弱者對強者

的武器,大多數的低強度衝突並不仰賴高科技的武器。飛機與戰車,飛彈與重砲,及很多其他的精密武器 。[30]在這種戰爭中,先進武器的效果不大,決定的因素是意志力,被稱爲是「游擊隊形式」的低強度衝突。如越戰中越共對美國的戰爭。不過也可能是強者運用低強度衝突來實行其戰略目標,如冷戰時期前蘇聯、美國、以色列和中國,分別在越南、阿富汗、中東和柬埔寨從事過低強度衝突或非戰爭衝突。先進國家也可運用先進武器實施低強度攻擊,進行所謂的「反侵略戰爭」,如美國學者亞歷山大認爲1991年美國及其盟國對伊拉克所進行的戰爭屬於此種低強度衝突。[31]4.低強度衝突還涉及到一些大國和地區強權不直接發動戰爭,而利用支持附屬於其下的國家或集團進行武裝衝突或革命叛亂,目的是爲了動搖潛在的敵對政權,削弱對方的國際地位,這種戰爭被稱爲「代理戰爭」(proxy wars)。冷戰時期的美蘇兩超強,每當第三世界國家發生內戰時,經常會提供自己所支持的交戰團體武器與顧問,從事所謂的代理戰爭。這樣的聯盟常一夕數變。例如1970年間,美國支持衣索匹亞政府,蘇聯則支持衣索比亞的鄰國索馬利亞。不久後衣索比亞發生革命,卻求助於蘇聯,致使美國轉向支持索馬利亞。[32]另外古巴介入安哥拉內戰,蘇聯與中國在韓戰中支持北韓,美國在蘇聯佔領阿富汗期間支援阿富汗叛亂,都是代理人戰爭的例子。5.除了先進國家外,大多數低強度衝突戰爭通常是正規戰爭、游擊戰、恐怖活動的混合,而且以廣泛掠奪、殺戮對象涉及平民(包括婦女與兒童在內)和避免決戰作爲進行戰爭的方式。6.伴隨著5.的問題,冷戰後出現了一種新的低強度衝突稱爲「強制和平行動」(peace enforcement),進行軍事的人道干涉(humanitarian intervention)。它是依據聯合國憲章第四十二條而來,該條文賦予安理會得採取必要的陸海空軍行動,包括「示威、封鎖、及其他軍事行動」。1992年聯合國秘書長

提議成立「聯合國維和部隊」〔UN peace making （or peace enforcement）units〕，其任務不僅止於維持和平，還須於和平受到破壞時運用強制手段加以恢復。「強制和平行動」通常是在聯合國的指導下進行，它不同於「維持和平行動」（Peace-Keeping Operation, PKO中文簡稱「維和行動」）。因為配戴藍色頭盔之故，聯合國維持和平行動又被稱為「藍盔部隊」（Blue Helmets），他們通常是作為一個中立的緩衝區角色 （buffer force），任務通常包括監督交戰各方停戰協議的執行、監督撤軍行動、監督選舉的進行、或是維護基本警察秩序等功能，[33]並不包括武力的運用。「強制和平行動」（peace enforcement）則涉及西方領導的聯盟對內戰和局部戰爭的干涉，或者是為了給平民提供人道主義救援，或者是為了強迫交戰各方回到談判桌上。[34]1991年海灣戰爭結束後，由美國領導的西方多國部隊實行聯合干涉，在伊拉克北部設立了安全區（Safe Havens）以保護大量從伊拉克逃往土耳其和伊朗的庫爾德難民，聯合國安理會於1991年4月5日通過688號決議案，作為支持這次干涉行動的法律依據。聯合國安理會在1992年通過的794號決議案，授權使用武力以恢復索馬利亞的「和平、穩定、法律和秩序」，這些都是「強制和平行動」（peace enforcement）的例子。

第三節　未來戰爭類型

對未來戰爭類型的探索，主要是針對二十一世紀以後人類社會所可能發生的戰爭種類的探索。自1991年波灣後，科技對戰爭產生了重大的影響，冷戰的結束雖然使世界大戰的可能有所降低，不過戰爭並未消失，核子戰爭仍可能發生。區域強權、美國

所謂的「流氓國家」、「失敗國家」潛在著發動毀滅性戰爭的可
能、族群意識的抬頭⋯⋯等，使未來戰爭類型具有不可測性與新
的面貌。未來的武裝衝突類型將由科技發展、經濟、政治、社會
趨勢，與新出現的地緣戰略等因素決定。這麼模糊的複雜性，使
得我們無法明確的預測未來的戰爭途徑。我們在最好的情況下，
也只能勾勒出未來戰爭的形象（image）。廣泛而言，我們在二十
一世紀將可能遇到三種戰爭模式的組合：正式戰爭（formal
war）、非正式戰爭（Informnal war）、與灰色地帶戰爭（gray area
war）。[35]

一、正式戰爭

　　正式戰爭為一國軍隊與他國軍隊之間的對抗，從十七世紀開
始，它就是最具戰略重要的武裝衝突類型，而這情形可能至少仍
將繼續延續數十年，或是更久。因此之故，它應仍是戰爭研究的
重點。例如美國的政策制定者與軍事領袖，正在試圖定義與創建
第一支後現化時期的國家武力，主要用來對抗「流氓國家」
（rogue state）或是可能在二十一世紀初期形成的「近似匹敵競爭
者」（near peer competitor）。

　　正式戰爭的未來戰爭形式，爭取「資訊優勢」（information
superiority）將成為後現代軍隊主要的趨勢，它將是攸關戰場成敗
的關鍵因素。資訊優勢是指：藉由連結太空基、陸基、空基感應
器與決策資源系統，能使己方擁有不間斷地搜集、處理、傳遞資
訊的能力，同時剝奪敵方的這種能力。這衍生出能夠大幅增進聯
合作戰力量所需之資訊與指揮管制為核心的能力。如果能夠達到
資訊優勢，將能允許國家或武裝組織使用精準武器，許多精準武
器是從遠離戰場的安全處所發射的，在精確的適當時機，打擊敵

人的重心。這整個概念是要使擁有資訊優勢的國家成爲幾乎無所不能的超級無敵軍隊，而將敵軍陷入混淆與盲目之中。

二十一世紀以後的戰爭將會見到兩個現代化國家對抗的對稱戰爭，與現代軍隊對抗現代軍隊的不對稱戰爭。兩伊戰爭與波灣戰爭將會再度重現。當更多國家獲得核子武器之後，這些國家之間的正式戰爭，將以有限戰爭的形式進行，除了運用傳統武器外，還須仰賴代理戰爭，以保持戰爭規模在低於敵人大規模復鬥檻，或是其他國家經濟政治報復鬥檻之下。

二、非正式戰爭

非正式戰爭爲交戰雙方中，有一方爲非國家實體，如反叛軍或是種族軍隊。它是1980年代所謂低強度衝突的後裔。與今天一樣，未來的非正式戰爭的基礎，將混合著種族、族群、地域、經濟、人格特質與意識形態等因素。通常，野心而又狂妄的領導人將會動員種族、族群與宗教，以支持其對個人權力之需索。而非正式戰爭的目標可能是自治、分離、直接控制國家、改變政策、控制資源，或是使用武力者所宣稱的「正義」。非正式戰爭將從過去散佈世界各地的低強度衝突的暴力文化中滋長。

在拉丁美洲、中東、南亞、中亞、次撒哈拉非洲與美國某些城市中心，暴力文化已經高漲到無法撲熄的程度。在這種環境下，非正式戰爭將變成十分平常的活動，特別是在國家的治理效能退化時，更是如此。非正式戰爭將朝以下幾個方向發展：

1.代理戰爭將更普遍：
在國家權力式微的地區，許多國家都有大片政府無法掌控的領土。再加上政治、經濟與軍事因素侷限了傳統的越界侵略，因

而代理戰爭成為較具吸引力的戰略選擇。不願意承受侵略鄰國而招致之抵制與污名的國家，發現支持敵人的鄰國通常不會為人注意到。最後，全球化與冷戰的結合，刺激國際軍火市場的成長，促使國際毒品運輸與國際犯罪網路的合併，這提供給反叛者、恐怖份子與民兵豐厚的收入來源。任何人只要有足夠的金錢，就可以裝備一支有力軍隊。任何人只要有使用犯罪手段的意願，就可以取得足夠的金錢。非正式戰爭不但比過去頻繁，而且比過去更具略意義。

2.資訊科技的普遍運用：

非正式戰爭的群體會利用人際或是科技的相互連結性，以公開化其訴求，建立其與各種組織機構的網路關係。墨西哥南部的沙巴達主義（Zapatista）運動就是這個程序的一個明證。沙巴達主義份子結合左翼拉丁美洲人與人權組織，利用網際網路，建立國際支持，而他們的網頁則放在位於加州大學或是德州大學的伺服器之上。這樣的電子聯盟是如此精緻，以致蘭德公司的研究員將它稱為「社會網戰」（socialnet war）。毫無疑問的，更多組織將會朝這個方向跟進，混合運用傳統政治運動的專業與最新資訊革命所帶來的，最現代化的廣告與行銷技術。

3.手段原始，依然血腥暴力：

未來的非正式戰爭，很可能仍是「雙手對抗」（hands on）的戰爭，雙方戰鬥員致力於近接戰鬥之中。在許多狀況下，戰鬥將發生於人口密集區域。戰士將散布在非戰鬥員之中，以非戰鬥員作為人肉盾牌與談判籌碼。有時，他們也會著意引起、延續難民災害，以吸引外界的注意與干涉。不像正式戰爭之透過遠距能力而朝向精準與去人化（depersonalization）發展之趨勢，非正式戰爭仍將是骯髒、血腥、以仇恨而非以科學為驅動力的戰爭。

4.強制和平行動日趨重要：

　　在失敗國家中，非正式戰爭將是民兵、盜匪幫派與軍閥軍隊彼此之間相互混戰的對稱戰爭。有時，當這些失敗國家的軍隊，也許在外力協助下，與叛軍、民兵、軍閥軍隊作戰時，它也會變成不對稱戰爭，而能在反叛亂作戰中成功，恢復國內秩序。所以聯合國的「強制和平行動」日趨重要。

三、灰色地帶戰爭

　　灰色地帶戰爭是指傳統作戰與組織性犯罪的混合形戰爭。在某一程度上，這可說是在冷戰的非常態狀態後，又回到歷史常態軌跡上。軍隊從很早開始，就一直同時在與「大」敵人與「小」敵人對抗：保衛國家，不受敵軍侵略，同時與盜匪、海盜、幫派戰鬥。當國外侵略為主要焦點時，軍隊通常會專注於此，當侵略不是問題時，軍隊通常會花更多時間與努力於國內秩序，即「小」敵人部分。

　　今天，灰色地帶威脅的戰略意義倍增於以往。資訊科技——會將優勢轉到彈性、網路化組織之上，有助於創造同盟，因此使得灰色地帶敵人比以往更加危險。對於小國或是弱國而言，這樣的挑戰格外可怕。在像哥倫比亞、南非、中亞與高加索這些地區，外國投資因為犯罪活動與因此引致的不安而衰減，這使得灰色地帶威脅成為嚴重的安全挑戰。

　　因為灰色地帶戰爭介於傳統國家安全威脅與法律執行地帶之間，國家必須經常檢討，據以設計最適宜的對抗結構。擁有如法國行政傳統的國家在這一方面具有先天的優勢，因為他們較能接受混合了軍隊與警察功能的「國家警察軍隊」觀念，當未來各國在辯論是否應該使用軍隊對抗灰色地帶敵人時，也應該考量創建「國家警察軍隊」的方案。這類的組織應該結合國家軍隊、情報組

織、緝毒機關、司法調查機關等執法單位。它可與世界類似組織結盟，以在連結的安全環境與全球經濟環境下，更有效地運作。

灰色地帶戰爭將引發嚴重的法律與民權問題。使用這種手段的敵人應該被當作擁有完整法律保護的罪犯，或是受到戰爭法規保護的軍事戰鬥員。還有，當灰色地帶戰爭蔓延，跨過國界，變成跨國性質時，其適用法律與道德架構爲何？即使在今天，當美國將其國內法強用於運輸毒品與實施恐怖主義的外國人，若忽視正常的入境與驅逐程序時，也會引起許多政治問題。當灰色地帶戰爭擴散，結合成網路時，這個問題勢將更形嚴重。對其之合理反應應爲：更新傳統處置盜匪之國際法，賦予各國可在公海拘捕、處罰盜匪的權力。這可能也應該同樣適用在未來的網路灰色地帶敵人身上。[36]

四、各類型戰爭的混合

未來戰爭類型的正式戰爭仍將依循古典戰爭與總體戰形式進行。而非正式戰爭與灰色地帶戰爭則是原有區域衝突與內戰結合了游擊戰、恐怖主義、大規模毀滅性武器的擴散、資訊科技的運用，對古典戰爭法規的漠視的衍生，被稱爲新戰爭或後現代戰爭。所謂古典戰爭（classical wars）是指自1648年歐洲威斯特伐裏亞和約（Peace of Westphalia）主權國家體系確立之後，國家之間發生的在政府指導下運用武裝力量的戰爭。[37]這種傳統的戰爭通常被認爲是克勞塞維茨式的戰爭，其主要特點是：1.參與軍事衝突的是國家；2.採取軍事行動具有政治目的；3.軍事行動遵從得到廣泛接受的國際社會的規範與準則。按照這些假定，古典戰爭的參與者都是具有主權的行爲體。這些行爲體從事戰爭是出於政治目的，因此其行爲都有明確的開始與結束。由於戰爭是和平手段用

盡之後不得不採取的最後手段，因此戰爭被認為是追求合法外交
目標的理性行動。在未來還是可能會發生，只是發生機會相對的
小。

　　而後現代戰爭（post modern wars）是第二次世界大戰結束之
後，特別是冷戰結束之後的一種戰爭模式，亦即前面所提的低強
度衝突。在未來這種戰爭的發生，在很大程度上是由於非國家行
為體影響的上升以及全球性相互依賴進程的發展。伴隨著國家數
量的日益增多和民族分裂進程的加劇，特別是在一些國家政權軟
弱無力和失去政治控制力的情況下，內戰的頻度明顯加大了。[38]

　　整體而言，新戰爭或後現代戰爭是一種恐怖主義式的戰爭。
在人類社會中，雖然恐怖主義與戰爭均是帶有政治性的暴力活
動，即以暴力手段使敵人屈服於自己的意志，但二者之間有著明
顯區別。首先，在暴力進行的主體上，戰爭的主要進行者是正規
的武裝組織即軍隊；而恐怖主義的主要參與者是非正規的但經過
一定訓練的有組織人員。其次，在打擊的目標上，戰爭的主要打
擊對象是敵方的軍事人員和軍事設施；而恐怖主義活動主要傷害
的則是非武裝人員。其三，在對抗手段上，戰爭是敵對雙方進行
公開的交戰；而恐怖主義活動則是恐怖主義者以秘密的突然襲擊
和匿名的方武進行的暴力傷害，受襲擊一方往往未及進行反擊，
對方即已消聲匿跡。[39]

　　不容否認，冷戰後發生的恐怖活動，有些是貧窮落後國家反
對大國的操縱和壓迫而進行的反抗。但是，恐怖主義與反對霸權
主義是性質完全不同的兩回事情。採取恐怖活動這樣的極端形式
完全違背國際和平準則，只會破壞人類追求和平與發展的事業。
這種採取極端手段進行的暗地活動是對人類良知和真善美的反
動。

　　觀察人類社會的戰爭史，特別是自威斯特伐裏亞和約以來的

戰爭史，我們看到，在各種不同的衝突中，對世界體系和國際關係影響最大的是發生在大國之間的戰爭。這種戰爭往往構成了時代變遷的標誌。學者們的研究顯示，伴隨著歷史的發展，這種戰爭表現出了兩個明顯的特點：一是這種戰爭的頻度在日益降低，二是這種戰爭的破壞性在日益增大。據利維（Jack Levy）提供的數字，十六世紀的大國戰爭發生了27場，十七世紀是17場，十八世紀是10場，十九世紀與二十世紀各5場。從數字來看，二十世紀的大國戰爭最低，但我們都知道，二十世紀的戰爭的破壞性是最大的，兩次世界大戰給人類帶來的浩劫是前所未有的。幸虧人類發明核武器後還未打過大規模的核戰爭，否則人類文明就將徹底毀滅。對於這種發展趨勢帶給人們的啓示，有學者提出了很有意思的觀點。比爾（Francis A. Beer）認爲，與戰爭頻度下降相伴隨的戰爭毀滅性的加大，導致了國際社會的穩定性的加大，或者說導致了和平的擴展。隨著冷戰的結束，使戰爭產生了不可控制性的特點，這將是未來戰爭研究的重要課題。[40]

問題與討論

一、對戰爭做分類的意義。
二、戰爭的型態與戰爭的類型有何關聯。
三、戰爭的定義與戰爭的分類有何關係。
四、台海間的戰爭將是什麼類型的戰爭？
五、分析未來可能發生的戰爭種類。

註釋

1. Michele A.Flournoy, NDU QUR 2001 Working Group, *QDR 2001 Strategy-Driven Choice for America's Securit*, (Washington, D. C.: National Defense University Press, 2001), p. 11.
2. 李少軍，《國際政治學概論》（上海：上海人民出版社，2002年3月，初版1刷），頁185。
3. Ronald J. Glossop, *Confronting War*, Jefferson and London: McFarland, 1983, pp.7-8. 轉引自李少軍，《國際政治學概論》，頁185。
4. 「光輝道路」是祕魯的革命組織，從事游擊戰和暴力恐怖行動。1970年建立時稱祕魯共產黨，但不久即改爲現稱。這個名稱來自祕魯早期革命家馬里亞特吉的一句名言：「馬克斯列寧主義將爲革命開闢光輝的道路」。
5. 王逸舟譯，《當代國際政治析論》（上海：上海人民出版社，2001年5月，初版2刷），頁282。
6. Bruce Russett, Harvey Starr, David Kinsella, *World Politics: The Menu for Choice*, 7th ed. (Beijing: Peking University Press, 2003), 201.
7. Ibid., 205.
8. 亞塞拜然自1988年以來即與鄰國亞美尼亞因納格爾尼──卡拉巴赫（Nagorno－Karabakh）地區時常發生爭端，1988年12月至1990年1月間，因亞塞拜然人民陣線煽起民族主義情緒，暴亂不斷發生，終於釀成巴庫的反亞美尼亞人大屠殺。前蘇聯軍隊於是對該市發動猛烈攻擊，以維持社會秩序。
9. Herbert Tillema, "Cold War Alliance and Overt Military Intervention", *International Interactions 20*, 3(1994), 249-278. 轉引自王玉珍等譯（Bruce Russett, Harvey Starr），《世界政治》（*World Politics: The Menu for Choice*, 5th ed.）（北京：華夏出版社，2002年2月，初版2刷），頁155。
10. Bruce Russett,Harvey Starr, David Kinsella, *World Politics: The Menu for Choice*, 205.
11. Ibid., p. 197.
12. 關於當代「新戰爭」有兩種用法，第一種指冷戰後所出現的內戰或「低強度的衝突」，也用來指涉游擊戰爭或恐怖主義。這些戰爭或衝突所具有

新的特徵，即私人化或非正式的戰爭，有時又稱「後現代戰爭」。另一種「新戰爭」比較單純，專指高科技戰爭。參閱陳世欽譯，《新戰爭》（台北：聯經出版公司，2003年1月，初版），頁2-3。

13.王玉珍等譯，《世界政治》，頁144。

14.金帆譯（Conway W. Henderson），《國際關係：世紀之交的衝突與合作》（*International Relations : Conflict and Cooperation at the Turn of the 21st Century*）（海口：南海出版社，2004年4月，初版1印），頁131。

15.李長浩譯，《二次大戰後之英國軍事思想》（台北：國防部史編局，民國79年5月），頁59。

16.李少軍，《國際政治學概論》，頁188-189。

17.李長浩譯，《二次大戰後之英國軍事思想》，頁60。

18.同上註，頁61。

19.Gordon Marshal ed., *The Concise Oxford Dictionary of Sociology* (New York: Oxford, 1996), p.534.

20.Joshua S. Goldstein, *International Relations* (New York: Longman, 1999), p.227.

21.Eric Hobsbawm, *The Age of Extremes* (New York: Vintage Books), p.44-45.

22.Ibid., p.49-50.

23.參閱徐緯地等譯（Graig A. Snyder），《當代安全戰略》（*Contemporary Security and Strategy*）（長春：吉林人民出版社，2001年8月），頁223-225。

24.同上註，頁226。

25.2,3項參見余起芬，《戰後局部戰爭戰略指導教程》（北京：軍事科學出版社，1999年6月），頁17-18。

26.徐緯地等譯《當代安全戰略》，頁226-227。

27.Joshua S. Goldstein, *International Relations*, p.229.

28.陳世欽譯（Mary Kaldor），《新戰爭》（台北：聯經出版社，2003年1月），頁2。

29.楊連仲譯（Martin Van Greveld），《戰爭的變革》（台北：國防部史編局，民國83年），頁201。

30.同上註，頁200。

31.許綬南（Bevin Alexander），《未來戰爭》（*The Future of Warfare*）（台北：麥田出版社，1996年10月），頁42-43。

32.Joshua S. Goldstein, *International Relations*, p.43.

33.楊永明，〈聯合國維持和平行動發展：冷戰後國際安全的轉變〉，《問題與研究》，第36卷，第11期（民國81年10月），頁32。

34.徐緯地等譯，《當代安全戰略》，頁228。

35.本段未來戰爭論述參閱謝凱蒂、楊紫函、蔣永芳譯，《廿一世紀的武裝衝突：資訊革命與後現代戰爭》（台北：國防部史政編譯局，民國89年9月），頁53-94。

36.王玉珍等譯，《世界政治》，頁144。

37.威斯特伐裏亞和約（Peace of Westphalia）是歐洲「三十年戰爭」（1618-1648）後歐洲各國所簽訂的合約。三十年戰爭對近代歐洲國際社會的形成和發展有具有極其重要的意義，重要表現在它徹底削弱了神聖羅馬帝國，確認了歐洲主權國家體系的存在，同時還有力的促成了近代國際法體系的誕生。

38.關於古典戰爭與後現代戰爭，參見李少軍，《國際政治學概論》，頁189-190。

39.王逸舟主編，《全球化時代的國際安全》，頁252。

40.李少軍，《國際政治學概論》，頁190。

戰爭本質論

第五章

戰爭的本質

世界變得越來越殘酷的真正原因，主要在於戰爭「民主化」的奇怪現象。全面性的衝突變成「民的戰爭」，老百姓已經變成戰略的主體，有時甚至成為主要目標。

——Eric Hobsbawm, *The Age of Extremes*, p.49-50

第一節　何謂戰爭的本質

一、本質的界定

　　所謂本質的意義有二：一是指事物本來的形體。（外在的表現與形態）二是指事物的根本性質（內在的本性）。[1]在哲學研究上，本質研究在於「本質聯繫」，所謂本質聯繫是指事物內部或事物間之必然規律性之聯繫。此聯繫由事物之內部本性或本質所規定，對事物發展之基本過程與趨向，產生主要決定性之影響與作用。人類必須掌握事物之本質聯繫，方可對事物有較全面而深刻之認識。[2]就此而言，戰爭之本質研究主要在研究戰爭根本的性質及其與外在事物的聯繫。一般而言，戰爭本質的研究對象包含「政治」、「暴力」與「摩擦」等三者。惟戰爭現象係藉由人類對各種「力量」的運用與組織才能表現出來，所以戰爭本質的研究還應探索構成戰爭力量的必要因素，即所謂戰爭的要素。本章先討論戰爭的本質，下一章討論戰爭的要素。

二、克勞塞維茨對戰爭本質的界定

　　探討戰爭的本質，通常都以克勞塞維茨的《戰爭論》的理論做基礎來論述。克勞塞維茨認為研究戰爭必須「先對整體有一個概括的了解，因為研究部分時必須要考慮到整體」（《戰爭論》，頁7）。這是說要瞭解戰爭必須先從戰爭本質著手，俾能正確而全盤地瞭解戰爭。克勞塞維茨認為戰爭的本質由暴力、摩擦（不確定性）與政治三者構成。

　　克勞塞維茨認為「戰爭是迫使敵人服從我們意志的一種暴力行為」（《戰爭論》，頁7）。運用暴力行為是為了達到政治目標，所以「戰爭無非是政治透過另一種手段的繼續」（《戰爭論》，頁20）。戰爭是政治與暴力的結合，戰爭遂成為有組織之暴力行為的極端形式所表現出來的「政策」（policy）。戰爭的行使雖經理性的計算，但真實的戰爭絕非孤立的行為，且「人由於其不完善的機體而總不能達到至善至美的地步」（《戰爭論》，頁10），現實世界是受到「或然率法則」（laws of probability）的支配，使戰爭行動成為一種「概然性的計算」，而無法正確預測其結果（《戰爭論》，頁18）。戰爭是充滿「危險」、「勞累和痛苦」、「不確實性」和「偶然性」的領域（《戰爭論》，頁36-37）。危險、肉體的勞累是戰爭中的自然抗力，構成了戰爭的「摩擦」（摩擦不限於危險、肉體的勞苦，摩擦是無數小型意外事件的集合體，如天氣、指管通情系統的運作），而不確實性，則構成「戰爭之霧」，使事實與期待時常發生落差。所以戰爭是機會的領域，「要想在這種困難重重的戰爭氣氛中安全地順利前進，需要感情方面和智力方面一種巨大的力量，才能克服這些阻力」（《戰爭論》，頁40）。

　　戰爭是由非常複雜的互動所組成，隨時都在變，克勞塞維茨

將此現象形容成一隻「變色龍」，經暴力、阻力（摩擦）與政治以
「戰爭的三位一體」的概念，作爲他對戰爭本質的說明，他說：

> 「戰爭不僅是一條真正的變色龍，它的性質在每一種具體情況
> 下都或多或少有所變化，根據戰爭的全部現象可以將其內在
> 的傾向歸納為以下三個方面：1.戰爭要素原有的暴力性，即仇
> 恨感和敵愾心，這些都可看做是盲目的自然衝動；2.概然性和
> 偶然性的活動，它們使戰爭成為一種自由的精神活動；3.作為
> 政治工具的從屬性，戰爭因此屬於純粹的理智行為。」[3]

暴力、阻力與政治同為戰爭之本質，必須同時重視，因爲這
三者的內在傾向或性質，會引發不同的作用與變化。我們研究戰
爭的本質一方面要探索戰爭的暴力、摩擦與政治本質，另外也須
理解這三者間的互動關係與變化情形，才能正確掌握戰爭的本
質。

第二節　戰爭本質的分析

一、暴力

暴力是實現戰爭達到政策目的的主要手段。戰爭是社會現象
之一，與其他社會現象最大區別在於它的極端暴力形式。戰爭與
暴力常被視爲同義詞（暴力範圍較廣），並由軍隊或武裝團體來的
實現其暴力形式。

依克勞塞維茨的觀點，暴力的本質是以一種「絕對戰爭」的
形式出現。絕對戰爭（absolute war）是克勞塞維茨對於戰爭暴力

本質的「理型」分析。所謂理型分析是對戰爭暴力本質的哲學理論分析，運用「戰爭的絕對形式」，來作爲一種研究戰爭本質「概括的定向點」，而不涉及現實因素。他說：「戰爭是一種暴力行爲，而暴力的使用是沒有限度的」（《戰爭論》，頁8），對於戰爭的殘酷性、破壞性的暴力限制與緩和是由社會狀態（文明或野蠻）與國與國間的關係所決定，這不是戰爭本身，所以「硬說緩和因素屬於戰爭哲學本身，那是不合情理的。」（《戰爭論》，頁7），這觀念據說與康德哲學有些關聯。

在克勞塞維茨所生的那個時代中，哲學不僅支配著德國的大學而且也支配著一般的社會生活。在其任陸大校長時，從1801年到1803年，他曾接觸過康德（Immanuel Kant）的思想。根據其友人布蘭德將軍（General Brandt）的說法，克勞塞維茨是基斯維特（Kiesewetter）的門徒，後者曾向他灌輸康德的哲學。依照康德的路線，他遂假定有一種先天戰爭形式的存在，所有一切軍事行動都應以其爲依歸。換言之，戰爭總體的理想在心靈上是與康德所謂「物自身」（Thing-it-self，或譯「事物本體」，依康德意，即「作爲「現象」的相反概念」）有關。他想把這種戰爭的絕對觀念作爲一種理想，一種尺度，用它來衡量一切軍事活動，而在《戰爭論》的前七篇中他都受到此種觀念的導引。[4]儘管後來他認爲戰爭不是獨立存在的，充滿「摩擦」與「霧」，但是卻已受到了後世的誤解，認爲他是絕對戰爭的倡導者。

事實上克勞塞維茨認爲，「如果我們由抽象轉入現實，一切就大不相同了」，「每一次都必須最大限度地使用力量，這種做法無異於紙上談兵，毫不適用現實世界」（《戰爭論》，頁10）。現實戰爭與絕對戰爭的區別就是「摩擦」或「阻力」。克勞塞維茨說：

「戰爭的形式不只是純粹由其概念所決定的，也是由戰爭中所

包含的，及其所夾雜的所有因素決定的。這些因素包括戰爭中各部分的一切自然惰性和阻力，以及作戰人員行動不徹底，認識事物不清楚和沮喪怯懦」（《戰爭論》，頁586）。

既然戰爭是「暴力最大限度的使用」，若欲劃分手段與目的，則暴力是「一種手段」，而迫使敵人向我方意志屈服才是最後目的。為了充分達到此一目的，必須解除敵人的武裝。所以在理論上解除敵人武裝也就變成戰爭的直接目的。因為只要敵人不被擊敗，則他也就有擊敗我們的可能（《戰爭論》，頁9）。於此，克勞塞維茨似乎將暴力作為目的，而與前述暴力手段的說法相矛盾。

我們必須再說明，克勞塞維茨這種說法如同前述「絕對戰爭」論一樣，「只考慮純粹的戰爭觀念」，將「絕對」當作是哲學或理論上的一個概括的定向點來瞭解戰爭。他主張瞭解戰爭本質必須從這個方向著手才不會錯誤。雖然克勞塞維茨認為拿破崙指揮下的現實戰爭曾經以接近此種完全絕對的面目出現，但這不代表絕對戰爭已獲得實現。畢竟戰爭中的結果從來不是絕對的，完全解除敵人的武裝，這種抽象的戰爭目的，實際上是很少達到，而且也不是達到和平的必要條件。依克勞塞為茨的見解，只有把戰爭視為一種政策的工具，才能克服暴力本身的矛盾（既是手段也是目的的矛盾），因為這樣它所遵循的將不是純戰爭法則，而是涵蓋其方向的政策法則。他說：「現實戰爭無非是政治本身的表現。……戰爭是由政治引發的，政治是頭腦，戰爭只不過是工具，不可能是相反的情況」（《戰爭論》，頁616）。

暴力的劇烈程度是與政治目的有關，若將戰爭行為的目標與政治目的視為「對等物」，則「政治目的不僅成為衡量戰爭行為應達到何種目標的尺度，而且成為衡量應使用多少力量的尺度。」（《戰爭論》，頁13）。此即謂政治目的決定戰爭的規模與暴力的程

度,政治目的與戰爭目標、暴力程度成正向關係,「政治越是強硬,戰爭也就越波瀾壯闊,甚至可能達到其絕對形態的高度」(《戰爭論》,頁615)。這就說明,為什麼在從殲滅戰到單純的武裝監視之間,存在著重要性和強烈程度不同的各種戰爭,這裡面並沒有什麼矛盾。」(《戰爭論》,頁14)。

除暴力問題外,研究戰爭的學者也會注意到戰爭的非暴力現象。蓋暴力的運用不是一開始就以暴力形式出現,例如戰略計劃之擬定指導戰爭的進行,會對戰爭的暴力程度有重大的影響,這即是暴力與政策關係的問題。

儘管暴力的絕對性會受到其他戰爭本質的影響,如摩擦與政策,但是我們必須注意戰爭的暴力本質就是必須有流血的傷亡。畢竟戰爭作為社會的現象之一,它是一種重大利益的衝突,必須用流血方式來表現,只有在這一點上,它才與其他的社會生活有所區別。雖然隨著人類文明的發展,如國家與國際社會結構之轉變,對戰爭的反省等社會條件的演變,使戰爭的殘酷和毀滅程度獲得改變與控制,但這些社會條件是戰爭的外在事物,不是戰爭的本身。克勞塞維茨認為不應把這些問題當作戰爭本質本身來研究,它們只是影響因素,所以,若「我們發現文明民族不殺俘虜,不破壞城市和鄉村,那是因為他們在戰爭中更多地應用了智力,學會了比這種粗暴地發洩本能更有效地使用暴力的方法」。武器的不斷進步可以證明,「文明程度的提高絲毫沒有妨礙或改變戰爭概念所固有的消滅敵人的傾向」(《戰爭論》,頁8)。

絕對戰爭還強調一個觀念,就是不可存有「慈善家」的心態作戰,萬萬不可有想以不流血的非暴力手段來解除敵人武裝,屈從我之意志,蓋若敵人不怕流血,將武力作不顧一切的使用,會使敵人居於優勢的地位。所以不可因厭惡流血而忽視戰爭暴力本質的重大作用,將無益於戰勝敵人,反而可能受害(《戰爭論》,

頁8）。

　　總之，當我們研究戰爭本質會受到許多因素影響而改變時，必須特別留意戰爭被稱爲戰爭的原因來自暴力本質，若戰爭失去暴力本質則不再被視爲戰爭。

　　除了哲學上的絕對暴力，現實戰爭中暴力還存在著不同程度的區別。在現代戰爭研究的議題上，學者有時會運用不同的名詞如武力（force）、武器（weapons）、暴力（violence）等來說明戰爭的性質。因爲武力、武器、暴力的使用可以顯示出戰爭更寬廣的選項，如戰爭邊緣、戰爭狀態、武力展示（demonstrations of force）、軍事演習、軍事干涉等，這些其實都是欲藉助戰爭的發生率與戰爭（暴力）強度來執行政策或決心的行動。軍事力量的存在非僅僅是把損害加諸於敵，還可以作爲一種威脅，足以支持外交中的討價還價，或者作爲將自己的意圖傳遞給潛在的敵人之手段。

　　在德國柏林「國際社會比較研究所」（International Institute for Comparative Social Research）於1980年所從事的重大戰爭戰爭研究，提供了在國際衝突中各種強制與暴力程度的分析。它將638個衝突全部按照每次使用的最高威脅、強制、或暴力之程度予以分類。其可能性則是：1.使用武力的口頭威脅；2.武力的示威（例如：警戒、動員）；3.沒有傷亡的使用武力（例如：封鎖）；4.用武涉及不到1,000人的傷亡；5.戰爭，涉及超過1,000人以上的傷亡。其中以口頭威脅程度而結束之對抗，僅佔4％；涉及由當事國以展示武力而結束的，佔22％；涉及非暴力強制的方式，諸如封鎖與商業上禁運及杯葛者，佔27％；達到使用暴力的程度，惟傷亡人數甚少者，佔31％；其餘則爲導致戰爭的結局，佔有16％。[5]

　　當暴力達到戰爭的程度時，暴力的強度或劇烈程度可分爲如下幾個層次作檢驗：1.就戰爭規模言，有有限戰爭與絕對（無限）

戰爭。2.就手段方式言,有大規模的毀滅與精準的打擊。這裡所指的大規模的毀滅,不單指核生化武器的運用,而是一種相對的概念,如火藥發明後,與刀劍式的戰爭相比會產生更大的傷亡,而火砲、戰車、飛機的出現,當防衛能力不足時,就會造成重大的傷亡。至於精準的打擊則涉及了技術的水準,例如,技術的更新一方面使戰爭兵力密度將低,使傷亡減低,但大規模毀滅武器的出現卻會產生重大的傷亡。3.戰術、戰略的運用:若將戰爭視為一種藝術,則贏得戰爭將以思考與計謀為主,而不強調實際之砍殺。4.各種戰爭規範的限制程度,例如戰爭倫理與正義戰爭思想、國際法等。5.戰爭的時間、傷亡程度等也會影響暴力的程度。

國際關係學者郝思悌(K.J.Holsti)說:「當作國家政策的工具,武器與所有其他的手段相比,亦擁有一重要性質:他們的意圖是在影響他國取向、角色、目標和行動,以達到或防衛該國的目的。」[6]例如,希特勒在1938年邀請法國空軍首長惠利民將軍(General Joseph Vuilemin),到德國參觀德空軍轟炸機的高度轟炸準確性示威表演,以展現德空軍的實力。此一策略發揮效果,因為惠利民將軍被德空軍的威力展示所嚇倒,使其主張姑息政策,不反對德國攻取捷克。其他如在鄰國邊境處舉行軍事「演習」(military maneuvers),命令軍事單位進入「警戒」狀態(alert status),以顯著姿態部署武力——縱使是小的象徵性單位,通常可用來增加一國外交上的籌碼。

小國如果充分準備從事「懲罰性之抵抗」(punitive resistance)政策,可能會使力量較大的國家,不願得罪而離開它們遠去。二次大戰中的最後階段裏,瑞士擁有訓練精良的五十師陸軍,在德國的考慮上,認為入侵瑞士所費成本太大,只有放下不管。由這些例子可知運用暴力威脅與戰爭同樣可以用以達到政策目標的工

具。

　　在研究暴力時必須注追求絕對暴力的反效果。追求絕對戰爭會引起反效果，必須付出戰爭的成本與代價。我們不要忘了戰爭會受到摩擦的影響，哲學上的絕對戰爭必須將阻力與霧區移除才能達到。

　　拿破崙所指揮的戰爭雖然接近絕對戰爭的境界，是個「無懈可擊」的戰爭體系（當時的歐洲沒有一可國家可以擊垮法國，英國陸軍人員不足，無法完成此一大業，歐洲大陸各國，若單獨向法國進攻，都註定要失敗）。這戰爭體系是依靠戰爭目的與政策的合一，不斷獲取勝利，並從勝利之中降低戰爭之摩擦，尤其是在財政上的負擔。美國著名歷史學家保羅・甘乃迪（Paul Kennedy），在其《世界強權的興衰》（*The Rise and Fall of the Great Power*）一書中認為，十九世紀的法國經濟能力並無法支撐拿破崙時代維持一支維持超過五十萬人的長期服役的軍隊，必須靠「以戰養戰」的方式獲取財富，維持戰力。以戰養戰的方式給法國帶來的好處主要有二：大部分法國軍隊駐紮於本土以外；同時使法國本土的納稅人，免於承擔戰爭的全部費用。法國軍隊在有英明的領導，又免除財政負擔的情況下，逐成為攻無不克，戰無不勝，堅不可催的戰爭體系。所以拿破崙曾自詡道：

　　我的權力仰賴於我的榮耀，而我取得的勝利則給我帶來了榮耀。一旦我不再以新的榮耀和新的勝利來滋養我的權力，我的權力就會喪失。征服造就了我本人，也只有征服才能保住我的地位。[7]

　　拿破崙「以戰養戰」的具體措施是先對國內的「反革命」份子沒收拍賣其財產，然後依靠侵奪征服國的財產與要求駐紮軍隊的衛星國提供補給。不過這種方式仍無法彌補戰爭帶來的阻力。

當法軍在戰場上獲得接二連三的勝利時，開始受到一些阻力，如人力資源的減少（久經沙場的部隊越來越少），後勤供應的日趨困難（當地人民拒供糧食），戰線過長、必須兩面或多面作戰等，使絕對戰爭無法持續下去。

絕對的暴力受到暴力的結果反噬，拿破崙的失敗是一例，而六世紀的東羅馬皇帝查士丁尼（Justinian, 483-565年）所從事的戰爭則是另一例。查士丁尼算是羅馬最後一個偉大的皇帝，也是一代雄主，於西元527年即位後，他的全部政策都指向建立皇帝的絕對權威和復興統一的基督教帝國。從西元535～554年，查士丁尼重新征服義大利，徹底打敗了東哥德人，把整個義大利置於帝國統治之下。西元533～534年把汪達爾人趕出北非，奪回了原屬羅馬帝國的北非。554年征服西班牙東南部，以科爾多瓦為該省首府。[8]查士丁尼可謂獲得完全的勝利，恢復了舊西羅馬帝國的大部分領域，使地中海再度成為羅馬人的內湖，然而這驚人的成就，其所付出的成本為何？

經過了二十年的戰爭，在長時間的圍攻、饑荒、屠殺、破壞、搶劫，和瘟疫之下，非洲與義大利都變成了廢墟。狄爾教授（Prof. Charles Diehl）在《劍橋中古史》中，曾經說過：

「最大的城市，像那不勒斯、米蘭，而尤其是羅馬，幾乎均已無人煙，鄉村中也變成了赤地，義大利的業主們因為效忠拜占庭，和仇視托提拉，而受到完全毀滅的報酬。」

吉朋的批評則更為苛刻。他說：

「查士丁尼的戰爭、征服和勝利，好像是老年人的迴光返照，把最後的餘力消耗完了，更加速了其生命力的衰頹。收復非洲和義大利，從表面上看來，似乎未嘗不是赫赫武功，但是

災難卻繼之而來，顯出征服者的無能，並使這些不幸的國家化為廢墟。」

他又說：

「查士丁尼的臣民受到了戰爭、厲疫和饑荒的三重迫害，人口的顯然減少是其統治期中的最大污點。這些地球上最美麗的地區，以後就永遠不能恢復其損失。」[9]

查士丁尼的勝利，除了給非洲、義大利帶來不幸外，對羅馬帝國本身爾後的發展也沒好處，到處都是戰爭，財政性的壓榨，和宗教性的迫害，使東羅馬的諸省都變得民窮財盡，民不聊生。到了771年君士坦丁逝世時，整個羅馬帝國的領土被分割，人口逐漸減少，在歐洲方面受到保加利亞和斯拉夫人的掠劫，在小亞細亞方面受到回教徒蹂躪，陸軍艦隊經常叛變。[10]這樣看來無限戰爭必須有所節制，否則戰果無法長久。

二、摩擦──阻力與霧

克勞塞維茨為對真實戰爭（real war）的特徵有具體描述，遂引入戰爭之「摩擦」（friction）的觀念說明。所謂「摩擦」是指：

在戰爭中一切都很簡單，但是最簡單的事情也同樣是困難的。這些困難累積而產生摩擦，沒有經歷過戰爭的人是很難想像的。……由於受到預先考慮不到的無數細小情況的影響，一切都進行得很不順利，以致於離原定的目標還相當遠（《戰爭論》，頁57）。

這段話的主要意思是，戰爭是由軍隊執行，在一般狀況下，

軍隊的組織完善，成員素質一致，看起很容易管理。例如一位營長負責執行上級所給予的命令，而紀律也使這個營凝結成一個整體，營長也是公認稱職的人，所有事情都進行順利似乎看不出有什麼運作上的問題。但是，實際上遇到戰爭時，這個營會順利達成上級所賦予的目標嗎？當然不可能！因爲這個營看起來是個整體，實際上卻是眾人所編成。戰爭所帶來的危險，肉體的苦勞會造成個人的遲誤與過失，這就是戰爭的摩擦。其他如天候的變化、命令傳遞的過程、情報獲得的準確性、武器裝備的妥善程度……等各種不確定的因素都會形成戰爭的摩擦。

根據克勞塞維茨的解釋，摩擦是由兩種現象所形成：一種是戰爭進行時會自然產生的阻力，我國學者鈕先鍾稱爲「自然的抗力」（resistance），[11]一種是不確實性（uncertainty）的領域，作爲計算戰爭行動基礎的一切事物中有四分之三多少都是隱藏在巨大不確實性的霧幕內，即所謂的「戰爭之霧」（the fog of war）。

戰爭中的阻力或自然抗力是戰爭活動必然產生的一些過失、延誤或不順利的狀況，克勞塞維茨舉例說：

> 「戰爭中的行動如同是在有阻力的介質中運動。人在水中，甚至連走路這樣最自然簡單的動作，也不能夠輕鬆而準確地完成，而在戰爭中也同樣如此，用一般的力量，連中等的成勣都很難取得。」（《戰爭論》，頁58）。

即令在平時，軍隊要想經常保持高度的戰備也都是非常困難，而在戰時其困難程度自然更會大增。戰爭中的自然阻力雖爲一種必然現象，但可以用部隊對於戰爭的「習慣」（habituation）來減低此種摩擦。所謂習慣就是，就是習慣眞實的戰場狀況，所有官兵都要能耐受勞苦，並透過各種演訓或觀摩實戰，來瞭解戰爭的摩擦，培養在摩擦狀況下作判斷、下達決心。雖然這些仍與

實戰有差距，但是卻可以減少在初次實戰時對於摩擦現象產生恐懼或困惑不安（《戰爭論》，頁60）。

其次是戰爭之霧。克勞塞維茨認為戰爭是機會的領域，一切情報和假想具有不確實性，各種不預期的有利、或不利戰機會不斷出現，戰場狀況不能盡如所望，所以戰場是由四分之三的霧幕所掩飾。戰爭之霧也就是現代資訊理論中的噪音（noise），即令是比較原始化的戰爭也還是少不了所謂「指管通情」。戰爭規模愈巨大則此種系統也就愈複雜，於是其所發生的噪音（摩擦）也就愈能對正常的行動（運作）產生嚴重的干擾。[12]克勞塞維茨說：「在戰爭中得到的情報，很大一部分是相互矛盾的，更多是假的，甚至絕大部分是相當不確實的。」所以，他認為「指揮官必須堅定地保持自己的信念，像海中的岩石一樣，要經得起海浪的衝擊，要做到這一點是不容易的」（《戰爭論》，頁57）。亦即各級指揮官應發揮智慧、勇氣，掌握有利機勢，期能克服戰爭之霧，克敵致勝。

克勞塞維茨認為優秀的將才都必須有戰爭摩擦的知識，才能儘量克服摩擦，但不應過分期待克服摩擦的結果。若是過分重視摩擦，或為摩擦所懾服，就不能算是好的將才。因為在戰時為了消除摩擦會花費不少精力和時間，結果對於戰爭的努力也就自然構成間接的消耗。由此我們發現，克勞塞維茨似乎過分重視個人素質來克服戰爭的摩擦，而忽略了科技對於摩擦的消除有很大的作用。事實上，消除戰爭的摩擦以成為現代軍事事務革命的重心。此問題將在後面有所說明。

三、政治

戰爭的政治本質係指克勞塞維茨所謂：「戰爭不過是政治交

往的另一種手段的繼續」（War is merely the continuation of policy by other means.）論點。[13]共產主義者馬克斯、恩格斯、列寧與毛澤東亦同意戰爭與政治的整體關係，認為戰爭本身就是政治性質的活動，考察戰爭必須從這個觀點出發，才能正確認識戰爭。

列寧於1915年於所著《社會主義與戰爭》中表示：

「『戰爭是政治透過另一種手段（暴力手段）的繼續』，這是論述軍事問題做深刻的著作家之一克勞塞維茨的一句名言。馬克斯主義者一向公正地把這一論點當作考察任何一場戰爭的意義的理論基礎。馬克斯和恩格斯一向就是從這個觀點出發來考察各種戰爭。」[14]

毛澤東在〈論持久戰〉一文論「戰爭與政治」的關係說：

「『戰爭是政治的繼續』，在這點上說，戰爭就是政治，戰爭本身就是政治性質的行動，從古以來沒有不帶政治性的戰爭……如有輕視政治的傾向，把戰爭孤立起來，變為戰爭絕對主義者，那是錯誤的，應加糾正。」[15]

李德哈特亦指出：

「在討論到戰爭的目標時，必須清晰地區分政治目標與軍事目標的不同，兩者存有差異但並非分離的。國家不是為了戰爭而戰爭的，戰爭的發起係為了追求政治目標，軍事目標僅為政治目的的一種手段。換言之，軍事目標係從屬於政治目標，當政策無此需要時，軍事行動即不具任何實質意義」。[16]

戰爭的政治性本質常影響暴力的運用。尤其在民主國家，政治問題會介入戰爭，如人員傷亡問題已成為一個是否發動戰爭的重要考慮事項，敵人可能進入己方的決策機制影響政策的產出，

或者利用民主制度的「言論自由」或人民要求「知的權利」，從而操縱媒體、誤導民眾，阻撓戰爭的進行。換言之，現代戰爭中科技雖然可以確實有效地解決戰術性問題，但對一些特定的政治議題卻束手無策，毫無著力之處。李達哈特所說：「歷史告訴我們，獲得了軍事勝利，並不一定即相當於達到了政策上的目的。」[17]這也正反映出戰爭作為政策選項之一的實用性。

戰爭的目的眾多，涉及利益、生存、宗教、正義等問題，在很多情況下國家會選擇戰爭作為解決問題的手段。戰爭通常被認為在無政府狀態的國際背景之下發生，雖說古代的君王只要願意就可以選擇戰爭，然而，謹慎的君主也認識到戰爭所帶來的經濟負擔，通常會將戰爭視作最後的手段，或最終的解決辦法。時至今日，除了戰爭的正當性有降低之趨勢外，現代國家領導人在戰爭問題上面臨著相似的選擇後果。

因此，多少年來，關於什麼時候進行戰爭和如何進行戰爭的問題困擾著所有的國家領導人，軍事哲學家們試圖為這些問題找到答案，問題之關鍵在於戰爭與政治倒底存在著什麼樣的關係。有人認為戰爭與政治應分開，戰爭與政治各有其目的，如美國內戰名將阿普敦（Emory Upton）即認為戰爭和政治完全是兩回事。阿普敦的思想對美國軍事思想影響深遠，直到二次大戰之後，將戰爭和政治分離的思想一直都是美國軍事思想的重要特點，直到越南戰爭（1963～1975）失敗以後，美國軍事領導人開始重新考慮和更正戰爭在國家政策中的作用。對於歐洲也產生了深遠的影響。瑞士戰略學家約米尼在其著作《戰爭藝術》（*The Art of War*），同樣重視戰爭與政治的關係，他除希望將戰爭變成一門可預測的科學外，將戰爭藝術分為六大類：即大戰略、戰略、大戰術、後勤、工程學與小戰術六種，其中「大戰略」的內容主要在分析政治家的行為與戰爭的關係，並且呼籲給戰地指揮官廣泛的

指揮權，這樣他們才能贏得戰爭。

就實際而言，西方對於戰爭與政治間的關係存在著理論與實際的認知差距，雖然眾人均知戰爭的勝負必須有明確的政策做支柱，但是實際上並非如此。在一次世界大戰期間（1914～1918）戰爭目的超越了政治，「軍事需要」，超越其他的考慮。戰爭的遂行，交由軍人集團去負責，期望他們可能獲得「勝利」，也進而希望將會產生巨大的政治成就。但是，戰爭的政治（而不是軍事）目的不確定性，使得交戰國必須運用更激烈的暴力手段。在具有更大量軍隊，更具毀滅力的火力、更佳的戰場運輸工具、日益有效率的工業、以及更慷慨激昂的民族意識之下，在一個有限的地理環境之戰區內的大規模對抗，結果產生了一長時期的戰略僵局。由於目的之不確定和手段的無限性，第一次世界大戰被視為是一場為尋求毫無意義的勝利之戰爭，卻造成無比毀滅性與可怕的生命犧牲。這提供了戰爭研究者一個重要的歷史教訓，若不能明確瞭解戰爭之目的與手段，將會發生所尋求的戰爭目的與所付出的代價，以及所獲得的戰果之間，有顯著的不平衡現象」。

1918年之後，雖然有很多國家人民的情緒已轉向到一種反戰的方向，但有若干的兵家學者致力於戰爭與戰略的研究，希望在未來戰爭中能打破戰略僵局，以造成快速而決定性的戰果。這使機械化作戰與空權理論在兩次世界大戰期間獲得發展。機械化理論先是由英國戰略家富勒（J.F.C.Fuller）首先提出，他在1916～1918年期間就已經預見戰車如能與機動的砲兵、機械化步兵、及空中力量協同作戰，必可發揮巨大的潛力。李達哈特完全接受富勒的主張，被公認為是閃擊戰的先知及機械化戰爭理論的創始者。法國的戴高樂（Charles de Gaulle）也主張機械化作戰的觀念，但不為當時的法國領導人接受，德國與蘇聯則接受了機械化作戰的觀念。德國更是使戰車的戰力達到巔峰。不過戰車並未降

低驚人的死亡人數。希望改變僵局的第二個方法，則是以義大利的杜黑准將（Brigadier General Douhet）、英國皇家空軍總司令特倫麥德（General Sir Hugh Trenchard）、以及美國的米契爾將軍（General Billy Mitchell）等所提倡的空權論。雖然早期主張空權的人有不同的論點，但他們都相信，空權業已使作戰產生革命性的變化。他們均認為，在未來的戰爭中，空權將具有相當大的毀滅性。制空權之獲得，將是輝煌勝利與悲慘失敗之分野。他們的理論假定，在當時並未立即試驗。直到第二次世界大戰，空權理論才獲得驗證，從戰況來看，成功的空權運用，對各種軍事任務之運作確有重大的貢獻，但也可以看出，至少就當時來看，戰略轟炸並未使空權單獨地具有決定性。

空權的遠景，對英國人與美國人特別地具有吸引力，就英國人而言，空權可當作解決對「歐洲大陸安全承諾」問題的一個重要戰略方案。就美國人而言，空權是現代戰爭運用先進科技的重要產物。而美國人的戰爭傳統態度是直接藉手段贏取戰爭（「勝利並無替代品」），意識型態上的熱情（「不自由，毋寧死。」），以及十字軍精神（「戰勝邪惡論」）。李普曼（Walter Lippmann）對此種戰爭態度評論道：「在和平上太過於和平，在戰爭上則太過於好戰。」[18]這表示民主國家亦會發動絕對戰爭。

德國的希特勒在二次世界大戰期間同樣使戰爭絕對化，在1930年代後期，他尚能夠成功地運用軍事武力為後盾來進行外交談判，第二次世界大戰的頭兩年閃擊戰的運用成功，使德國可以以較低代價、少量的犧牲，獲得勝利，希特勒遂改變做法，將戰爭轉變為他擴張德國勢力的唯一工具，希特勒因此成為「暴力外交」的代表人物。到1941年，他已成為一個戰爭的主宰者，不過他的成功僅是曇花一現。由於擴張政策樹敵甚夥，犯了一連串戰略與政治上的錯誤，使他在1945年遭到徹底的失敗。這使德國在

戰爭的表現上獲得如下的評價：「歷經二十世紀的兩次世界大戰，德國善於戰鬥（fighting）卻拙於從事戰爭（wagingwar），幾已成爲眾所公認之事實。」[19]

第二次世界大戰，無論在目的與手段上都具有顯著的總體性。此因在第一次世界大戰後發生的俄、德政治革命，使戰爭的暴力性質因意識型態的衝突而絕對化。無論是馬列主義、法西斯主義或是民主國家的自由民主主義，都各言其是，並提出美好的願景，致使戰爭不僅是要屈服他國或攻城掠地，更強調運用戰爭使對方接受我之信仰與主張。

簡言之，各方思想或意識型態已成爲無限上綱，欲使我之主張獲得實踐必須徹底消滅他人之主張，這種互相對立的思想也就引發了形成三種不同的戰爭觀念：民主主義是想要使被奴役的人民獲得自由，或者是阻止他們受到奴役；法西斯主義是想從種族和地理兩方面去擴大第三帝國；馬列主義則是想利用階級鬥爭的手段，來完成其世界革命。對於民主國家而言，和平本身即爲一種目的——也就是戰爭的停止；對德、義、日等法西斯國家言，和平就是孕育戰爭的時期；而蘇俄馬克思主義者則認爲和平就只是戰爭的另一種形式而已，意識型態之爭使戰爭變得更爲複雜。儘管如此，克勞塞維茨的格言——戰爭乃政治另一手段的繼續，卻是不變的。但第二次世界大戰時只有史達林同意此一論述，當時的英美領袖都未能接受。如邱吉爾在上任首相的第三天（1940年5月13日），於發表其著名的〈血、淚、汗〉演說後，接著宣佈他的政策：

> 「你們若問什麼是我們的政策？我將會回答說：那就是戰爭，我們要使用上帝給予我們的一切力量，在海上、陸上和空中進行戰爭。我們要打倒這個在人類罪行史中尚無前例的暴

政。這就是我們的政策。你們要問什麼是我們的目標？我可以一言以蔽之來回答，那就是勝利。不惜一切成本的勝利，不顧一切恐怖的勝利，不管這條道路有多長和多難……來吧，讓我們團結一切的力量，來共同向這條道路走去。」

自此以後，對邱吉爾而言，戰爭的意義就只是「擊敗、毀滅和殺死希特勒，其他一切的目標都不在考慮之列。」直到戰後他才領悟到在戰爭中，勝利只不過是一種達到目的的手段而已，對於一個真正的政治家而言，戰爭的目的即為和平。他在1948年3月在其《第二次世界大戰回憶錄》序文中寫道：

「不惜一切成本的勝利，已經造成了一個顛狂的世界。」他不勝感慨的說：「千百萬人的努力與犧牲，換來了正義的勝利，但事實上我們仍然找不到和平與安全，而我們現在所面臨的危難，是要比我們所已經克服的危難還更惡劣，人類的悲劇已經達到了最高潮。」[20]

如同邱吉爾般，美國總統羅斯福也為將戰爭當作一種政策的工具，不曾確定一個實際可以達到的政治目標，以及一個如何可以達到他的政策。反之卻宣佈了他自稱的「偉大設計」（Great Design），於戰後設立「聯合國組織」，富勒的評語是：「這是一種新世界秩序的烏托邦幻想。就理想而言也正是威爾遜夢想的復活。」[21]此外還使用「無條件投降」這個新名詞，以表示英美兩國將繼續作戰到底，直到德、日兩國無條件投降的決心。「無條件投降」是邱吉爾「不惜一切成本的勝利」的另一名詞。英美兩國領袖的態度，只是造成戰爭的延長，這是戰爭手段壟斷戰爭目的的結果。

第二次世界大戰後，西方國家並未習得戰爭與政策應有的關

係的教訓，致使法國及美國在中南半島的戰爭經驗亦遭致同德國
「善於戰鬥，卻拙於從事戰爭」的評語。美國沒有明確的政治目
的，只想以絕對的軍力優勢，無限轟炸的方式以屈服北越之戰爭
意志。但對越南人而言要打的卻是一場爭生存，以及包括忠於祖
先、愛國家、抵禦外侮等所有基本價值在內的無限戰爭。對此
《戰略探索》（Explorations in Strategy）作者格雷（Colin S. Gray）
表示：「詹森總統（Lyndon B. Johnson）、國防部長麥納瑪拉
（Robert S. McNamara）及美國駐越司令魏摩蘭（William C.
Westmoreland）三人應負失敗之責，他們均未熟讀或瞭解普魯士
軍事理論家克勞塞維茨的著作。克氏曾寫道：『國家領導人與指
揮官首要建立的判斷乃將戰爭視為政策的工具，介入戰爭不能違
背戰爭之本質，這是所有戰略之首要問題與精髓。』」[22]克氏早已
強調：

> 如果不知道能夠利用戰爭達到什麼目的，以及在戰爭中要達
> 到什麼目標，那麼就不能開始戰爭，或者是理智地不發動戰
> 爭。（《戰爭論》，頁584）

前述四個史實——德國之於兩次世界大戰、美國及法國之於
中南半島——指出，初期的政治企圖缺乏明確的政策目標，從而
影響軍事指導，每一場戰爭的失敗都是他們未能固守更重要的政
策目標。前已述及，直至二次世界大戰以後，將戰爭與政治分離
的思想一直是美國軍事思想的重要特點。直到越戰（1963～1975）
失敗以後，美國領導人才開始重新考慮和更正戰爭在國家政策中
的作用。1976年哈沃德（Michael Howard）與帕里特（Peter Paret）
對《戰爭論》的最新英文版譯本隨越戰的失敗而問世。事實上，
克勞塞維茨對目的與手段的關注，具有時代性的意義，致在1960
年代西方戰略研究上，克勞塞維茨再度「受到重視」。由於「新克

勞塞維茨派」（neo-Clausewitzians）的影響，冷戰時期對戰爭的態度是企圖在引爆全面戰爭的核戰威脅下，尋求戰爭仍然可以成爲政策工具的方式。[23]

　　克勞塞維茨對於作爲國家手段之一的戰爭，進行了理性的思考。將戰爭視爲解決問題的最終辦法，或者國家管理能力的小心計算，並不能回答關於戰爭的所有問題，但是可以是一個有用的開端。因此政治家和統帥應該做出的第一個最重大和最有決定意義的判斷行爲，是根據這種觀點正確地認識他所從事的戰爭，他不應該把戰爭看做或者使它成爲與當時形勢不相符的戰爭。

　　參加過韓戰、越戰的美國戰略學者薩摩斯（Harry G. Summers）在其名著《戰略：越戰的關鍵分析》（*On Strategy: A Critical Analysis of the Vietnam War*）一書中使用了克勞塞維茨的經典戰爭原則來判斷美國在越戰中失敗的原因。克勞塞維茨的指導原則也曾被心儀克勞塞維茨思想的美國軍事和政治領導人用來解釋波灣戰爭（1990～1991）的致勝原因。在現實世界中，戰爭絕大多數是達不到極端狀態的有限戰爭。如二次世界大戰以來的戰爭，很少有因作戰而使任何一方造成絕對的屈服（除了南越被北越統一外，沒有完全亡國的國家），更談不上它在物質上的全盤毀滅；通常都是在戰爭達成一定效果後經談判或國際仲裁來達成的和平（不管這個和平能維持多久或靠什麼方式維持）。從這裡可以發現，限制戰爭升級的原因是戰爭以外的深層因素，它們集中呈現在從事戰爭的政治目的，與其對於戰爭行動的支配作用上面。戰略學者麥波爾（Mapel）對此解釋，認爲「戰爭是政治的繼續」的說法，是「一種關於戰爭中暴力的辯證法，它趨於用政策目的取代徹底軍事勝利目的。」[24]由於政治目的阻止了絕對暴力和徹底軍事勝利的極大直接和間接代價，這種代價在大多數場合遠超過可得的實際裨益。所以，政治目的本身是極爲重要的，它取

決於所希冀和所涉及的各項價值的適當權衡。例如，目標與能力須大致相稱，戰爭行動的損益估算等。

「戰爭是政治的繼續」理論對解釋後冷戰時期的戰爭有很大的助益。自1991年的波灣戰爭、1999年的科索沃戰爭、2001年的美阿戰爭與2003年的美伊戰爭，都可用「戰爭是政治的繼續」的理論做檢定。因為這些戰爭都被視為必須以戰爭手段達到政治的最終需求，所以每次的戰爭都有具體的和堅定的政治目的。所謂「具體」，並不單指維護國土完整，還指一些攸關國家利益的政治目標。所謂「堅定」，則是指發動戰爭後始終一貫的有具體的政治目的，來指導甚至規定軍事行動及其軍事目的，這也構成戰爭的合法性基礎。除非總體形勢發生意外的、本質的變化，否則這些具體和堅定的政治目標不會改變。若未能有具體可使國際、國內社會認同的政治目標，很容易使戰爭行動受到阻礙或不順利。例如1991年的波灣戰爭是為解救被伊拉克佔領的科威特，並維持中東與國際石油能源的安全，所以獲得較大的認同。而2003年的波灣戰爭雖然美國一再強調獨裁的伊拉克海珊政權擁有大規模毀滅武器，將對世界安全造成威脅，但由於未能有具體的事證，使得攻伊的政治理由不夠具體、堅定。雖然後來推翻了海珊政權，但是伊拉克及中東的和平問題卻未能如美國的規劃獲得立即的解決。當戰爭成為「為戰爭而戰爭」的絕對戰爭時，通常會有政治性的干擾，如宗教、民族主義、國際利益衝突、反戰風潮等。由此可知，「戰爭是政治的繼續」仍然對現代戰爭的本質有很大的影響。

克勞塞維茨的理論也可被用來解釋核子戰爭，克勞塞維茨如果在世，很可能會同意美國杜魯門總統為逼迫日本投降而向廣島和長崎投擲原子彈的決定。1945年時，只有美國擁有原子彈，投擲原子彈可以獲勝，卻無引發相互毀滅的問題。但是，在今天克

勞塞維茨也可能會極力勸說冷戰時的國家領導人，避免引發全面的核大戰，這是因為，「如果戰爭意味著相互毀滅，則戰爭不再可能被合理的視為是任何政治政策的一種工具。」[25]

儘管克勞塞維茨的理論在1960年代以後獲得重新重視，但也有人認為克勞塞維茨將戰爭作為國家的適當手段的理論的問題。因為克勞塞維茨過於站在西方的立場考慮問題。戰爭還應換一種文化立場來理解，這些人認為「戰爭包含的內容比政治更多，它是一種文化的表達，在某些社會戰爭就是文化。」要證明這個觀點，可參閱克勞塞維茨對拿破崙入侵俄羅斯時的哥薩克軍隊的描述：這些軍隊燒殺淫掠，無惡不作，犯下了數以百計在克勞塞維茨看來完全與戰爭無關的不必要的惡行，這些惡行並不是政治的表現，而是哥薩克人文化的呈現，他們作為戰鬥者，對強者弱，弱者強的生存方式的表現。[26]這個論點告訴我們，沒有一個理論家可以涵蓋戰爭研究的所有方面。只是戰爭與政治關係及其暴力的本質，可能只有在後政治秩序恢復，克勞塞維茨的論點才會被擱置。

另一個問題是主權國家要如何確定一場戰爭之有限目標，或是以有限手段去遂行作戰，並非易事。《當代戰略》（*Contemporary Strategy*）一書的另一作者賈奈特（Jone Garnett）認為這是甚麼緣故，實值得予以探討。依他的看法，當戰爭均自認是為正義而戰的信念時，根本不易節制自己的戰爭手段或有無條件投降的意圖。因此當決策者認為其事業是一種正義的行為，則該戰爭就是一場道德聖戰，很難在消滅「邪惡」勢力前妥協。兩次世界大戰德國的皇帝和希特勒被視為是惡魔時，英美國家就不可能考慮到妥協；當美國視海珊政權為恐怖政權時，就會用一切理由發動戰爭，以解除其武裝，試圖改造其政體。在為正義而戰的氣氛下，敵人無條件投降屬於唯一的光榮目標，提出次於這

一目標建議的任何人，將面臨眾人詰難。秉持道德正義信念，常使政治人物將敵人願意接受「無條件投降」視爲結束戰爭的唯一條件。誠如泰勒（A. J. P. Taylor）所說：「俾斯麥（Bismarck）曾遂行必要之戰爭，而殺死千萬人的生命；二十世紀的理想主義者曾進行正義的戰爭，而殺死億萬人的生命。」[27]

由於我們有限目標或一些折衷的方案，並不能令人有解決問題的信心，所以會尋求絕對的勝利。在韓戰期間麥克阿瑟將軍（Gen. Douglas MacArthur）在解除統帥職務之時，他曾說過一句名言：「勝利並無替代品。」（There is no substitute for victory）此一說法反映出當時美軍將領的態度，這一態度強烈地反對在戰爭期間對武力之運用有所抑制。麥克阿瑟應可發現，他自己很難適應有意自我抑制，而不運用現有一切手段去贏得戰爭勝利之觀念。

對於這個問題李達哈特也有卓越的見解。李達哈特認爲，克勞塞維茨所舉「戰爭爲政策的延續」其眞正的涵義在於：

> 「戰爭的目的是用為了獲得一個更好的和平狀態——即令這個所謂的好壞，只是你自己的觀點。所以在進行戰爭的時候，一定要經常注意到你所希望的和平條件。……歷史告訴我們，獲得了軍事的勝利，並不一定即相當於達到了政策上的目的。但是因為思考戰爭的人，其中多數都是職業軍人，所以其先天的趨勢即為忽視了基本國策，而只注意到軍事目標。結果當戰爭爆發之後，政策常常受到軍事目標的控制——而軍事目標本身即被當作是戰爭目的，並不曾想到它只是一種達到另一個目的的手段而已。」[28]

不過這個觀點是否適用於所有國家呢？也就是將戰爭視爲政治的另一手段以求和平的主張，是否能適用於因狂熱的宗教信

仰、種族主義、地域主義所引起充滿血腥暴力、毫無限制的戰爭
呢？李達哈特認為，對於侵略成性的對手無法用安撫手段拒止，
反而讓對方自抬身價，可用實力予以威嚇，不見得要訴諸戰爭手
段。因為這些國家通常相信實力，吃軟怕硬。這一做法將比滅亡
這種國家還要簡單。就歷史例證來看，文明國家的喪亡由於敵國
直接攻擊而造成者頗少，由於內在腐化，再加上因戰爭而將國利
用盡者頗多。就史例來，李達哈特認為，所謂愛好和平的民族反
而比所謂的野蠻民族更易惹起不必要的戰端，因為後者常以「圖
利」為目的，不易獲利時，會知難而退，自認有正義理念的民
族，卻反而有打到底的趨勢。[29]

　　李達哈特的論點，對今日民主國家欲以強制的武力運用干涉
他國內戰，或運用戰爭直接解決恐怖主義與流氓國家、失敗國家
或非國家軍事組織的問題，當可供戰爭決策者一個在發動戰爭前
的參考依據。

第三節　戰爭本質的變與常

　　自從1991年的波灣戰爭發生後，戰爭的本質是否已經改變直
是戰爭研究的重要議題。但是這個問題也和戰爭的許多問題一樣
沒有定論。戰爭本質的是否改變，通常是針對克勞塞維茨所提出
的戰爭的暴力、摩擦與政治本質而論。有人認為無論戰爭型態如
何演變，戰爭本質都不會改變，即戰爭永遠趨向於絕對暴力、存
在著摩擦、與政治脫離不了關係，並受政治的指導。也有人認為
隨著人類政治、社會組織的民主化、科技的進步將降低或去除戰
爭的暴力本質，摩擦也會因科技的進步而減少與消失。至於戰爭
不一定是政治（或政策）的延續，戰爭還是實現普世價值——諸

如自由民主等的工具。關於戰爭本質變與常的問題，我們將在以下一一討論。

一、暴力的變與常

暴力的強度涉及與外在事物的聯繫關係，當外在事物如科技、戰術、毀滅程度的改變等將影響到本質。亦即不同程度的暴力，對於暴力本質會有若干的改變。會引起爭議的是這些改變到底是不是戰爭本質的改變。暴力本質的改變問題是一種常與變的辯證，在常的方面，當然戰爭就必須是流血的暴力，這也是戰爭現象與其他社會現象的最大區別。暴力變的問題是暴力的強度常會因各種因素而有程度上的差異。如有限戰爭的暴力程度通常會小於絕對（無限）戰爭。因為有限戰爭通常是採消耗的戰略，絕對戰爭則採殲滅的戰略。有限與絕對戰爭在人類社會早已存在，並有某種程度的循環關係。德國著名軍事史學家戴布流克（Hans Delbruck,1848-1929）是第一個指出因為有「有限」與「無限」兩種戰爭形式，所以也就應有兩種戰略形式的學者。他分別稱之為殲滅戰略（niederwerfungstrategie）和消耗戰略（ermattungstrategie）。在第一種戰略中，目標即為決定性會戰，那也就是克勞塞維茨所主張的戰爭。在第二種戰略中，會戰就不過是幾種工具中之一種而已，此外還可以使用經濟、政治、心理等手段以求達到政治目標。這第二種戰略也並非戴布流克的發現，腓特烈大帝曾稱之為輔助戰略，而其應用也已有幾千年的歷史。[30]

若從殲滅與消耗的戰略來說明有限戰爭與無限戰爭的關係，證諸於歷史（尤其是西方戰爭史），兩者有著循環的關係。富勒在其《戰爭指導》（*The Conduct of War 1789-1961*）指出：

「原始性的部落都是武裝的集團，其中的每一個人都是戰士，
因為整個部落都投入戰爭，所以戰爭也就自然是總體性的。
但是，自從人類放棄了狩獵和畜牧的生活之後。在農業文明
中，戰士與糧食生產者（即非戰鬥人員）之間也就開始有了
明顯的區別。在古代的城邦國家中，只有資格完全合格的公
民才能充當城市的民兵；在封建時代，組成軍隊的為騎士和
他們的隨從，在總人口中僅佔極小的比例。……在專制帝王
的時代中，平民人口是完全與戰爭脫節的。現在（指法國大
革命以後的戰爭）這種差異被取消了，又回到了全民武裝的
舊路，但這一次卻是以整個民族（國家）為基礎的。」[31]

這就是在說明有限戰爭與絕對戰爭的循環關係。

問題很清楚，當以殲滅為主的無限戰爭將人口、資源和財富
消耗殆盡，死傷與毀滅所帶來的恐懼，促使人們對戰爭反省，會
改採有限戰爭的形式，避免大規模戰爭，戰略以消耗為主。惟當
遇到政治社會產生巨變，如政治、經濟制度、社會社會與軍事組
織發生變遷時會改變戰爭的規模，而有限戰爭無法達到政治目標
時，就會帶來無限戰爭。如中國的春秋時期所進行的是有限戰
爭，戰爭是少數人的事，規模不大、時間不長，傷亡亦不大，強
調以智謀與正當性來贏得戰爭，這類戰爭主要是維持國際的軍事
局面，而非滅國掠地。到了戰國時代技術進步，政治經濟組織發
生變化，採用徵兵制，兵員擴及一般平民，形成了無限戰爭，戰
爭的目的是要徹底消滅對方的抵抗力，都是滅國的戰爭。[32]十八世
紀的西方也是因為民族主義與大規模生產的資本主義經濟制度的
產生，而奠定國家總動員和全民戰爭的基礎。

西方的歷史從希臘城邦時期進入羅馬時期，戰爭趨向於無限
化。其後因戰爭的傷亡與消耗使戰爭回到有限形式。十一、十二

世紀的宗教戰爭——十字軍東征，又使戰爭以無限的形式展開。[33]
十五世紀中的義大利則出現溫和的戰爭手段，戰爭是一種專業與
藝術，強調謀略與消耗贏得戰爭，而不是實際的殲滅。至十七世
紀的三十年戰爭（1618～1648）使無限戰爭達到極致，傭兵間的
殘酷鬥爭，連饑民也被捲入。死亡人數達到八百萬之多，戰爭期
間，人相食已經不是奇事。面對殘酷的三十年戰爭，十七、十八
世紀的學者，如格老秀斯（Hugo Grotius）、霍布斯（Thomas
Hobbes）等人一方面攻擊絕對戰爭的毀滅性外，並同時主張節制
戰爭的暴力與毀滅性。克勞塞維茨處於有限戰爭與無限戰爭交際
的時期，在目睹法國大革命與拿破崙戰爭後，提出絕對戰爭的哲
學。[34]隨著爾後的工業革命的發生，帶動整個歐洲政治、經濟結構
與軍事技術的革命，致使人類又須面對絕對戰爭的環境中。歷經
兩次世界大戰，人類在面臨核子戰的恐懼下，又回到局部的有限
戰爭。1991年的波灣戰爭，科技一面增加戰爭的效能，也控制了
戰爭的規模與毀滅程度，使人相信未來「智慧型」武器的產生
——為保人命而將殺傷力降至最小的武器，將會發生「不流血的
戰爭」。[35]

其實，科技與武器的進步可以抑制暴力，也會促使絕對戰爭
的實現。當二次世界大戰遭到原子彈轟炸的地點被叫作「三一實
驗場」——三位一體的地點（1945年8月6日與8月9日，日本廣島
與長崎先後遭受美國原子彈的轟炸），被認為是「科學、軍事與政
治結盟的世俗化現實。」[36]這個現實帶來日本無條件的投降，算是
一種絕對的勝利。

二、移除「戰爭之霧」？

克勞塞維茨認為戰爭不會按照計畫進行，「戰爭無論就其客

觀性質來看，還是就其主觀性質來看，都是近似於賭博（game）」（《戰爭論》，頁18）。此言，戰爭是一種或然的計算，加上戰爭的摩擦，使戰爭充滿了不確定性（uncertainty）的因素。計算「計畫」將使兵力的運用受限，最佳的計畫即是掌握戰場上的不確定性，克勞塞維茨從加強人的素質與培養戰場習慣來降低戰爭之摩擦，卻未言及運用科技減少摩擦。克勞塞維茨似乎也不認為戰爭中的阻力與戰爭之霧有移除的可能，所以他強調「克服」它。

　　不同於克勞塞維茨的觀念，西方在現代戰爭倡導的軍事事務，則期待從科技與軍事組織的變革來降低或移除戰爭的摩擦。美國前參謀首長聯席會議副主席歐文斯（Bill Owens）在與資深軍事記者奧佛列（Edward Offley）合著的《軍事事務革命：移除戰爭之霧》（*Lifting The Fog of War*）一書中謂：「新的（軍事事務）革命會對戰爭之霧與摩擦這古老的格言，以及所有的戰術與作戰概念、準則產生挑戰。猶有甚者，對所有關乎軍隊的編組與架構都會受到顛覆。這一點，在愈來愈緊縮的預算分配的狀況下，要完成新世紀的武裝部隊現代化，至為重要。這就是何以要講求革命的原因。」歐文斯與奧佛列並具體歸納出當前「軍事事務革命」的三個具體概念：[37]

1. 第一個概念稱之為「明敵知敵」（戰場知覺）。讓高級指揮官能夠全面的知敵、知我、知天、知地，以及掌握所有影響戰鬥的因素。
2. 第二個概念為「CI」。即自動化之指揮、管制、通信、情報之簡寫。
3. 第三個概念稱之為「精準用兵」。即指揮官可以運用一連串的精密武器殲滅敵人或破壞敵之設施。

　　總之，藉由克勞塞維茨對於戰爭之「摩擦」與戰爭之「霧」

觀念的提出，啓發現代戰爭思想必須掌握戰場的不確定性因素，進而造成「軍事事務革命」的風潮。

　　戰爭之霧的移除並未發生克勞塞維茨的憂慮，克勞塞維茨強調戰爭中的不確定性構成了摩擦與霧。戰爭之霧與摩擦使指揮官無法明敵知敵，部隊間無法有效聯繫與溝通，更限制住了精準用兵的能力。儘管如此，克氏認爲不可因此過度重視戰爭的摩擦，因爲過度重視的結果也會相對的消耗許多精力在摩擦的問題上，反而會影響作戰效能。但當代軍事事務革命的觀念則不是如此，儘管阻力與霧是戰爭的必然現象，但它不只可靠人的素質來克服，更可藉由科技與組織再造來減少摩擦，並提升作戰的效能。

　　美國軍隊在2003年的美伊戰爭中，明顯的移去了不少戰爭之霧。當然戰爭的摩擦仍然會不斷的充斥於軍事或戰爭行動之中。依據美國國防部副部長沃佛維茨在對聯邦眾議院軍事委員會報告指出，美伊戰爭中美軍的表現說明「資訊、速度、準確度及打擊威力是二十一世紀軍隊克敵制勝的關鍵，這也正是美國軍隊的優勢。」沃佛維茨具體指出美軍藉由軍事事務革新後，在移除戰爭之霧的一些具體成效，主要內容如下：1.廣泛使用小編制的特種部隊和先進的情報，發揮監測及偵察能力，是現代戰爭的具體表現。2.這次美軍抵達伊拉克周邊地區所花費的時間不及1991年「沙漠風暴」行動的一半。3.這次在伊拉克採取的軍事行動只花了3個月的時間就將大規模地面部隊部署到位，1991年的軍事行動則花了七個月的時間才完成部署，這顯示美國在全球範圍內調動兵力的動員能力已倍增。4.1991年波灣戰爭期間，大約只有8％的空投炸彈採用精確制導技術，而這次伊拉克戰爭中有三分之二的空投炸彈採用精確制導。而且這次行動使用的精確武器大幅度增加，但使用的炸彈數量僅爲1991年的七分之一。5.在這次伊拉克戰爭中，美軍的空中打擊側重於摧毀伊拉克的地面部隊，其威力

遠遠超過「沙漠風暴」行動。這次美軍在伊拉克境內全線同步作戰，縱深迅猛推進，一舉擊敗了伊拉克軍隊。相較之下，1991年具備同樣能力的地面作戰部隊約只佔總兵力的25％。[38]

沃佛維茨分析，由於前述幾方面的作戰能力顯著提升，這次以美軍為首的聯軍只用約一半的時間，動用約一半的兵力，使用約七分之一的彈藥，而達成的目標則遠遠超過1991年的「沙漠風暴」行動。由這裡可以看出，美國的戰爭是其長期致力於移除戰爭之霧的具體成效。

關於移除戰爭之霧與摩擦美軍是做到了，對於大多數國家而言可能還處於願景階段，仍有很長的路要走，所以人的素質與對戰爭的習慣仍然是克服戰爭摩擦的重要方式。

三、價值勝於政治？

從戰爭的政治本質來看，戰爭的本質與戰鬥效能、作戰能力關係不大，卻與國家所欲追求的政治目標息息相關。因此，只要戰爭與政治間的整體性關係存在，任何戰爭型態的改變未對戰爭本質形成太大影響。如後冷戰的戰爭由美國運用高科技戰爭來主宰戰場，也形成世界軍事革命的風潮，但是其對戰爭的政治與暴力本質的影響仍有其限制。例如內戰（civil war）、城市戰（urban warfare）、低強度衝突（low intensity conflict）及維和行動（peace keeping）與其他軍事干預等，更顯露出戰爭的政治性質，並沒有因為高科技的運用而有所改變。

政治成為戰爭的本質，首先必須假設暴力或殺戮手段是正當的，所以暴力可以當作政策手段來運用。若深入瞭解則必須去探討：「到一個什麼樣的程度為止，某一場特定的戰爭可算是政策之工具」的問題——亦即「到一個什麼樣的程度上，政治性考慮

造成了戰爭並左右了戰爭」的問題；或者，這種演化過程是否或多或少正好是逆向而行的？政策所造成的結果是戰爭，它就可以使人類的侵略性本能獲得更大的發洩機會，但是它也可能是由這種本能所造成的。」[39]

對於這樣的問題我們可從兩方面最分析，一是戰爭的政治本質與暴力本質有何關係？二是戰爭成為政策的正當性是否該以「政府」為基礎。

克勞塞維茨認為戰爭的政治本質與暴力本質存在著互動的關係，這種關係會改變戰爭的性質，克勞塞維茨說：

> 戰爭動機愈明確、越強烈，則戰爭與整個民族生存的關係越大，戰前局勢越緊張，戰爭就愈接近它的抽象型態，一切就越是為了打垮敵人，戰爭目標與政治目的就會更加一致，戰爭看來就更加是純軍事的，而不是政治的。反之，戰爭的動機越弱，局勢越不緊張，戰爭要素（即暴力）的自然趨向與政治規定的方向就越不一致，因而戰爭就越遠離其自然趨向，政治目的與抽象（絕對）戰爭的目的之間的差別就越大，戰爭看來就越是政治的。（《戰爭論》，頁20-21）

克勞塞維茨對於戰爭的政治性本質與暴力本質關係，及在這種關係下所引起的變化可以二次世界大戰的為例子作來說明。二次世界大戰是一場民族生存與反侵略的戰爭，意識型態強烈，所以戰爭接近抽象的絕對形式。參戰的世界各國均動員整個國家社會來進行戰爭。在軍事上擴大武器的使用，在數量上和質量上到處都逾越了海牙陸戰公約的界限。軍事目標和民用目標同樣是攻擊的對象。儘管1939年9月1日希特勒和羅斯福彼此互相承諾，在軍事行動以外不進行空襲，以尊重人類良知的和人道主義的要求，然而意識型態的激烈對立，早已使其轉化成為毀滅性的戰

爭。例如眾所周知的1936年德國的《戰爭備忘錄》寫道：

「當一國人民的民族態度越軟弱，大城市居民越來越物質化並由於社會矛盾和黨派政治矛盾而越來越嚴重分裂時，通過轟炸敵方首都和工業區所造成的恐怖，就會更加迅速地瓦解士氣。」[40]

1940年5月，邱吉爾領導下的英國「戰時內閣」就確定「無差別轟炸」是長期的。首先是針對魯爾區的戰略轟炸，最後更消除了前線與後方、士兵與平民的區別，這樣的軍事行動很快就成為歷次作戰的慣例。進行這種作戰的理由是，若欲癱瘓或消除工業國家的生存機能，不單要攻擊其軍事——工業——經濟體系，更要擊垮其民心士氣。[41]

二次世界大戰的例子說明，借助科技及軍備的改進產生極端的軍事思想，使戰爭的政治與暴力目的趨於一致。德國軍事學者巴爾特（Detlef Bald）對此評論道：「戰爭作為社會狀態遵循『坎尼』原則，即由於擔心被敵人消滅而必須消滅敵人這種原則，是可以理解的。」面對日益眾多的敵人，使群眾願意為國家而戰，在此狀況下，「為生存而戰」與「戰勝獨裁者而戰」劃上等號，此即發生將戰爭推向極點的「總體戰」。為了改變人們的「戰爭文化」，為了符合一切為勝利的需要，就必須突破道德禁忌，以建立全面戰爭動機的合法性。這樣一來有限性的戰爭戰規則改變了，因為戰爭就包括消滅非軍事目標和大規模使用毀滅性武器。[42]

戰爭的政治性本質尚須面對一個軍隊日益「私有化」（privatization）的現象，這似乎也將使戰爭的政治性本質有所改變。自從民族國家建立以後，戰爭作為政策的手段以成為政府的專利，暴力運用被視為是正當的。但是在二十一世紀的局勢裡，一方面是資訊革命而導致的權力分散與知識流通，以及西方軍工複合體的

影響；一方面則是有些「失敗國家」（failed states）不能夠再使暴力成爲可控制的獨佔工具，這些都使戰爭趨於私有化或「民間化」。

「軍工複合體」原是運用民間工業生產戰爭裝備演化而成的國防工業體制，一些高科技國家，國防預算大幅刪減，大型軍火企業爲謀生存，必須擴展新的經營範圍，致使武器擴散，這個結果使貧窮、統治混亂的國家獲得一些可怕的裝備。[43]

資訊革命使戰爭技術更趨於專業化與民間化，在先進武器系統的生產與研發過程中，民間商業技術（與民間技術研發），逐漸扮演核心角色，此一發展致使國防工業能力與軍事技術普及。[44]這種私有化將可使甚多國家的軍事部隊與非政府團體獲得先進技能，較之自行發展更爲有效且更爲快速，例如販毒組織與所謂的流氓國家就可能雇用最優秀的資訊戰專家，此舉將可能降低美國與其他先進國家軍方在品質方面所佔的優勢。非國家實體如叛軍、種族軍隊或非政府聯盟組織也會運用網際網路，尋求連結，甚至建立國際支持，另外資訊科技還可建立「虛擬領導」（virtual leadership）的機會，使「睿智的叛亂家」可以將指揮管制機制散佈到全球各處。[45]

「失敗國家」一詞，係前美國國務卿歐布萊特（Madeleine Albright）用以形容中央政府威信薄弱或盡喪的國家，索馬利亞和阿富汗是兩個最典型的例子。國家的「失敗」往往伴隨著暴力日益私有化的現象產生。[46]由於國家的建立，使國家常備部隊的成立成爲合法暴力獨佔化的一部分，此時非國家角色在也無法取得暴力的合法權。但是隨著軍力私有化的現象，非正式或非正規戰爭興起，使國家這個有組織暴力的獨佔性隨著私有化而動搖。這種新型態的組織暴力，係以「認同政治」作爲戰爭目標。所謂「認同政治」指的是，以種族或宗教認同爲基礎而追求國家式的權力

動員。無論是非洲的部落衝突，中東或南亞的宗教衝突，或是歐洲的國家衝突，普遍的特色都是以「標籤」作爲政治權力伸張基礎的方式。認同政治具有邁向分裂、回顧、排他的特色，認同政治牽涉到對標籤不同者的心理歧視，這種心態會導致人口集體驅逐和大屠殺。「新戰爭」不受任何規範限制，與克勞塞維茨戰爭是政治手段延續的理論迥異，暴力之使用對象也不限於軍人，甚至以平民爲主要對象。有關新戰爭的一些統計顯示，平民的傷亡遠大於交戰派系傷亡，此可證明這些交戰派迴避正面戰鬥並將暴力指向平民。在二十世紀初，85%～90%的戰爭傷亡者是軍人。在二次世界大戰期間，大約半數的罹難者是平民，到了1990年末期，戰爭死亡者大爲逆轉，平民死亡數約佔戰火亡魂80%。[47]

　　歷史也顯示私有化可能會有另一種發展。當一些富有而且強而有力的公司相信沒有國家願意爲防衛其人民與資產而流血時，就會試圖組成私有的陸軍與海軍。例如早期的英國「東印度公司」（British East India Comnpany）就曾一度擁有世界上最大的軍事組織。在未來的年代裡，跨國性或非國家性公司，是否會重現此種情況仍有待觀察。[48]惟公司化軍隊的運用仍與政治有關，只是從現在的常備軍轉化到雇傭軍的形式。

第四節　科技改變戰爭本質？

一、戰爭與科技

　　前面我們並未直接回答戰爭的本質是否有改變，主要尚未詳論科技對戰爭的影響。波灣戰爭後，眾人將注意力集中透過資訊

革命發展出來的高科技武器上，這些高科技武器對於提升戰爭效能有很大的貢獻。前已述及移除戰爭之霧的成就有目共睹。另外透過資訊與數位化指揮和控制系統控制的精確制導武器，與陸基、艦載、機載縱深打擊系統，使常規彈藥的精確度、破壞力、殺傷力大幅提高。資訊武器效能的提高其最大特色是暴力的程度與範圍可因精確度的提升而予以有效的控制。例如殺傷對象可以儘可能的侷限於戰鬥人員與設施上，而自身的傷亡因有完善的防護力也可減少到最小。精確打擊尚突出一個重要問題，就是一個國家的武裝力量如能夠具備這麼一種精準打擊能力，可以在最有效的時間和空間，用正確的武器準確打擊要打擊的敵人，而且不會對自己的武裝部隊造成附帶損失與危險，如此「清潔」的作戰能力將較可以提高人民對於戰爭的支持，這無異是使戰爭除去了政治上的阻力，更能遂行戰爭目標與政治目的。[49]以上是大多數認為戰爭因資訊科技而產生本質改變的主要觀點，惟我們認為上述戰爭效能的改變即認為是戰爭本質的改變，是一種言之過早的說法。

　　資訊優勢（information superiority）所帶來戰爭效能的提升，確實改變了戰爭的面貌，但是這僅止於戰爭型態的改變，即戰爭的手段與方法（means and methods）的改變，戰爭的本質則未嘗有所改變。[50]關於這樣一種觀點並不是要忽視技術的重要性，只是認為技術只是影響戰爭活動進程及結果的許多因素的一項因素。這種因素受制於多種因素，諸如衝突的性質、範圍和地點，戰鬥人員的性格與能力，作戰地區及國際國內公眾的態度，特別是爭執中的政治事件。技術的進步使戰爭從工業時代的機械式戰爭轉向資訊時代的系統性戰爭，確實對戰爭型態帶來巨大的改變，但是戰爭的暴力、政治、與不確定性仍舊沒有改變。

二、政治與科技

　　戰爭仍須服從於政治，政治考慮總會決定軍事行動與戰爭目標。如精準武器若誤擊到無辜百姓，或與軍事無關的基礎設施，將會引起政治反應。波灣戰爭、美阿戰爭、美伊戰爭均證明，實際戰爭仍受政治考慮制約，政治考慮常排除無限使用軍事手段。這樣的考慮常依局勢而定，不可預測。另外，不論是何種戰爭，戰略勝利最終仍將要求直接控制陸地、人民和資源。從戰爭的政治本質來看，戰爭的本質與戰鬥效能、作戰能力關係不大，卻與國家所欲追求的政治目標息息相關。因此，只要戰爭與政治間的整體性關係存在，任何戰爭型態的改變未對戰爭本質形成太大影響。如後冷戰的戰爭由美國運用高科技戰爭來主宰戰場，也形成世界軍事革命的風潮，但是其對戰爭的政治與暴力本質的影響仍有其限制。例如內戰（civil war）、城市戰（urban warfare）、低強度衝突（low intensity conflict）及維和行動（peace keeping）與其他軍事干預等，更顯露出戰爭的政治性質，並沒有因為高科技的運用而有所改變。[51]

　　在發展中國家或第三世界的國內、國際戰爭也離不開政治本質。有些國家倡議民族統一主義侵略鄰國，或對整個地區實施宗教控制。大部分的國家仍將戰爭視作達到政治目的的合法手段，征服土地、掠奪資源是發動戰爭的動力。當然這些國家發動的戰爭往往回到最原始的性質，國內戰爭肆虐，種族和部落本身常常是不同人口消長的結果，成群的難民向邊界四散逃離，從而引發暴力。雖然第三世界從事戰爭的是相對落後的軍隊，但戰爭常欠缺明確的戰略目的，部分原因是它的目標就是要故意造成飢荒，殘忍的大規模屠殺，顯現出戰爭的最殘酷面。[52]

三、暴力與科技

　　就戰爭的暴力性質言，雖然戰爭使資訊優勢的一方減少傷
亡，但資訊劣勢的一方仍然必須面臨戰爭的暴力壓力。所以即使
有「智慧型」與「非致命性」武器的發明，一場所謂「不流血的
戰爭」仍未出現。資訊時代的戰爭暴力性質，只能如魯瓦克
（Edward N. Luttwak）的預測一樣，可能與十八世紀的戰爭甚為相
似，發動戰爭僅是為了有限目標，且敵對雙方均不願為了勝利而
支付高昂的人命的代價。[53]魯瓦克的分析大概只適用於政府權威穩
定的國家，對於上述新型態戰爭性質的戰爭，這種分析就不適用
了。再者魯瓦克的分析亦同前述已論及富勒的分析，從戰史來看
絕對目的與相對目的的戰爭本存在循環或週期性的變遷。美資訊
戰略專家庫柏（Jeffrey R. Cooper）亦言：「戰爭性質和戰爭行為
週期性的發生根本性改變，在戰爭史上早已有之」。[54]拿破崙時期
的軍事革命，以致兩次世界大戰是全面戰爭的時期，無疑是追求
絕對目的，和使用全部手段的時期，目前的新軍事革命則可能進
入軍事收縮的新時期，軍隊的成本太高，不可能把它們浪費在大
規模、消耗型的戰爭中，因此只能追求達到有限目的，從而按照
傳統的做法，再次把敵人的戰場力量和民用／工業基礎區分。[55]藉
著精準武器的使用，戰爭也可以以侵略之領袖或政治精英為屠殺
目標，而不傷及非戰鬥員或摧毀基礎設施，未來的戰爭可能不再
是兩個社會的對抗，而是兩個領導精英的對抗。雖然許多未來戰
爭的臆測，是以大規模毀滅性武器與恐怖主義的擴張為焦點，致
使人民將是戰爭中的主要受害者，但是智能武器的發明或可使戰
爭類似於中世紀至十八世紀的歐洲戰爭，成為精英間的運動競
賽，與多數群眾無關。[56]

四、摩擦與科技

　　在戰爭摩擦方面，科技確實可以蒐集大量準確的數據，通過消除「噪音」，克服通信、情報與計畫作為方面的缺點。但戰爭的阻力依然存在，戰爭必須屈服對方意志才算成功或結束，所以戰爭仍然是一種意志的對抗。即使是高科技戰爭人員仍須面臨危險傷亡的危機，真正的戰爭自身就具有不確定性，在戰爭中，危險、勞累和痛苦、人在壓力下的侷限性等自然抗力仍舊存在，習慣戰爭的戰爭素養仍舊重要，至於不確實、偶然性等領域也會繼續存在。

　　「噪音」雖被減少但還是會存在。克勞塞維茨所言的阻力（或摩擦）、霧罩等問題其實就是不可測、混亂（confuse）、失序（disorder）的狀態。不過有人認為克勞塞維茨所說的阻力是工業時代的觀念，資訊時代應用「熵」（entropy）的觀念來取代。在「戰爭的要素」一章，我們已有提及「熵」的觀念。「熵」原是熱力學用以說明物質「不可逆的」（irreversible）的現象，即物質依「能量守恆」原理，可以回收重複使用，但是再重複使用的過程會產生能量「耗散」或「趨疲」的現象，此即「熵」的現象。這觀念後被運用於資訊時代組織運作所產生的問題上，就軍事方面的意義言，資訊的運用會造成軍事組織的脆弱性與自身的解體。所以現代軍事的一個重要目標是要最大限度地降低自身解體和瓦解的脆弱性，即抑制熵的增加，同時要積極的在敵軍內部創造這種現象。一個系統或組織的力量將不僅是物質、非物質與資訊的多少，也取決於它的脆弱性或熵值的高低。單就阻力的觀念轉到「熵」的觀念在問題性質上的確有不同，但是克勞塞維茨對戰爭本質如不確定性、迷霧等阻力問題依然存在，就目前為止並無法完

全消除。

五、結論

　　暴力、政治與摩擦三者是戰爭之所以為戰爭的內在性質,也是戰爭本身所固有之特點,所以是戰爭的本質。既稱為本質就應是事物穩定不變的屬性,但是事物也具有外在的偶然性質,致使事物本身在型態上會隨著時間而有所變化。克勞塞維茨將戰爭區分為絕對戰爭與現實戰爭,即在強調戰爭本質的內在性質與外在性質間的關係,及其互動所產生的變化,由於戰爭是由非常複雜的互動所組成,他因此將他形容成一隻變化多端的「變色龍」。研究戰爭的人常常會混淆戰爭的內在與外在的性質,再者對於戰爭的歷史演變情形未能深切瞭解,致使對於戰爭一發生變化,即認為戰爭本質已經改變,尤其波灣戰爭後更引發戰爭本質是否已經改變的討論,殊不知戰爭內在性質的變化僅有程度上的差異及週期性的循環現象,這都是因為研究者未能深察事物之性質有內外之分所使然。

　　由本書的分析可知,戰爭的暴力、政治與摩擦本質並未因美國近幾年所遂行的高科技戰爭而有根本的改變。資訊時代的高科技戰爭是戰爭型態,亦即戰爭的手段與目的的改變,這是屬於戰爭的外在性質。資訊時代戰爭私有化現象與「新型態戰爭」,使戰爭的行為者有著擴散的現象,藉著資訊的利用,具有戰爭能力的組織增多了,國家不再是戰爭權力的唯一獨享者,自最小規模的恐怖主義份子以迄最複雜的國家軍事部隊,都會因新科技,尤其是資訊科技的發生而有所改變,這也是戰爭外在性質的改變。當然資訊時代所進行的軍事事務革命確實有改變戰爭本質的意圖,甚至希望將戰爭確實轉變為不流血的戰爭。其實這只是將戰爭概

念的外緣做了延伸，將非暴力性質的手段視為戰爭本身，或是將資訊時代對人類組織改進的成果過於樂觀，而認為戰爭之霧已經移除。

　　故吾人認為戰爭演進至今，改變的係戰爭型態而非戰爭本質。現今戰爭的遂行依然須考慮政治、暴力與摩擦等本質因素。軍事力量的運用仍須考慮政治目的，戰爭的阻力依舊存在，尤其重要的，自1991年後的高科技戰爭所運用的強大殺傷武器，仍是屈服敵方意志的重要手段。故戰爭作為政治手段之延續，並迫使敵人意志屈服的暴力手段在未來的戰爭中仍然是戰爭現象的根本性質。當戰爭發展到喪失現有的所有本質時，恐怕不須再用「戰爭」來稱呼了，只要用衝突或競爭等名詞來稱呼，那就是戰爭的消失，這或許是人類社會的最大願景，但是在此之前仍要牢記羅馬「若欲和平，必先備戰」的古訓。

問題與討論

一、何謂戰爭的本質？

二、說明戰爭的暴力本質？高科技戰爭是否改變戰爭的暴力本質？

三、說明戰爭中的摩擦？如何消除摩擦？

四、說明戰爭的政治性本質？從戰史上看，未認清戰爭本質而發動戰爭的結果是成功還是災難？

五、從絕對戰爭中分析暴力與政治的關係。

註釋

1.廣東、廣西、湖南、河南辭源修訂組，商務印書館編輯部，《辭源》（台北：遠流出版公司，1996年5月，初版14刷），頁813。
2.熊鈍生主編，《辭海》，中冊（台北：中華書局，民國73年10月），頁2239。
3.楊南芳等譯校，《戰爭論》，上冊（台北：貓頭鷹出版社，2001年5月，初版）頁22。
4.鈕先鍾譯，《戰爭論精華》（台北：麥田出版公司，1998年5月15日，初版3刷），頁26-27。
5.李偉成、譚溯澄譯（K.J.Holsti），《國際政治分析架構》（*International Politics：A Framework for Analysis*, 4th ed.）（台北：幼獅文化公司，2000年9月，初版6刷），p.606-607.
6.K. J. Holsti, *International Politics: A Framework for Analysis*, 7th ed., (Englewood Cliffs, N. J.: Prentice-Hall,1995) p.214.
7.引自王保存、陳景彪譯（Paul Kennedy），《世界強權的興衰》（近代篇）（*The Rise and Fall of the Great Power*）（台北：風雲時代出版公司，民國78年6月，初版），頁212。
8.龔方震著，《拜占庭的智慧：抵擋憂患的經世之路》（台北：新潮社文化公司，2003年12月，初版），頁32-33。
9.有關狄爾教授與吉朋對於查士丁尼的評價，轉引自紐先鍾譯，《西洋世界軍事史——卷一從沙拉米斯會戰到李班多會戰（下）》（台北：麥田出版公司，1996年7月，初版1刷），頁448-449。
10.同上註，頁459。
11.鈕先鍾著，〈論克勞塞維茨《戰爭論》〉，收錄於鈕先鍾譯《戰爭論精華》，「附錄一」頁283。
12.同上註。
13.楊南芳等譯校，《戰爭論》，頁613。
14.列寧，《社會主義與戰爭》（收錄於《列寧選集》第2版第26卷，第163-169頁）。本文引自中共中央馬克斯恩格斯列寧斯大林著作編譯局編，《列寧選集》，第二卷（北京：人民出版社，1998年3版3印），515。列寧

在1915年9月於《共產黨人》雜誌，發表〈第二國際的破產〉一文，對於戰爭與政治的關係亦有相同的論述，他說：「辯證法的基本原理運用在戰爭上就是：『戰爭不過是政治透過另一種（即暴力的）手段的繼續。』這是軍事史問題的偉大著作之一。思想上曾從黑格爾受到教益的克勞塞維茨所下的定義。而這正是馬克斯和恩格斯始終堅持的觀點，他們把每次戰爭都看作是有關列強（及其內部各階級）在當時的政治的繼續。」（見《列寧選集》，第二卷，頁466。）

15.毛澤東，〈論持久戰〉。引自中共中央文獻編輯委員會編，《毛澤東選集》，第二卷（北京：人民出版社，二版3印）頁479。

16.鈕先鍾譯（B. H. Liddell Hart），《戰略論：間接戰略》（*Strategy：The Indirect Approach*）（台北：麥田出版公司，1997年5月，初版2刷），頁427。

17.同上註，頁427。

18.彭恆忠譯（John Baylis and others），《當代戰略》（*Contemporary Strategy I*），上冊（台北：國防部史編局，民國80年6月，），頁49-55。

19.王振坤譯（Colin S. Gray），《戰略探索》（*Explorations in Strategy*）（台北：國防部史編局，民國88年8月），頁1。

20.有關邱吉爾宣佈的政策內容與回憶錄內容，轉引自鈕先鍾譯（J. F. C. Fuller），《戰爭指導》（*The Conduct of War 1789-1961*）（台北：麥田出版公司，1997年5月15，出版2刷），頁303-304，325。

21.鈕先鍾譯《戰爭指導》，頁325，。

22.王振坤譯，《戰略探索》，頁1。

23.彭恆忠譯，《當代戰略》，上冊，頁43。

24.David R. Mapel, Realism and the Ethics of War and peace, in Terry Nardin ed., *The Ethics and War and Peace: Religious and Secular Perspectives* (Princeton, N. J.: Princeton University press, 1996), p.56.

25.彭恆忠譯，《當代戰略》，上冊，頁246。

26.金帆譯（Conway W. Henderson），《國際關係：世紀之交的衝突與合作》（*International Relations: Conflict and Cooperation at the Turn of the 21st Century*）（海口：海南出版社，2004年4月，初版1刷），129-130。

27.彭恆忠譯，《當代戰略》，頁254-255。

28.鈕先鍾譯，《戰略論：間接戰略》，頁427-428。

29.同上註，頁454-455。

30.鈕先鍾譯，《戰爭論精華》，頁38。

31.鈕先鍾譯，《戰爭指導》，頁41。

32.雷海宗，《中國文化與中國的兵》（台北：里仁書局，民國73年3月），頁3-15。

33.歷史上最有名的宗教戰爭是十字軍東征，是基督宗教和伊斯蘭教之間的宗教戰爭，由西元1095年至1291年的一百八十年裏，東西方在宗教的問題上，一共發生了約八次的大戰，歷史上稱為十字軍東征。最先是西元1095年時，教皇烏爾班二世在法國南部克萊蒙召開宗教大會，以從異教徒手中奪回「聖地」耶路撒冷為口號，煽動宗教狂熱情緒，號召發動第一次十字軍東征。這是一場為爭奪地中海周圍，尤其是地中海東岸即西亞西岸以及耶路撒冷的控制權的戰爭。

34.關於有限戰爭與無限戰爭的循環問題參閱鈕先鍾譯，《戰爭指導》，第一章、第二章。

35.傅凌譯，《新戰爭論》，頁167。

36.蔣仁祥、王宏道（Detlef Bald），《核子威脅：1945.8.6廣島》（台北：麥田出版公司，2000年12月1日，初版1刷），頁22。

37.關於移除戰爭之霧與軍事事務革新的關係，參見曾祥穎譯（Bill Owens＆Edward Offley著），《軍事事務革命：移除戰爭之霧》（*Lifting The Fog of War*）（台北：麥田出版社，2002年3月，初版1刷），頁14-19。

38.引自中央社，〈沃佛維茨談二十一世紀克敵四要素〉，《中國時報》，民國92年6月20日，版A14。

39.李豐彬譯（Peter Paret），〈戰爭史〉，收錄於李豐彬譯（Edited by Felix Gilbert,Stephen R. Graubard），《當代史學研究》（*Historical Studies Today*）（台北：明文書局，民國71年12月，初版），頁406-407。

40.蔣仁祥、王宏道譯，前揭書，頁31。

41.同上註，頁32。

42.蔣仁祥、王宏道譯，《核子威脅：1945.8.6廣島》，頁33-34。

43.傅凌譯（Alvin and Heidi Toffler），《新戰爭論》（*War and Anti-War*）（台北：時報出版社，1994年1月，初版1刷），242-243。

44.沈宗瑞等譯（Held, David.et al.），《全球化衝擊》（*Global Transformations*）（台北：韋伯文化出版社，2004年），頁158。

45.謝凱蒂等譯（Steven Metz），《二十一世紀的武裝衝突》（台北：國防部史編局，民國89年9月），頁49-53。

46. 陳世欽譯（Mary Kaldor），《新戰爭》（*New & Old War*）（台北：聯經出版社，2003年1月），頁127-128。

47. 同上註，頁138-139。

48. 謝凱蒂等譯，《二十一世紀的武裝衝突》，頁49-53。

49. 王振西主譯，（Robert R. Leonhard），《信息時代的戰爭法則》（*the Principles of War for the Information Age*）（北京：新華出版社，2001年1月），頁37-38。

50. 參見(1)王振坤譯，《戰略探索》，頁17。(2)謝凱蒂等譯，《二十一世紀的武裝衝突》，頁14。(3)Robert H. Scales, *Future Warfare Anthology* (U. S. Army War College, 1999), p.23.

51. 翟文中、蘇紫雲，《新戰爭基因》（台北：時英出版社，2001年5月），頁61-62。

52. Robert H. Scales, *Future Warfare Anthology*, p.21-22.

53. Edward N.Luttwak, "Toward Post-Heroic Warfare", *Foreign Affairs* ,May-June 1995,p.109-122.

54. 王振西主譯，《信息時代的戰爭法則》，頁111。

55. 同上註，114-116。

56. 謝凱蒂等譯，《二十一世紀的武裝衝突》，頁64-65。

第六章

戰爭的要素——
戰力之泉源

戰敗國是那些沒有進行十九世紀中期的「軍事革命」、沒有得到新武器、沒有動員和裝備龐大的軍隊、沒有使用鐵路、輪船和電報提供的先進的交通和通訊、沒有供養武裝部隊的生產性工業基礎的國家，在這些衝突中，勝方的將領和軍隊不時在戰場上犯下嚴重的錯誤，但這些錯誤絕不足以抵消那個交戰國在受訓的人力、供應、組織和經濟基礎等方面的優勢。

——保羅‧甘迺迪，《世界強權的
興衰（近代篇）》，頁307-308

第一節　何謂戰爭的要素

　　要素，構成事物必要之原質也。如土地、人民、主權爲國家之要素，土地、勞力、資本爲生產之要素。[1]戰爭要素是指遂行戰爭的主要因素，也是戰力的泉源。戰爭的遂行必須要有可運用的戰力，否則無以遂行戰爭。戰爭要素是否具備與充足，會嚴重影響戰爭的成敗。關於戰爭要素的內涵，因時代及戰爭性質的不同，頗有不同解說。

　　孫子算是早期研究戰爭要素的學者，在《孫子兵法》〈始計〉篇就提出決定戰爭勝負的「五計」、「七事」，包括涵蓋戰爭指導與將道、物質、精神領域、自然地理、組織紀律等基本因素。[2]《管子》的〈八觀〉篇提出從八個方面來考察，就可以確定其國力的盛衰強弱。馬基維利（Niccolo Machiavelli）在《君王論》（*The Prince*）第十章〈如何權衡國家的實力〉，提出豐富的人力、財力、民心、士氣、訓練、領導等，是防衛戰爭不可忽視的戰爭要

素。[3]著名海權論學者馬漢在《海權對歷史的影響——1660～1783》一書認爲，影響國家權力的要素包括：1.地理位置；2.自然結構，包括與此有關的大自然的產品和氣候；3.領土範圍；4.人口；5.民族特點；6.政府的性質，包括國家機構。

學者間對於現代國家戰爭要素或國力的衡量內涵的見解並不一致。在對「國家實力」的討論中，經常交替使用的概念有「國家力量」、「國家權力」、「綜合國力」等。摩根索認爲，國家實力主要取決於九項因素：地理條件、自然資源、工業能力、資源狀況、人口數量、民族特點、國民士氣、外交素質和政府素質。中國學者黃碩風在其《綜合國力論》一書中，認爲國家實力由兩大系統七大要素構成，即：物質力和精神力兩大系統，政治力、經濟力、科技力、國防力、文教力、外交力、資源力等七大要素。[4]

綜合各種看法，國家實力的劃分離不開有形、無形力量的劃分。雖然如此，有形或無形力量的評估卻不是簡單的量的計算，更要重視質的分析。另外有形或無形要素何者爲重亦難以估計。最主要是無形要素——又稱爲「軟實力」的評估不易客觀，沒有物質做基礎，無形力量難以發揮，相反的，沒有無形力量，僅憑有形力量也無法發揮最大的實力。

在具體的評估方法上，1960年代前比較注重定性分析。此後，伴隨行爲主義的興盛，出現了將國家實力各組成要素量化爲指標，用數學公式進行計量和比較的定量分析方法。德國物理學家威廉‧富克斯在1965年出版的《國力方程》中使用人口、鋼產量和能源產量建立了強國公式。另外有學者選取GNP、人均GNP、人口、核能力和國際威信五項指標，對主要國家國力進行測算。[5]最具有代表性的國力計量公式當屬克萊恩公式。

美國學者克萊恩（Ray S. Cline）在其出版的《一九七七年世

界權力的評價》一書中，提出了著名的公式：[6]

$$Pp = (C+E+M) \times (S+W)$$

其中，

Pp：Perceived Power，表示被確認的國力，滿分500分。

C　：Critical Mass，表示國家基本結構，包括人口和領土，滿分100分。

E　：Economic Capability，表示經濟實力，滿分200分。

M　：Military Capability，表示軍事實力，滿分200分。

S　：Strategic Purpose，表示戰略意圖，標準係數為0.5。

W　：Will to Pursue National Strategy，表示推行國家戰略的意志，標準係數為0.5。

在這個公式中，（C+E+M）是國家的物質要素。（S+W）是精神因素，作為變數對國家實力產生制約，在國力定量研究上邁出了關鍵性的一步。克萊恩之後，還有一些學者選取不同的要素和變數，建構自己的公式，分別使用特定年份的資料對主要國家的國家實力進行測算，但都沒有能夠完全脫離克萊恩公式的模式。[7]這種定量分析模式全面考察物質和精神要素，方法論上的創新是可取的，對各國實力進行量化的比較，具有一定的參考價值，但也有明顯的侷限性。國家實力中的無形因素很難完全估計，每個國家的實力構成都有其獨特的一面，構成要素之間的相互關係更是難以量化表示。對於一些無形因素的選取和衡量沒有客觀統一的標準，往往取決於評估人的主觀臆斷，難免因人而異，失之偏頗。克萊恩依據蘇聯在1970年代積極的戰略態勢，評估蘇聯的實力居全球之冠，事實卻證明，蘇聯的積極態勢並沒有能真正地增強國力，反而最終拖垮了蘇聯。

中國學者對於國家實力的量化比較這一課題，也進行了研究。八〇年代後期，丁峰峻提出了測算國家實力的構想公式：綜合國力＝軟國力×硬國力＝（政治力＋科技力鬥精神力）×〔R（自然力＋人力＋經濟力＋國防力）〕。[8]

對於實力的計算並無固定的公式，準確性有限，克萊恩自己也承認，雖說實力是運用指數來衡量價值和數量的實力，代表一種以廣泛的認識爲基礎，但也是主觀的甚至是武斷的判斷。[9]

從上面的分析可以瞭解，一般在分析實力問題上通常是採用物質力量與精神力量的劃分。這是一種方便說明戰爭要素的方法。物質力量的內容較易瞭解，舉凡戰爭的一切實體性資源，如糧秣、彈藥、油料、武器、載具……等，都是有形的物質力量。而無形的精神力量主要涉及人的因素。人的因素較爲複雜，有個人，也涉及群體，包含了精神、意志與素質或智慧的問題。在智慧與素質方面是指從事戰爭的能力，常涉及的問題是指揮與將道的問題。精神係指無形的戰力，包含個人或群體的意志因素，如勇氣、毅力，民族精神、尚武精神等。除了精神與物質戰力外，戰爭的要素一方面包括現實的力量，也包括潛在的以及可轉化爲現實力量的機制，此時又須有可供運作的組織制度，以將精神力量與物質力量相結合，發揮最大戰力。所以較具體的說，戰爭的要素，或是戰力的泉源主要有三：精神因素、物質因素、組織。組織中則涉及指揮與領導的問題，將在第十章中詳論。

戰爭勝負是敵對雙方相互對立的各種因素互相作用的結果，從不同的角度可以把戰爭中制勝因素作不同的劃分，比如把制勝因素分爲偶然因素和經常因素；人的因素與武器的因素；物質因素和精神因素。各種戰爭要素中，究竟熟輕熟重，有認爲精神重於物質的，也有認爲物質重於精神的，較多數的看法是精神與物質因素必須並重，並且必須結合其他重要因素，如領導與組織

等。這些問題我們在以下各節分別說明。

第二節 戰爭要素孰重：精神VS.物質？

一、精神重於物質

　　法國軍人杜皮克上校（Col. Ardant du Picq）於1880年著有《戰鬥的研究》（*Etudes Sur Le Combat*），本書將普法戰爭（1870～1871）與俄土戰爭（1877～1878）中法國、土耳其兩國失敗的原因作深入的探討，被視爲當時的經典之作。他的理論是認爲在戰鬥中，成功基本上是一個精神（士氣）的問題，假使攻擊者的精神是較優於防禦者，則攻擊者即可以獲勝。下面所引述的這一段文章，即足以說明他的理論：

> 在戰鬥中，不僅是兩個物質力量互相衝突，而更是兩個精神力量互相衝突。較強者即能征服較弱者。勝利者的人員損失往往超過了失敗者。……若能決心前進並且有精神上的優勢，則雖僅有相等甚至較差的毀滅力量，也還是能夠勝利……精神作用產生恐懼，而欲求勝利則恐懼又應使其變爲恐怖……運動即代表一種威脅，誰顯得威脅最大，則誰也就能得勝利。[10]

　　杜皮克的理論又稱爲「攻勢學派」，認爲只有採取積極性的攻擊精神才是成功的主因思想。此思想忽略了有效的防禦工事與編組對於防禦者的精神效力，而攻擊者若在攻擊中喪失秩序一樣會有精神癱瘓的問題。雖然如此，此派思想對當時的法國軍事思想

有很大的影響。

　　第一次世界大戰時的法軍元帥福煦（Ferdinand Foch）也深受此派影響，也是精神決定論者，比杜皮克更為激進，著有《戰爭指導》（*De la Conduit de la Guerre*）與《戰爭原理》（*Des Principes de la Guerre*）二書，被視為法國陸軍的聖經。他認為精神是決定勝敗的絕對性因素。他曾經引徵法國外交家梅斯提（Joseph De Maistre）的話說：「一個失敗的會戰也就是一個人自以為是失敗了的會戰。」他又說：「會戰在物質方面是不可能失敗的」，所以就只能在精神方面失敗。換言之，也就是只能在精神方面獲得勝利。推而廣之，「一個勝利的會戰，也就是一個人不肯自認為是失敗了的會戰。」

　　富勒認為福煦的看法過分偏頗，他說：「假使雙方都是使用木棍來當作武器，則上述的理論多少還是可以說得過去的，但是現在雙方都是裝備著犀利的槍炮，這種思想就變成胡說了，因為不管攻擊者的精神如何的堅強，但它卻還是不足以避彈的。」[11]

二、物質重於精神

　　十七世紀末法國著名軍事工程師範邦（Marshal Vauban），也是當時的法軍元帥，[12]對世界軍事工程學發展有極大的影響。作為一名工程專家，他特別重視科學技術與戰爭的關係，他充分利用當時最新的科技成果，在兵器更新、砲兵使用、要塞攻防戰術等方面都作出了創造性的貢獻。因此，他認為技術是奪取戰爭勝利的一個極其重要的因素。

　　德國軍事家比洛對制勝之道有獨特的看法。他那個時代的軍隊對自己給養的來源——倉庫有極大的依賴性，比洛把倉庫比作人的心臟，心臟一壞，「集體人」——軍隊也就完了；把輸送線

比作人的肌肉，肌肉被切斷，整個軍事機構也就癱瘓了。如果用現在的概念來詮釋比洛的觀點，也就是說，他認為後勤保障是制勝的主要因素之一。[13]

1815年到1871年間，歐洲經歷了前所未有的經濟、社會和政治變化。軍事上的變化也同樣具有戲劇性，只是對當時的歐洲人來說不那麼明顯。但從事後來看，技術和工業革命對戰爭的影響是很清楚的。武器上的進步迅速提高了戰場的殺傷力，同時蒸汽機器使軍事組織能在越來越遠的距離上分散、供應軍隊。美國內戰顯示了現代戰爭發展的方向；南方和北方都將經濟力量和人力上的動員，與政治意圖結合起來，就像法國大革命的情形一樣，並利用了變化中的戰爭技術來進行甚至更具殺戮性的戰爭。[14]

自此以後歐洲的物質力量就有了快速的增長，雖著戰爭的經驗引發許多人對物質力量的再認識。例如普法戰爭以後，各國在軍備方面又已經有了不斷的進步，最重要的是普遍的採取了小口徑的彈夾式來福槍和無煙火藥。這是在1899到1902年之間的南非布耳戰爭（Bore War）中，第一次大規模使用的。在這個戰爭中，有形敵人的舊有恐怖，為無形敵人的癱瘓性恐怖所代替了，使人們感覺到到處都是敵人。現在攻擊者是籠罩在一種普遍的恐怖之中，而不僅是局部性的危險，防禦者利用地面工事的掩護，再加上迅速發射的來福槍火力，可以分散極廣，其程度為過去戰鬥中所未有的。所以任何正面的攻擊都會被擊退。[15]所謂「有形敵人的舊有恐怖，為無形敵人的癱瘓性恐怖所代替」，是指新式武器的運用使有形武器轉化為無形的力量。因為新式的彈藥與槍枝使人感覺敵人與危險的無所不在。隨著戰車、飛機、潛艇等各式武器在戰場的使用也形成了若干「唯武器論」觀點。[16]

德國裝甲兵之父古德林（Heinz Guderian, 1888～1954），從人與武器的角度來看戰爭制勝因素的。第二次世界大戰前夕，古德

裏安借鑒英國富勒和法國戴高樂的理論，強調裝甲兵的作用。他認為戰車是具有快速機動能力的進攻性武器，以戰車為主的裝甲兵在陸軍中居於主要地位，而其他兵種則處於配合裝甲兵的輔助地位。他反對把戰車編在步兵師中，主張獨立組建裝甲兵團。在此基礎上，他提出了閃擊戰理論。他的觀點反映了坦克、飛機等新式武器出現後建軍、作戰的客觀要求，但也片面鼓吹裝甲兵的作用，陷入了唯武器論的偏差。

強調武器作用的還有空軍制勝論者，就是義大利的杜黑將軍，著有《制空權論》（*The Command of the Air*），首先提倡將飛機用作攻勢制勝武器的人。美國的米契爾將軍和英國的特倫麥德將軍，大致採取他的思想。[17]他們認為未來戰爭空軍是制勝的力量，空軍是戰爭力量的主體，空中戰場決定戰爭最後勝負。同樣，他們的觀點反映了戰爭演變的方面，但又對空中武力的能力過於自信，也陷入唯武器論的偏差。

1940年代核武器出現時，美國也出現了核子制勝論。主要代表人物有國務卿杜勒斯、總統艾森豪、空軍部長芬勒特、戰略空軍司令李梅等人，他們認為：未來戰爭依靠核武器取勝，核武器有巨大的殺傷破壞力，是現代最強有力的武器，幾乎所有的軍兵種都可使用。重點發展核武器，戰爭的最後結果由核武器決定。

三、精神與物質並重

大部分的兵家學者多認為精神與物質必須並重，當然所謂「並重」並不是五比五的關係，而是一種權衡的關係，視所能掌握的物質與精神狀況而定。

約米尼（Antoine H. Jomini）認為戰爭的要素不只是物質與精神力量的計算，更要注意組織的設計──包含完善的政府體制、

軍事制度與軍事政策，他說：

> 「歷史告訴我們，最富有的國家並不一定就是最強的，更不是最快樂的。從軍事力量的天秤上看來，鋼鐵至少是和黃金一樣重。要使一個國家具有最偉大的國力，而能夠支援長期的作戰，則不僅需要良好的財政制度，而且還要有明智的軍事制度和旺盛的愛國心。」[18]

對於精神與物質孰重的問題，約米尼認為兩者同樣重要。所以他在《戰爭藝術》一書中，專章專節討論精神與物質的重要性。如在第一章的第七節〈思想的戰爭〉、第八節〈民族性的戰爭〉與第二章第十五節〈民族的尚武精神和軍隊的士氣〉對精神力量有專門探討。在第三章第二十五節〈補給與作戰的關係〉及第六章〈後勤〉對物質力量有專門的探討。約米尼認為：

> 「在一個軍隊裏面，全體官兵的士氣對於戰爭的命運具有重大影響，其原因似乎是精神的因素又可以產生物質上的效力。舉個例來說，假使有兩萬人的精兵，全軍的意志集中，對於敵陣作一個猛烈的攻擊，那麼其功效之大將遠過於四萬個士氣頹喪，不願作戰的士兵。」[19]

相對於重視精神力量，物質力量也不可忽視，約米尼說：

> 「武器的優越可能增加戰爭勝利的機會，雖然武器本身並不能夠獲得勝利，但他卻是勝利的重要因素之一。武器的發展是日新月異，所以一個國家在這一方面居於領先的地位，是可以佔了不少的便利。」[20]

雖然精神力量與物質力量很重要，但他們必須依靠組織來結合，形成良好的紀律，產生一致的行動與秩序，才能發揮戰力。

約米尼認為：

> 「一位俄國的將領，率領著一支在歐陸上要算是最堅強組織的
> 部隊，他在一個開闊的地區中，若是遭遇到一支沒有紀律和
> 沒有組織的部隊，那麼不管敵人在個人方面是如何的英勇，
> 他也還是不必感到畏懼。行動的一致才能產生力量，秩序才
> 能產生這種『一致』的情形，而紀律就是秩序的基礎，若是
> 沒有紀律和秩序，則絕不可能有戰勝的希望。可是倘若當那
> 位俄國的將軍所遭遇到的不是一些烏合之眾，而是其他歐洲
> 國家的部隊，他們的紀律和訓練都大致與俄國軍隊相似，那
> 麼這位將軍的行動就要比較小心謹慎了。」[21]

　　克勞塞維茨原則上認為「戰爭是一個不可分的整體」，「戰爭
只是一種結果，即為最後結果，在沒有達到最後結果之前，也就
無所謂勝負，無所謂決定」。戰爭的致勝要素為何，並不能從純粹
的幾何原則中獲得，戰爭中一切都是不確定的，戰爭的活動涉及
物質與精神因素領域，「要把兩種形式分開根本不可能」。雖然無
法將物質與精神因素分開，也強調數量優勢的重要性，但克勞塞
維茨似乎更強調精神戰力的重要性。克勞塞維茨說：「物質幾乎
不過是一個木柄，而精神才是利刃。」他將主要精神力量劃分為
為三，即指揮官的才智；軍隊的武德；及其民族精神。他認為精
神要素「是戰爭中最重要的問題之一」，「貫穿在整個戰爭領域」
精神要素對「軍事力量具有決定性的影響。」在戰鬥過程中，
「精神力量的損失是決定勝負的主要原因」，特別是在雙方物質力
量損失相等的情況下，產生決定作用的就只是精神的力量。對於
精神戰力的強調我們，不能因此認為克勞塞維茨是精神致勝論
者，克勞塞維茨只是認為戰爭中的精神要素是支持戰爭意志的根
基，而物質相對的是支持精神的要件；當物質減損時，精神也會

有所減損，只是有的減損多，有的減損少。任何會戰、戰鬥都是一種包括物質與精神實力消耗的比較，「決定勝負的將是這些力量的總和」。（《戰爭論》第二篇第一章；第三篇三、四章）

李達哈特在《戰略論：間接路線》一書認為在戰爭中，精神與物質孰重要的問題，無法單純的以數學公式表示，他引用拿破崙的名言評論道：

> 「拿破崙有一句常為人所引用的格言，『在戰爭中，精神對物質的比重是三比一。』大多數的軍人都一致接受這個廣泛的真理。實際上，這種算術的比例可能毫無意義的。因為假使兵器不適當，則士氣也就會隨之減退，而在一具死屍上面，連最堅強的意志力也都會喪失了他的價值。」

李達哈特認為精神與物質因素在戰爭中不可分，但是精神卻具有決定性的因素，物質不能離開精神而獨立運作，所以精神因素重於物質因素。精神與物質最大的區別是精神具有「常性」，物質因素則具有常變性。所謂精神的「常性」（constant）是指人類對於承受危險的基本反應度或耐受度。通常在有心理準備、生活條件良好的狀況下較能應付危險，雖然遺傳、環境，或訓練的影響會改變對危險的耐受力，整體而言影響並不大，如「受到奇襲時的抵抗一定會比在有戒備時較差，飢寒交迫的抵抗意志一定會比暖衣足食時較差。」至於物質因素則隨著戰爭型態、戰術、戰法的改變而有所不同。所以李達哈特強調在研究戰史時，必須掌握精神的「常性」與物質的常變性，才能確實獲得正確的戰爭理論。[22]

薄富爾（Andre Beaufre）對於戰爭要素的分析比前述諸人更為精密，他認為戰爭的要素除了物質力量、精神力量外，尚要加入時間因素。關於時間因素，拿破崙已有提及，他說：「軍隊的

力量與力學中的能力相似，是質量與速度的乘積。快速行軍增高軍隊的士氣，同時加大其勝利機會。」[23]速度與時間成反比，速度越快時間越短，迅捷的速度是戰爭取勝的基本要求，猶豫或命令上的繁文縟節是速度的敵人。薄富爾認為物質、精神與時間的關係如下：「假使物質力量遠比敵人居於優勢，則精神壓力也就變得不太需要，而行動也可以在極短的時間內完成。反而言之，假使能動用的物質力量相對微弱，則精神力量就必須非常強大，而行動也勢必是長期性的。」[24]

薄富爾從物質力量的多寡來衡量可使用的戰略。他將典型的戰略分為兩種模式：即為直接戰略（direct strategy）和間接戰略（indirect strategy）。直接戰略模式的基本觀念是以軍事力量為主要武器，無論是勝利或嚇阻，都要憑藉軍事力量的使用或維持。這也就是克勞塞維茨的戰略，事實上，也就是「力量的合理應用」模式之重述而已。第一次世界大戰中的指揮官，以及第二次世界大戰中德美兩國的領袖，都是這種戰略的擁護者。冷戰時期運用核子武力的潛在衝突者，也是這種戰略。

間接戰略模式的基本觀念是不想直接使用軍事力量以求決定，而寧願使用其他較不直接的方法。這又可能是其有政治性或經濟性的本質（例如革命戰爭）。或者是雖然也使用軍事力量，但卻採取分段躍進的方式，而中間夾著政治性的談判（例如希特勒在1936年到1939年之間所採取的戰略）。[25]

薄富爾將戰爭要素的關係歸納成一個他稱之為「愛因斯坦式」（Einstein type）的普遍公式來表示，其形式如下：[26]

$$S = K F \psi t$$

K是任何一個特殊因素，只適用於某種特殊情況（不確定的因素），F代表物質力量，ψ代表精神（心理）力量，而t則代表時

間。在直接戰略中，主要因素為F，ψ是一個比較不重要的因素，而t因素的數值則相當的小。在間接戰略中，一切恰好相反；主要因素F變得相當的小，而t的數值則變得非常的大。

薄富爾認為，無論在任何形式的戰略中，精神（心理）因素都必然會發揮相當的作用，不過只有在間接戰略中，它才躍居於支配者的地位。因為缺乏物質力量，所以必須要用其他的東西來代替它。他說：「用思想來代表暴力，實際上也不是一件壞事。」必須注意者，使用間接戰略，仍不可忽視物質力量；物質力量的使用限度可能是相當程度的縮小了，但卻並不因此而減少其重要性。在間接戰略中「F因素可能非常的小，但卻絕不會等於零。若無F因素，則戰略的本身也就不再存在。」[27]所以間接戰略不過是一種應用普遍性戰略公式的方法而已。物質力量的因素被降到了最低限度，而時間因素則大為增加。另外要注意的問題，物質力量與精神力量有著辯證的關係，如核子嚇阻就具有直接戰略與間接戰略兩個面向的「核子辯證」（nuclear dialectric）的戰略模式。[28]這種戰略模式一方面運用物質（核子武器），另一方面藉著物質力量的巨大毀滅性形成心理的威嚇效果，使人不敢貿然一戰。其實不只核子武器具有這種辯證關係，只要物質力量達到一個很高的水準，都可轉化成精神力量。

第三節　資訊時代的戰爭要素

資訊時代的戰爭型態使資訊成為戰爭制勝的重要因素。資訊作為戰爭的要素，它與力量的關係必須說明。資訊（或知識）就是力量意味著什麼？按正常來說，資訊像是一些非物質的、抽象的東西，可以應用於實際，賦予一方戰勝另一方的力量。要獲得

力量就可能要依靠這樣的資訊，它會成為力量的載體。

　　雖然人們一直認為資訊是非實體的，但資訊對於所有事物來說，是不可或缺的實在組成部分。同時，資訊雖是非物質性實體，卻是建立在物質基礎上的力量，甚至具有超自然的性質。隨著資訊變得越來越實體化、具體化，力量變得越來越非實體化、無形化，兩個概念也比以前變得更密切交織在一起。[29]

　　分析力量通常可將力量分為物質性、組織性和非物質性三種，當加入資訊這樣要素後會有什麼樣的變化，此為本節要說明的問題。[30]

一、資訊與物質力量

　　物質力量是一種最基礎的力量，它是事物本身可資運用的能量。力量為最基本的觀念是認為它能夠掌握資源和某種能力，並運用它們對一個國家或其他主體實施強制或其他類型的控制。諸如石油、武器裝備、工業力量或人力都是最為顯著的物質資源。但是這些資源同樣也可能是不明顯的，如擁有的流動金融資產，或獲得了法律授權的一個機構或組織，也能成為產生力量的實體。各種物質運用於各種領域與經濟、政治、軍事、社會等，就成為該領域的力量基礎。所以將物質力量運用於軍事就成為軍事力量或軍事能力。軍事能力通常不單是純武力的計算，且涉及到「綜合能力」的問題。綜合能力是由軍事、工業和地緣要素等構成的，這些要素分別由武裝力量規模、軍費開支、鋼產量、工業燃料的消費量、總人口（特別是城市人口所占比例）等組成。以上是傳統上對物質力量的觀點。這種觀點力量是屬於物質的，而資訊則附屬其中。

　　早期與普遍的觀念認為資訊是非物質性的，不具有物質性的

特徵，這種觀念使資訊被當作是消息與媒介。將資訊當作消息的
觀念，是把資訊看作是一種包含有意義的（或至少是可辨識的）
內容，而且可以從發送者到接收者間進行傳遞的非物質的消息或
信號，這種信號通常以「報告、指示和計畫」的形式出現。第二
種觀念認為資訊不僅與消息有關，從廣義上講，它與某個發送者
傳遞的消息有關。這種觀念認為資訊是傳遞與接收的管道，也就
是所謂的媒介。不論是將資訊當作消息或是媒介來看，都認為資
訊本質上是無形的物質。

　　但是隨著資訊第三種觀點的出現，資訊無形論受到挑戰。根
據這種觀點，資訊的內涵遠遠超過消息與媒介，資訊與物質能量
一樣真實，所有物質內不僅存在物質與能量，還有「資訊」。這種
觀點的範圍很廣泛，從一般性地認為資訊是物質與能量的一種行
為結果，到認為在事物實在性的構成中，資訊、物質與能量是同
等重要的，再到認為資訊甚至比物質與能量更為重要。因此，資
訊是事物內部固有的物質要素，它的外在表現就是組織與結構。
如「資訊物理學」和「計算物理學」等就是圍繞著類似的觀點而
發展出來的。所以關於第三種對資訊的看法，認為資訊不僅僅是
幫助人類認識這個世界的大腦的產物，也是宇宙中的一種物質性
要素，與物質、能量真實性的要素。

二、資訊與組織

　　力量的第二要素是組織。組織的觀點是認為要有某種媒介使
物質與非物質力量作整合。即一個人、一個國家，或其他主體與
系統是如何組織起來運用它所擁有的資源與能力。這一觀點強調
力量是一個社會系統的結構和行為的功能或反映，而不論其資源
如何。所以一個國家，如以色列、新加坡這些小國，儘管它們的

物質資源有限，但仍然具有強於鄰近諸國的國力與軍事力量。

在近代軍事上對於組織產生力量的問題，多以德國所創立的軍事政策與參謀制度為範例。1950年代以後關於政府行為的研究，更認為力量的泉源取決於它的組織結構。另外更發現組織結構的模式將成為通信管道和資訊流程建構的基礎。

自古以來，組織結構對於力量的重要性是非常鮮明的。我們可以看一看從部落到國家的演進歷程，即從社會組織結構由親屬關係為主導到封建等級為主導的歷程。集權體制的建立，即君主和軍隊而建立起來的國家要遠比部落強大，典型的部落甚至無法從事集體農業生產，駕馭被征服部落的能力更小。到了十八世紀，在運作複雜的商業交易和促進工業化的發展中，在競爭力上，這種集權式的國家體制又表現出遠遠落後於市場式體制（民主）的國家。今天，第四種組織形式興起，這即是資訊時代的多組織網路。實踐證明，它們更加「強大」，比部落、封建等級制度和市場形式主體更強有力——因為像人權組織一類的分散的民間社團主體，他們也想要共用資訊，以能掌握狀況，共同參與，增進效能。

此外，關於究竟是民主體制還是專制（或極權）體制更有利於顯示力量的爭論已進行了很久，尤其是效率與能力的問題，但是經過長期的競賽，這個問題已逐漸得到解決，就是民主體制已獲得較普遍的國家，而先進的民主國家也顯示軍力的強盛。

總之，這個觀點認為力量就像資訊一樣是透過媒介發生作用的；力量的意義（即它的含義）受它的表現方式、生成和傳送系統等影響。另外，這一觀點認為力量就像資訊一樣，與熵相對立，並不斷地存在反制作用。

三、資訊與非物質力量

這個觀點認為力量植根於心理、文化和觀念結構，它認為如精神戰力這類「力量的力量」，實質上是一種超自然的東西。力量似乎是藏於資訊中而不是深埋於可見的資源。精神、士氣這一類非物質的力量是非常模糊、非常抽象的概念，並具有很大的推理成分。但是就其根本的性質言，不同於物質與組織。

非物質力量也是一種很傳統的觀點，如英雄主義、民族主義和意識型態等構成力量的源泉。具體而言，透過空中的轟炸不見得能摧毀堅強的戰志。轟炸戰役（如在英國、德國和越南發生過的事件）往往無法摧毀人們堅強的意志。精神要素如民心、士氣、認同等因素都被列入國家力量的計算中。這些所謂的「軟」實力並不因科技的發達而受到輕視，反被認為越來越重要。因為各種力量畢竟要透過行為體──人類的意志來表現。各種物質資源缺乏，則人類是無法發揮功用的，組織沒有人等於沒有組織。國家的組成要素之一就是人民。當然就對資訊的理解可知，資訊具有物質與非物質的性質。

四、新戰爭制勝因素──資訊

從對資訊與物質、組織、非物質的關係中可知，資訊位於這些關係的中心位置，端視人們如何去處理它們之間的關係，以發揮其力量。若較重視物質力量，把資訊視為非物質的附屬物，例如將資訊當作是指揮、管制、通信、情報、心理戰來看待，那麼資訊力量的發揮有限。若從資訊的觀點來看，戰爭的演進分三個階段，首先是以作戰工具和物質為基礎的戰爭，其次是以作戰系

統為基礎的戰爭，再次就是以資訊技術，如以電腦為基礎的戰爭。

資訊時代對戰爭的研究必須脫離原先對於物質、非物質與組織的看法，只將資訊當作附屬物。在資訊時代，資訊成了發揮力量的主體，其他戰爭要素都必須藉由資訊來發揮。將資訊看成戰爭的決勝要素，我們可從以下幾個問題作探索：[31]

1. 狹隘的觀念將資訊戰界定為情報問題而不是軍事活動，有時窄化成網路空間的安全與防護的問題，但若過度的強調它，可能會被認為是在提高控制整個社會的能力。從作戰本質上說資訊是多維度的作戰，不可被限定在片面的趨勢影響上。

2. 資訊既是力量的倍增器也是力量的改革者：新的資訊技術成為美軍波灣戰爭及其以後作戰的「力量倍增器」。由於更多和更完善的資訊支援，美軍可以在極短的時間內，以近於零傷亡的情況下，迅速擊敗戰場上的敵人。惟若僅把注意力放在傷亡數量問題上，會忽視到資訊更深層的問題──資訊是力量的改進者，力量的變革者。資訊革命並不僅意味者採用新技術，同時還對軍事組織體制、理論和戰略的重新思考。就其本質而言，資訊革命並非簡單地只涉及到技術性問題，它同時具有力量要素與組織面向。我們之前論及力量與資訊的新意義是：資訊時代的戰爭和其他衝突將圍繞著組織性和技術性因素進行。

這裡並要提出一個問題，對於戰爭中可能產生的阻力與霧罩的摩擦現象，將由「熵」（entropy）所取代。摩擦是工業時代以前的概念，當時的組織並不嚴密完整，不可避免在運作時會有遲滯

或妨礙的現象。但摩擦的觀念在資訊時代可能要用另一概念取代
——「熵」的概念。[32]熵是現代資訊時代組織運作所產生的問題，
就軍事方面的意義言，資訊的運用會造成軍事組織的脆弱性與自
身的解體。所以現代軍事的一個重要目標是要最大限度地降低自
身解體和瓦解的脆弱性，即熵的增加，同時要積極的在敵軍內部
創造這種現象。一個系統或組織的力量將不僅是物質、非物質與
資訊的多少，也取決於它的脆弱性或熵值的高低。

　　隨著資訊革命的進一步的發展，整個作戰系統逐漸趨於複雜
性與多樣性，不能再過分依賴一種組織或原則。在作戰行動越來
越分散的情況，軍隊面臨原有的階層體制是否要以網絡系統來取
代的問題。二十世紀的戰爭顯示軍隊的階層制度若出現衰弱的徵
候，就可能迅速走向瓦解。伊拉克軍隊1991年的失敗提供了一個
最佳例證。而游擊隊式的網路組織卻表現出巨大的生命力與穩固
性。美國在越戰的失利也說明游擊式的網路組織在美國大量轟炸
的戰略下，表現出其組織的穩固性。具複雜性又不顯示出來這兩
方面是相互影響的，它恰巧符合孫子的理念，孫子認為軍隊應像
流動的水，並提出：「無形，則深間不能窺，智者不能謀。」資
訊時代賦予這樣的作戰新概念稱為「彈出式作戰」（pop-up war-
fare）。「彈出式作戰」是指在未來的戰場上，實施戰爭的手段都
悄悄地潛伏著，直到它們參與到戰鬥中時才被發現。[33]美軍發展的
作戰模式即屬於此種。

五、武器與目標的新理念

　　資訊時代的作戰喻示著武器系統所針對的目標會有二個重大
改變：1.各式致命性的物質武器（如坦克、飛機和艦艇等）不再
以攻擊相同致命物質目標為主，而改變將致命性武器去進攻敵方

的非致命系統，如C⁴ISR系統和通信網絡等目標；這些目標雖不能直接發揮火力，但這些目標卻代表敵人的神經系統或大腦。2.運用非致命性的電子武器去癱瘓敵軍的致命系統、儲存、傳遞、處理和傳遞的網路空間。這種做法不須殺傷敵軍，卻可以癱瘓或瓦解敵軍。[34]

上述對於武器運用的新理念，符合資訊時代對於資訊本質認知的轉變。前面有提及，資訊時代一個重要觀念的轉變是將資訊當作物質來看待，這個觀念認爲軍事系統即使不是由資訊組織的，也是建立在資訊的基礎之上。如此而言，資訊就像是可以猛烈地對敵軍進行打擊的物質能量一樣。長期以來，作戰的發展就一直圍繞在儘可能以最優勢的武力投向敵軍，或是如第一次、第二次世界大戰中都是運用密集的軍團，組成波次實施攻擊。核子武器的發展，核彈爆炸所產生的輻射與脈衝，使作戰的重點改變爲能量的投送。此時，作戰的勝利不僅取決於運用物質與能量消耗敵軍的戰鬥資源，也取決於阻止敵軍向我方投送物質與能量，以及取決於承受敵軍向我方投送物質與能量，並迅速從中恢復過來的能力。

如果資訊確實是一種眞正的實際物質，在資訊時代的作戰中，要贏得戰爭就必須向敵軍投送儘可能多的資訊，同時防止敵軍的報復。這種觀念將影響我們對武器系統方式的思考。資訊與力量的結合使人認爲，應該將敵軍可以發揮資訊力量的任何部分當做攻擊的主要目標。這意味著對敵軍戰鬥序列做攻擊時，應置重點於敵軍之主要資訊設施，否則將難以獲勝。英阿福克蘭群島戰爭就呈現了這個原則，戰爭中阿根廷空軍嚴重忽視將物質、能量、資訊結合在一起，只注意到英軍艦艇具有強大的火力可以實施對岸攻擊，而採近距離的方式攻擊英軍艦艇，而未將目標作精準的定位，致使遭受嚴重的損失。

六、日益重要的社會與人力資源

　　資訊作戰揭示一個日益重要的問題，就是透過宣傳、心理戰向敵方投送資訊的能力。隨著資訊時代的發展，國際交流的許多方面將更加從屬於受資訊影響的戰略。對敵軍實施一次資訊進攻或許可以在不摧毀其武裝部隊的情形下阻止或勸說其放棄抵抗。在這個意義上戰略資訊戰與先前的戰略系統很相似，如戰略轟炸和核子嚇阻戰略。

　　對於資訊的依賴與運用，無須過度強調戰爭將高度朝向高度自動化和機器人的方向發展。資訊時代更須考量社會與人力資源的問題。因為人仍然是最純粹、最豐富的資訊投射系統。有些人認為，「大腦是最強大的武器」，相對於資訊相關設備的硬體與軟體，人腦被稱為「濕體」。日益重要的人力資源顯然說明必須加強訓練和佈署資訊時代的戰士。相同的，較落後國家的軍隊在資訊時代也能找到生存的新途徑，因為它們也具備開發人力資產的良好條件。

　　不只是從一般軍人的身上發現人力資本的重要性，一些執著於某種信念的基本教義派狂熱份子和殉道者，也將可利用植根於他們擁有的信仰系統，使資訊成為他們投送信仰價值，並用以對抗西方社會的系統。[35]

第四節　對於戰爭要素的再評估

一、盡可能擁有優勢的物質力量

　　無論是精神或物質要素都具有辯證的關係，精神戰力確實可以將有限物質發揮於極致，但是顯然物質要素對於精神的鼓舞性更大。十三世紀的英王愛德華一世（被稱為「長腿」或「蘇格蘭之錘」），對軍事科學有很大的貢獻，在威爾斯戰爭中他發明使用弓弩的「火力」與騎兵相配合，結合戰略與戰術的運用，使敵人在心理上和物質上，都無恢復元氣的可能，而打敗了威爾斯地區野蠻而強悍的山地民族。[36]

　　史學家保羅・甘乃迪認為，「要理解世界政治的進程就必須把注意力集中到物質和長期產生作用的因素，而不是人物的更換或外交和政治的短期變化。」[37]這就是經濟決定論的立場。就戰爭而言，經濟以外的其他決勝因素，還包括地理位置、軍事組織、民族士氣、聯盟體系等物質以外的因素；另外個人的愚行和高超的作戰技能，也是決定戰鬥、戰役勝負的重要因素。然而，毋庸置疑的是，在一場大國間的長期戰爭中，勝利往往屬於堅實的經濟基礎的一方，或屬於最後仍有財源的一方。

　　持續向上的螺旋式經濟發展，會帶動軍事效能；新式武器的擁有，可以宰制敵人。保羅・甘乃迪認為十五世紀導致政權中央極權化的唯一因素，是一個國家的火器技術取得非常重大的突破，以致所有敵人都被壓垮或懾服。他將1450年至1600年間依靠火藥興起的大國，如明朝時期的中國、俄羅斯、德川時期的日本

和莫臥兒的印度稱作「火藥帝國」。惟這樣的優勢並沒有持續，主要是這些國家比歐洲提早建立中央集權，缺乏繼續改進「大砲壟斷權」的誘因，或是像中國與日本轉向閉關自守，忽略了發展武器生產。結果正像經濟領域一樣，歐洲在軍事技術這個特別領域受到繁榮武器貿易的刺激，取得了對其他文明和實力中心的決定性領先地位。[38]戰爭必須有經濟基礎，第一次世界大戰期間倡導「總體戰」的德國名將魯登道夫即已認清了這個問題。魯登道夫著有《全民戰爭論》，他認為總體戰爭的原理，是要求一個民族應該把它的一切都貢獻給戰爭，戰爭是民族「生命意志」的最高表現，而要達到這個「整個民族團結一致」的目的，國家應有一種自給自足的經濟制度，以來適合總體戰的要求。[39]相對於其他國家魯登道夫有先見之明，因為在一次世界大戰前，英國及其協約國都相當輕忽經濟力量，各國對於食物與資金的供應，以及械彈軍需的供應與製造等問題僅作簡短估算。[40]

　　李達哈特在《第一次世界大戰戰史》比較第一次世界大戰前法德的實力時表示，「雖然法國參謀本部在軍事技術上不如德國完美，卻培育出一些歐洲最具名望的思想家，其智慧水平已經經得起考驗。然而法國軍人的心智愈談邏輯就愈喪失創造力與彈性。法國在軍事思想上，在大戰爆發多年前就派別壁壘分明，行動不一致。更糟的是，以精神因素為主的新法國軍事哲學，自不可分的物質中逐漸抽離，但充沛的意志力是無法克服品質極差的武器的。一旦武器品質問題變成事實，必然影響意志力。在物質方面，法國擁有一種了不起的七五公釐野戰快砲，是當時世界的頂尖武器。不過它的價值卻造成法軍在作戰上的過分自信，導致後來法軍對這類型的作戰，忽視裝備與訓練。」[41]這段話簡單的說是武器品質的好壞與意志力強弱有一定的關係，武器品質愈好愈能表現出意志力。另外是即使擁有好的裝備，有充分的自信，卻

忽視這種裝備的運用與訓練，再好的武器裝備也沒有用。

二、掌握精神與物質的辯證關係

　　若從兩個端點來看，僅有物質沒有精神與僅有精神沒有物質對於戰力的影響是同樣無效。一般的情況下，當人沒有戰爭意願時，再精密的武器都無法發揮其力量，屍體旁的兵器是無法發揮功能的；相同的一個人再有精神戰力，若沒有武器，或長期缺乏食物支撐，終究難以長久。先進武器的效能會引起精神上的壓力，使用彈夾的步槍、機關槍與速射火砲的發明都在戰場上造成一時的震撼，尤其是當野戰砲在射速與射程上有了重大改進，可以做間接的瞄準，成為看不到的敵人時，野戰砲成為戰場制勝的利器。以後舉凡飛機、潛水艇、戰車等的發展也都能產生打擊敵人心理的效果。資訊時代的武器，精確性更是超乎以往，對人的精神構成更大的壓力。

　　當物質因素相同或僅有些微差距時，精神因素將成為制勝的關鍵因素。1904～1905年的日俄戰爭就是一個典型的戰例。雖然在軍備方面，日俄兩軍並無太大的差異，可是在人員方面卻有很大的差異。在日本，忠君、愛國、自我犧牲，無論在民間或軍中，都被人認為是最高的美德。在俄國卻根本上沒有這一套。克魯泡特金（Kuropatkin）對於俄軍卻有下述的批評:「在這個陸軍中要想維持紀律，幾乎是不可能的，這個國家的老百姓對於權威毫無尊敬之意。而實際上，權威卻反而害怕他們的部下。」關於精神上的差異，克魯泡特金的批評也非常的有意義。他說:「就物質方面而言，敵軍並沒有什麼可以值得叫好的，但是我們對於它的精神方面，卻估計得太低了。我們根本上不曾注意到下述的事實，許多年來，日本人的教育就一直是以尚武愛國的精神為基

礎的。在小學中，孩子們所受的教育即為愛國家和做英雄。這個
國家對於其軍隊，有極深的敬仰和信心，人民都以服兵役為榮。
他們能夠維持鐵似的紀律，並深受武士道精神的影響。此外由於
俄國奪去了日本人在中國所已經到手的勝果，也使他們產生了強
烈的反感，這一點我們也毫無認識。」[42]

　　戰爭之最後既在屈服對方之意志，是以無論是物質性或非物
質性力量，最終都是要對方精神卸除武裝，屈從我方的意志。在
最早期的戰爭除應具備的戰技外，就是勇氣之戰。誠如荷馬
（Homer）所歌頌的古希臘時期的戰爭，戰鬥幾乎都是由所挑選出
來的英雄，作個人性的決鬥而已。在這種戰鬥中，英勇為最好的
美德，實際上，英勇和美德就是用同一個字來表示。歐洲歷史就
是從這種英雄氣概中所產生出來的，它的象徵是矛與盾，相對於
亞洲則是弓和矢。人群的領袖是最勇敢的人，而不是最聰明的
人；足以支配戰鬥的不是他們的技巧，而是他們以身作則的勇
氣。戰鬥是以人與人之間的決鬥為主，而不是頭腦與頭腦之間的
決鬥。希臘的標準英雄是善使長矛的阿奇里士（Achilles），而不
是善射的巴里士（Paris）。在心理方面，是白刃支配了矢石。[43]

　　到了領袖必須用腦的階段，精神戰力依然必要，約米尼認為
一個統帥或指揮官仍然要有兩種勇敢：一是精神上的勇敢，能夠
負責作重大的決定；一是物質上的勇敢，不怕任何危險。[44]即使是
資訊時代的戰爭也離不開意志精神的對抗，和平時期亦應保持警
覺，對戰爭的本質和殘酷性保持清醒的認識──克勞塞維茨所
說，對戰爭的「習慣」仍屬必要。美軍在一篇〈未來戰爭〉的著
作中論及，面對未來戰爭「除了軍隊要裝備精良並能持久戰鬥的
作戰能力外，尚須注意作戰意志。雖說創造性的新技術可以提高
戰爭效能，戰爭是人類意志的較量，而不是機器的競賽。」[45]

　　民心士氣的傾向也是戰爭勝負的關鍵，例如2003年3月的美伊

戰爭中固然美軍有極優勢的軍力，然伊拉克軍民在海珊政權的領
導下並無奮戰意志，故未達一個月即被攻陷。孫子「令民與上同
意」的名言在此又獲得印證。美軍對1991年波灣戰爭的獲得的教
訓是，「傳統的信念──良好的領導、訓練、紀律和士氣是戰爭
致勝的關鍵，依然有不可抹滅的價值。當這些素質不復存在時，
最好武器系統的價值是否能夠發揮，也令人懷疑。」[46]

三、以組織有效的結合戰爭諸要素爲致勝之本

我們在研究戰爭的要素，毋需陷入某某決定論的爭議。事實
上，從有戰爭以來，如何將有形與無形戰力結合以發揮最大戰
力，才是人們必須關注的重點。人類是有組織能力的動物，戰爭
的方式是盡可能組成最大優勢的兵力，形成服從指揮官意志的部
隊。哪一方的兵力、速度和意志能夠有效地形成整合力量，勝利
就偏向哪一方。最重要的因素是指揮官的意志，透過紀律、訓
練、編制、士氣、領導、命令和控制作用於下屬。爲了將武裝部
隊鑄成整體、成爲指揮官得心應手的武器，幾個世紀以來，人們
一直圍繞在三個方面作努力：透過層級式指揮體制下達任務；透
過訓練和實務簡化任務，使其符合嚴格的標準，以便把人員造得
像機器一樣可靠；盡可能用機器代替人員，旨在實現可預測性、
可靠性和低成本。[47]

拿破崙對組織甚爲重視，他說：「好的將領、好的軍官、好
的組織、好的訓練、好的紀律，就可以形成一個好的部隊，與爲
何而戰無關。」「如果一個國家沒有軍官幹部和軍事組織基礎，組
成一個軍隊實屬極困難的事。」拿破崙似乎對組織過於寄予厚
望，以致忽略爲何而戰的價值，此論未見正確。惟良好的軍事組
織確實是整合戰力的重要基礎。十九世紀產業革命引起技術的迅

猛發展，並影響戰爭的方式，歐洲各國從戰爭的經驗都了解到，必須盡力解決前所未有的作戰問題。諸兵種中是步兵重要，還是砲兵重要？鐵路和電報對作戰指揮有何作用？新的戰爭技術是有利於攻擊，還是有利於防禦？由於無法事先預知事態進行情況，其關鍵性的因素則是，「要擁有一個擅長利用各種不同因素的軍事——政治領導，和完全能對新情況作出靈活反應的軍事工具。」在當時的歐洲強國中只有普魯士作得最成功。1860年代的普魯士「軍事革命」，被譽為歐洲事務中的「德意志革命」。雖然德意志的軍事革命不能算是完美無缺，最主要是它能針對過去戰爭的錯誤，並對訓練、組織和武器作相應地重新進行調整。[48]

要看到問題的關鍵並能真正改進誠非易事，戰史上屢見不鮮，從五世紀的波希戰爭以來，在戰爭中所犯的錯誤幾乎是相同的，例如「只想依賴大量的半訓練人力，而希望數量可以補償素質的缺點。又如對於兵器的威力缺乏認識，對於兵器的使用，未能配合地形和當時戰術條件。」[49]凡此都是古今軍人在不同戰場上，所犯的錯誤。即使知道改革的方向，也未必獲得成效。曾經盛極一時的回教帝國——鄂圖曼土耳其帝國，在與基督教世界的戰爭遭遇一連串的失敗後，雖於十八世紀前半葉即體會到單單是採購武器與軍火無助於提升實力與歐洲強權對抗，而是必須也「採納西方的訓練、組織結構和戰術，才能將武器作有效的運用。」[50]但穆斯林對於異教（基督教）的不信任，與本身缺乏求新求變的精神，並無真正與西方文明接軌的意願，至為產生想要的結果。

記取教訓，捐棄成見，真正勵精圖治，整合各項戰爭要素才是制勝之本。李達哈特研究第一次世界大戰戰史的結論是，「真正情形是，沒有一項原因是決定性，或可能成為決定性。……在這場許多國家參與的戰爭中，勝利是累積而成的。在此，所有武

器包括軍事、經濟,以及心理皆有所貢獻。勝利的獲得,唯靠善用與整合現代國家中一切既存資源。成功則須依賴各種行動的圓滿協調。」[51]美國的軍事革命成果可供殷鑑。美國自越戰失利後即生聚教訓,進行軍事變革,1980年代以後的歷次軍事行動(1986年的利比亞、1983年格瑞那達、1989年的巴拿馬)以致後來的沙漠風暴及其以後的戰爭(1991年的波灣戰爭、2001年的美阿戰爭、2003年的美伊戰爭),都有豐碩的戰果,也證實革命的成功。前美陸軍參謀長蘇利文將軍(General Gordon R. Sullivan)對贏得戰場勝利的先決條件做了一個總結。他說:

> 「取得了這些成就並不是偶然的,它們是二十年來奉獻、規劃、訓練以及平凡工作的結果。我軍的作戰優勢是品質優良的人民、高標準的體格、訓練、配備現代化武器裝備,並由堅韌而能幹的指揮官所領導,構成一種軍力的有效組合並援用最新的作戰教則(訓練)。」[52]

問題與討論

一、論述戰爭要素的學者甚多,請比較評論之。

二、請說明戰爭中的精神物質要素孰重?爲什麼。

三、資訊時代要如何看待戰爭要素。

四、說明組織及領導對戰爭勝負的影響。

五、戰爭要素的獲得或擁有常不能盡如所望,你認爲最適切的組合爲何?

註釋

1. 熊鈍生主編，《辭海》，下冊（臺北：中華書局，民國73年10月），頁4022。

2. 所謂「五事」指「道、天、地、將、法。」所謂「七計」指「主執有道？將執有能？天地執得？法令執行？兵眾執強？士卒執練？賞罰執明？」

3. 何欣譯，《君王論》（臺北：臺灣中華書局，民國79年11月，15版）。

4. 李景治、羅天虹等著，《國際戰略學》（北京：中國人民大學出版社，2003年12月），頁152。

5. 同上註，頁155。

6. 王洪鈞譯，《一九七七年世界國力評估》（臺北：臺灣商務印書館，民國67年4月，版4）頁51-52。

7. 李景治、羅天虹等著，《國際戰略學》，頁155。

8. 李景治、羅天虹等著，《國際戰略學》，頁155。

9. 王洪鈞譯，《一九七七年世界國力評估》，頁53。

10. 轉引自鈕先鐘譯，《戰爭指導》（臺北：麥田出版公司，1997年5月，初版二刷），頁150。

11. 同上註，頁152。

12. 範邦（1633-1707），法國元帥、軍事工程師。在國王路易十四進行對外擴張的戰爭中曾任統帥，先後領導建築要塞33座，改造300座，指揮過53次要塞圍攻戰。他系統地發展了棱堡體系的築城法，使當時法國派築城法居歐洲首位。范邦致力於科技在戰場的運用，對戰爭的影響，庫柏（Cooper, James Fenimore）在其著名小說《大地英豪》（*The lost of the Mohicans*）中描述爲「戰爭的壯觀和勇敢，已經被沃邦先生的技藝弄得大大減色了。」見該書第十六章，法軍少校海沃德的對白。

13. 比洛（1757-1807），德國軍事理論家，著有《最新戰法要旨》，是第一個想給戰略予以明確定義的人。他對戰略的定義如下：「戰略是關於在視界和大砲射程以外進行軍事行動的科學，而戰術是關於上述範圍內進行軍事行動的科學。」自此以後，產生了各式各樣不同的戰略定義。

14. 傅景川等譯，《劍橋戰爭史》（長春：吉林人民出版社，1999年1月，初版1印），頁387。

15. 鈕先鍾譯，《西洋世界軍事史──卷三：從南北戰爭到第二次世界大戰（上）》（臺北：麥田出版公司，1996年7月，初版2刷），頁195。

16. 唯武器論的觀點主要發生在法國、德國與美國等軍事發達的國家，肇因於對於若干新式武器的運用，造成了戰場的震撼效果，而使這些國家認為武器、火力是致勝的絕對因素。參閱，李效東著，《比較軍事思想──部分國家軍事思想比較研究》（北京：軍事科學出版社，1999年12月，初版1印），頁68-70。

17. 鈕先鍾譯，《戰爭指導》，頁285。

18. 鈕先鍾譯，《戰爭緒論》（臺北：麥田出版公司，1997年5月，初版2刷），頁56。

19. 鈕先鍾譯，《戰爭藝術》（臺北：麥田出版公司，1999月2月，初版3刷），頁268。

20. 同上註，頁54。

21. 鈕先鍾譯，《戰爭藝術》，頁48。

22. 鈕先鍾譯，《戰略論：間接路線》（臺北：麥田出版公司，1997年5月），初版2刷，22-23。

23. 李維寧譯，《拿破崙治兵語錄》（台北：軍事譯粹社，民國45年10月，初版），「語錄第九條」，頁15。

24. 鈕先鍾譯，《戰爭緒論》，頁147。

25. 鈕先鍾譯，《戰爭緒論》，頁58-59。

26. 鈕先鍾譯，《戰爭緒論》，頁168。

27. 鈕先鍾譯，《戰爭緒論》，頁169。

28. 鈕先鍾譯，《戰爭緒論》，頁59。

29. 宋正華等譯，《決戰信息時代》（*In Athena's Camp: Preparing for Conflict in the Information Age*）（長春市：吉林人民出版社，2001年8月，初版1印），頁145。

30. 本節有關力量與資訊的問題參閱宋正華等譯，《決戰信息時代》，第六章〈信息、力量和大戰略〉。

31. 宋正華等譯，《決戰信息時代》，頁160-161。

32. 「熵」原是熱力學的概念。熱力學第一定律是「能量的守恒和轉化」，強調能量「既不能被創造又不能被消滅」。熱力學第二定律在說明能量「從一種形式轉化成為另一種形式」的問題，此定律認為能量雖然不能被消滅，但它在轉化中卻會產生「耗散」（dissipative）的現象，從「有效的」

或「自由的」能量，變成「無效的」或「封閉的」能量，這種耗散現象被稱為「熵」——不能再被轉化做功的能量的總和的測定單位。所以熵的增加是指能量的耗散和系統有序度的降低。所以「能量的耗散意味著熵的增加」，「熵的增加就意味著有效能量的減少」。簡言之，熱力學第二定律在說明一個問題，「物質雖然可以回收再生，但必須以一定的衰變為代價」。工業回收不可能做到100％，何況回收加工又要消耗新的能量，使熵繼續增加。

33.宋正華等譯，《決戰信息時代》，頁191。

34.宋正華等譯，《決戰信息時代》，頁162。

35.宋正華等譯，《決戰信息時代》，頁165-166。

36.鈕先鍾譯，《戰略論：間接路線》，頁90-91。

37.王保存、李景彪等譯，《世界強權的興衰（近代篇）》（台北：風雲時代出版公司，民國78年6月，初版），頁25。

38.同上註，頁31-35。

39.鈕先鍾譯，《戰略論：間接路線》，頁274-275。

40.林光餘譯，《第一次世界大戰戰史（上）》（臺北：麥田出版公司，2000年4月），頁90。

41.同上註，頁80-81。

42.鈕先鍾譯，《西洋世界軍事史——卷三：從南北戰爭到第二次世界大戰（上）》（臺北：麥田出版公司，1996年7月，初版2刷），頁197。

43.鈕先鍾譯，《西洋世界軍事史——卷一：從沙拉米斯會戰到李班多會戰（上）》（臺北：麥田出版公司，1996年7月，初版2刷），頁43。

44.鈕先鍾譯，《戰爭藝術》，頁60。

45.薛國安、張金度譯（Robert H.Scales），《未來戰爭——美國陸軍軍事學院最新理論》（*Future Warfare: The Latest Theory About 21th Century Way by U. S. Army War College*）（北京：國防大學出版社，2000年10月，初版1刷），頁45-46。

46.楊金柱譯，《波灣戰爭的教訓》（台北：麥田出版公司，1998年3月，初版1刷），頁79。

47.王彥軍、戴豔麗、白介民等譯，《變化中的戰爭》（*The Change Face of War: Learning From History*）（長春：吉林人民出版社，2001年8月，初版1印），頁230。

48.王保存、李景彪等譯，《世界強權的興衰（近代篇）》，頁31-35。

49.鈕先鍾譯，《西洋世界軍事史——卷一：從沙拉米斯會戰到李班多會戰（上）》，頁94。

50.湯淑君譯（Benard Lewis），《哪裡出了錯》（*What went wrong?*）（台北：商周出版公司，2003年1月，初版），頁29。

51.林光餘譯，《第一次世界大戰戰史（下冊）》（台北：麥田出版公司，2000年4月，初版1刷），頁750。

52.蔡伸章譯，《美國的軍事革新》（台北：麥田出版公司，1996年1月，初版1刷），頁60。

戰爭價值論

第七章

戰爭哲學的基本理念

　　根據學者對戰爭的研究，我們可以歸納出對戰爭的價值與研究通常必須觸及解決的幾個問題包括：「生」與「死」、「仁」與「忍」、「變」與「常」、「戰爭」與「和平」四大問題，我們將其稱爲戰爭哲學的四項基本理念或基本價值問題。[1]選此四大問題的理由是：第一、只要有戰爭必然發生族群、國家的存亡與人員的傷亡，這就引發戰爭的「生」與「死」問題。「生」與「死」可說是戰爭現象中對生命價值或存在意義的問題。第二、戰爭常引起死亡及殘忍的殺戮現象，引發人們對於要不要戰爭、爲何戰爭、發動戰爭的合法性或標準爲何，以及如何戰爭等問題的深入思考。從問題的本質言，這是戰爭道德或正義戰爭的問題，也就是戰爭的「仁」與「忍」的辯證問題。第三、戰爭的過程及戰爭的實踐常因人類的組織、知識、科技、經驗等因素的增長與累積，而使戰爭型態有所改變，然而在歷經戰爭實踐過程中所形成戰爭的原理、原則，是否亦會因時、空的改變而有所變化，或是戰爭經驗與原則是否適用於各類型戰爭，這就是戰爭的「變」與「常」問題。第四、戰爭不斷的在人類社會發生，對人類社會影響至鉅，人們對戰爭的態度評價不一，戰爭的功能有正有負，人類是不是一定要或有戰爭，人類和平的可能性爲何，能夠用戰爭來達到和平嗎？還是要建構出和平的社會使人永久和平，這些形成了戰爭價值中「戰爭」與「和平」的問題。

　　根據戰爭哲學的基本理念或價值取向，會形成人們對戰爭的價值判斷，此即戰爭態度或戰爭倫理觀，並反映在人們的行爲上。戰爭哲學的基本理念與戰爭倫理觀在戰爭價值論（第七、八、九章）中說明，而戰爭中的行爲涉及戰爭修養與武德則於戰爭實踐論（第十章）中詳述。

第一節　從生存與生命意義上探索「生」與「死」的價值問題

求生存是每一生物的天賦本能，人也不例外地具有求生的意識。從西方天賦人權的觀點，生存或生命的維持與保障是人類與生俱來的權利。人類求生的慾望或層次有三：[2]

1. 生存（Survival and Extention）——本身存在及其生命二者的延續。
2. 生活（Living）——安適康樂的共同生活方式。
3. 生命（Life）——求精神的慰藉，包括宗教、主義、情感、傳統意識與榮譽等，人類的文化稱此爲「生命」，失之即等於失去了生存。

人類的生存，貴在兼具上述的三重意義，人之所以異於禽獸，是人類能珍視其集體求生的意義。著名社會心理學家阿勒德（Alfred Adler）說：「人類最古老的奮鬥，就是爲結盟及統一竭盡心力，人類才能向前發展，才能從原始的社會形態進入高級的社會形態。」[3]戰爭是集體求生的武裝衝突，常表現出集體的動員與對抗。戰爭中「生」與「死」的問題可從兩方面來說明，一個是國家、民族（群體）層次的問題，一個是個人層次的問題。

一、國家、民族層次的「生」與「死」問題

在第一章我們對於戰爭的定義曾說明，流血傷亡是戰爭的一

個重大現象。戰爭中的傷亡統計對戰爭研究具有指標性的作用。根據辛格（J. David Singer）與史摩（Melvin Small）主持美國密西根大學一項「戰爭相關計畫」（Correlates of War Project），目的在找出國際衝突，並加以解釋。據他們的研究，若將戰爭定義為至少是1,000人的喪生，他們找出1916年至1980年間共有224場戰爭，其中有67個是國與國間，51個是與其他體制的戰爭（帝國或殖民地間的戰爭），106個是內戰。如果內戰不算，這165年期間只有20年無戰事。若將內戰計入，則1945年以前幾乎每天都有戰爭。戰爭所造成的傷亡在人類歷史是與日俱增的。二十世紀是最血腥的世紀，第一次世界大戰約有840萬名軍人死亡，第二次世界大戰則有1,700萬名軍人和3,400萬（世界總人口的2％）死亡。[4]1990年以後由於世界局勢逐漸緩和、武裝衝突與局部戰爭規模強度也大減，致使戰爭的傷亡有趨減的趨勢。依據學者整理瑞典斯德哥爾摩國際和平研究所的年鑑報告《世界軍事年鑑》，及有關資料研究分析，在八〇年代大部分時間裡，每年因戰爭死亡的軍民約50多萬人；1990年以後的大部分年份則下降到25萬人左右；1991年的波灣戰爭，間接或直接死於戰爭的人數約10多萬人；1999年3月24日至6月10日所發生的科索沃戰爭，軍人死亡約數百人，平民傷亡萬餘人。[5]

　　人類是唯一能夠以系統化方式殺害自己同類的少數物種。因為這點，各個社會隨時有遭受敵人攻擊的威脅，所以防禦系統或戰爭能力成了不可或缺的生存條件。據美國倫理學家波伊曼（Pojman）研究：「所有曾經存在的國家之中，有90％都已經遭到滅亡的命運。這通常是因為它們沒有足夠的軍事力量來護衛自己。」[6]防衛力量常會轉移為攻擊力量，若未能有效節制，一個國家民族常會因一時的優勢軍力而窮兵黷武，最後也終將招致滅亡。

在另一方面，戰爭也往往是文明的毀滅者與創造者。歷史上各個不可一世的東西方帝國，其光輝燦爛的表象背後，就是「落後」文明的沒落或消失。無論是亞洲的中國、波斯，以及西方的希臘羅馬文明，在帝國的版圖擴張過程中，皆經過大大小小不計其數的會戰。而在這些戰爭之後，較爲落後或弱小的文明便慘遭不測，此種文明間「適者生存」的殘酷就如同「奧靈耶人（Aurigancian）出現，穆斯特人（Mousterian）就失蹤了」一般。弱勢文明在戰爭之後往往趨於消滅。[7]

戰爭既然不能免，必須重視備戰，管子說：「我能無攻人可也，不能令人無攻我。」（《管子》・〈立政九敗解第六十五〉）。《司馬法》載：「國雖大，好戰必亡，天下雖大，忘戰必危。」（《司馬法・仁本第一》）。根據我國原子能暨戰略學者鍾堅研究：「歷史一再告訴我們，被戰爭淘汰的國家政權有兩類，一是沈於逸樂而忽略建軍備戰者，一是窮兵黷武而好戰侵略成性者。」[8]基本上自古至今的國家或民族，在某種程度都會意識到具備戰爭能力的重要性，只是這種意識在有些國家民族具體形成有效戰力，有些國家則錯估形勢而忘戰致危。

戰爭與國家的生存關係如此密切，國家要如何面對戰爭，以求生存呢？孫子說：「兵者，國之大事，死生之地，存亡之道，不可不察也。」（《孫子兵法・始計第一》）。「主不可以怒而興師，將不可以慍而致戰。合於利而動，不合於利而止，怒可以復喜，慍可以復悅，亡國不可以復存，死者不可以復生。故曰『明主慎之，良將警之，此安國全軍之道也。』」（《孫子兵法・火攻第一》）。老子說：「兵者，不祥之器，非君子之器。」（《老子・第三十一章》）。吳子說：「天下戰國，五勝者離，四勝者蔽，三勝者霸，二勝者王，一勝者帝。是以數勝得天下者稀，以亡者衆。」兵凶則戰危，戰危則國傾，所以應採取「慎戰」。中國兵家學者傾

向於以要減少戰爭，或不戰而勝。

　　西方學者對戰爭與國家生存的關係則有不同的論定。義大利特賴奇克（Von Treischke）認為：「一個國家的首要任務就是要維持自己在其他國家間的力量——戰爭是一個生病的國家唯一的解藥。」[9]特賴奇克被認為是激發義大利法西斯主義和德國納粹黨的哲學家，他的理論含有種族主義的成分在內。在此理論下，戰爭是一個真正文明國家展現自己力量和生命力的過程；生命是一場永不止息的生存鬥爭，戰爭是生物進化的工具，用來消滅不適合生存的人。[10]社會學家史美舍（Niel Smelser）認為，每一種種族主義的事例都證實了屬於強勢團體一方的民族自大思想（ethnocentrism）；也就是說，壓迫者自認在生物學與文化上均較被壓迫的團體為優越。十九世紀中，歐洲人認為非歐洲民族在文明的層次上較為低落，因此應該被支配。當某個團體被指出屬於一個不同的種族——並且遭受歧視、剝削，或暴力壓迫時，這種現象即被視為種族主義（Racism）。種族主義最明顯的一些例子，便是十九世紀末葉和二十世紀初期的非歐洲世界被歐洲強權所支配，及納粹德國人對於六百萬猶太人的毒害。所有這些事例中，民族自大的信念，都成了經濟剝削、政治支配，以及種種暴行的合法化託辭。[11]

　　影響現代國家在戰爭中的生存認識問題主要有三：一是國家民族的內在的社會聯繫情形。內在社會聯繫是指來自於國家民族內部組成份子的認同與凝聚程度。認同與凝聚程度會以國家或民族精神展現出來，延伸到個人則展現出愛國主義，這會影響一個國家的整體力量與生存競爭力。二是國家對戰爭的態度，所累積成的戰爭觀與戰略文化。戰略文化是由各國家民族的「文化和歷史傳統，以及根深蒂固的態度」等因素所共同組成，[12]這會反映到各國家民族對戰爭的態度。如我國對戰爭的態度通常強調「慎

戰」、「不戰而屈人之兵」，西方的羅馬帝國、近代的歐洲帝國主
義則形成所謂的「尙武」精神，這些對戰爭的態度會影響國家準
備戰爭的強度及從事戰爭的意願。三是對外在世界的看法，即國
家民族的世界觀。這裡的世界觀會影響一個國家爲求其安全與生
存發展所採取的政策，如向外擴張或是敦鄰共存。西方受到達爾
文進化說的影響，產生了「種族優越主義」或「白人至上論」，加
上社會一連串成功的社會變革，故近世採取向外擴張的安全與發
展政策。中國古代的世界觀因爲是主張「四海之內皆兄弟」、強調
「以德服人」，「遠人不服則修文德以來之」的對外政策，所以少
有主動的侵略戰爭。

過度強調武備固然陷國家於危亡；過於強調文德亦易陷國家
過於「內向」發展，忽視外在環境之變遷，而故步自封，以致疏
於武備影響生存。十九世紀亞洲招致西方帝國主義侵害，這也是
原因之一。由近代國家的發展看，可以了解國家在戰爭中的生存
之道，基本上必須有賴內部組成份子的群體意識。至於國家對戰
爭的態度、採取擴張或睦鄰的政策則牽涉到國家的實力問題。戰
爭對國家的生存問題有時是不易掌握的，蓋戰爭包含了太多的意
外，以至於不可能自始至終一成不變，它可能會導致敵軍毀滅性
的失敗，也可能會造成團結鼓舞敵軍進行英勇反擊的惡果。

二、個人層次的生與死問題

托爾斯泰（Tolstoy）在《戰爭與和平》（*War and Peace*）一
書中描述戰爭的效果爲：「每個將領、士兵都知道自己的重要
性，覺得自己不僅是人海中的一粒沙，同時也了解自己是團體的
一份子。」[13]人類都有既希望以一個單獨個體存在，又期待能成爲
群體中一份子的「心結」（tension）存在。這種心結是自我需求和

聯繫歸屬需求的衝突，也就是「追求自我」（the need to be and individual）與「歸屬群體」（the need to be part of larger whole）這兩種驅力的衝突。不過這兩種驅力看似衝突，實則相互依賴。從歷史的觀點看，戰爭是解決這種內在衝突的辦法。[14]

必須注意的事是，所謂「一個國家」（a "nation"），除了在本國人民及其他國人的心中與地圖上外，實際上是不存在的。通常住在某一個特定地理區的人，都會認定他自己是某一政治實體（political entity）的公民，會採取共同的軍事立場；但這不意味著就可以說某一個國家採取了軍事行動。人們通常會將他們的國家，當作是一個具有自由意志行動的生物有機體（biological organism）來看待。不過，這是個人行動，而不是國家行為。若不把這問題先弄清楚，必定造成混淆。[15]

生與死的問題，向來是哲學家探究人生論的重要問題之一，個人的生死觀在不同情境下會有不同的認知。對於生與死的問題，可從三方面來探討，即對「生命意義」與「生命目的」的理解；對「滅亡」與「永生」的體認；及「小我」與「大我」的抉擇。

對「生命意義」與「生活目的」的理解問題，蔣中正曾有很好的詮釋，即：「生活的目的在增進人類全體的生活，生命的意義在創造宇宙繼起之生命。」這句話的主旨是說：生命是繼續不斷繁衍綿延的，若要使人類生生不息存在，就必須要創造、要貢獻，使生命發揮最大的價值。至於生活的目的則是強調，個人如何以數十年必死之生命，來解決人類生活的問題，以增進人類生活的品質與層次。

「滅亡」與「永生」的問題。這裡要談的是如何看破「自然之死」，從而重視「不朽之生」的見解，莊子對此問題論之甚詳。

從自然的觀點，莊子認為生死乃自然變化之問題，「死生，

命也，其有夜旦之常，天也。人之有所不得與，皆物之情也。」
《莊子‧內篇‧大宗師》，對於生與死應等量齊觀，不必悅生而惡
死。雖說「死生無變於己」，即對於死無須畏懼，仍應對生命有
「善生善死」之正確態度。為此莊子提出「外生」之說，蓋外生
「而後能朝徹，朝徹而後能見獨，見獨而後能無古今，無古今而後
能入於不死不生。」「不生不死」則能看淡生死、超越生死。「善
生善死」則能發揮生命的價值，追求悟道，以達老子所謂「死而
不亡」《老子‧第三十三章》。的境界。關於生與死，儒家認為
「死生有命，富貴在天」（《論語‧顏淵第十二》）。因此重視的是生
前如何好好活，而非死後。孔子說：「未知生，焉知死」（《論
語‧先進第十一》），生時必須盡己之責，追求「天下有道」的和
諧社會的理想，一旦達成死而無憾，所以說「朝聞道，夕死可
矣。」（《論語‧里仁第四》）。捨生求道是一種對價值信念的實踐
精神，所以說「士不可以不弘毅，任重道遠，仁以為己任，死而
後已。」（《論語‧泰伯第八》）。「志士仁人，無求生以害仁，有
殺身以成仁」（《論語‧衛靈公第十五》）。孟子承繼孔子之志亦倡
仁義高於生死之論，孟子說：「生亦我所欲也，義亦我所欲也；
二者不可得兼，舍生而取義者也。」（《孟子‧告子上》）。悅生惡
死乃人之常情，孟子並不否認此一常情，只是把仁義位階置於生
死之上，賦予了人追求信念的生命不朽價值的信念。因此，當代
中國大哲方東美認為中國先哲在「遭遇民族的大難，總是要發揮
偉大深厚的思想，培養溥博沈雄的，促我們振作精神，努力提高
品德，他們抵死要為我們推敲生命意義，確定生命價值，使我們
在天地間腳跟站立得住。」

三、個人與國家生與死的結合

　　戰爭對個人與國家生死存亡有絕對的關係，所以戰爭問題必須將國家與個人的生存、生命問題相結合。人類的文化活動與生死有密不可分的關係，因意識到必朽（死亡）與對不朽的追求，深深影響著人類的生命策略。生存既有其限制，又對死亡有所恐懼，追求不朽就成為人類文化的重要活動。英國社會學家包曼（Zygmunt Bauman）認為：「人類對必朽議題天問般的詰難，使得人類具有神格（God-like）。因為知道必死，所以我們忙著創造生命。……不朽之所以有意義，只因為人類又拒斥、超越這無可迴避的事實——死亡之存在。若無必朽，就無不朽。若無必朽，便無歷史文化——人性（humanity）」[16]

　　個人的生命是有限的，必須藉著整個國家民族的生存以確保個人生命的延續。這種「只有在個人拋棄自身利益時社會才能活下去」的理念，賦予了為團體榮譽、生存而死的道德價值，軍人在訓練的過程中即不斷的接受這樣的德行教育。涂爾幹將軍人寧願戰死而不願戰敗的心理，稱作是「利他型自殺」。[17]另外個人若能為國家民族的生存盡一己之力，甚至犧牲生命，個人生命價值將會不朽。這種對生命的理解，形成了一種集體主義。現代的集體主義，我們可以從民族主義、階級、種族主義諸般形式中，看到人們想將這兩大策略合併使用的企圖：結合民族（folk）的集體不朽與民族故事裡英雄的永恆存在。現代版的「部落主義」不斷倡導：「為我祖國」、「為我民族光榮」、「為敬愛的領袖」等價值意識。倡導這些意識的原因，就是要以個體的殞滅來換取種族的存活，將生命予與了高貴、永生的意義。集體意識呼籲個人要犧牲奉獻；認為個人的死亡能促進、更生集體的生命。[18]一個接一

個的死者，創造民族、國家的永恆存在；而自己也得到永恆，民族、國家都是這些已逝的犧牲者的不朽成就。

要人在戰爭中超越生死是一種認同的過程，集體意識是要塑造對祖國、民族與領袖的認同，有這樣的感情基礎，才會使個人願意犧牲奉獻。所以孫子特別強調，發動戰爭的先決條件是「令民與上同意」，才會有「可與之死，可與之生，而不畏危」的情操。

戰爭是具有暴力性、破壞性、殘忍性，除將暴力、破壞、殘忍施加於敵外，尚須為抵抗敵人的暴力、殘忍、破壞而蒙受犧牲，捐棄生命。這種成仁取義的堅強意志，有賴於思想意識所激發、鼓舞人的價值信念性，使人願意為大我而犧牲奮鬥。在這種思想意識的激發下，不但可以明瞭孫子「道」的眞諦，也可將國家與個人之生死存亡做一正確的聯結。

第二節　從戰爭道德上辯證仁與忍的問題

戰爭道德的基本內容就是仁與忍的問題。仁就是仁愛，忍就是殘忍。這兩個字如同生與死，是對立的概念，必須加以辯證才能認清戰爭道德的本質。這表示戰爭的現象中常面臨矛盾而期存的概念，其他還有常與變、戰爭與和平等，都將陸續加以討論。

戰爭的仁與忍問題，主要在於對於戰爭的態度和觀點，以致形成所採取戰爭手段的殘暴程度。最常聽到的一句代表性的話就是「對敵人仁慈，就是對自己殘忍。」在我國的戰爭哲學中，仁與忍的問題可以從孫子所謂「智、信、仁、勇、嚴」五德來瞭解它。這五德係以仁為中心，行仁必須由「為仁由己」的信念擴大為救國救民的責任感，故樹德務滋。對同胞出於「仁」，對敵人出

於忍，由「忍以濟仁」的觀點，而變成「殺以止殺」的敵愾心，故除惡務盡。這表示我們需用比敵人更殘忍的手段來克制殘忍的敵人，且忍受最悲慘的戰況，來消弭最不仁道的戰爭。此即戰爭的目的是行仁——戰爭的手段是殘忍的涵義。

這是從戰爭道德觀念上來瞭解「仁」與「忍」的問題。自古以來，無論戰爭之大小，其對生民所造成的傷害，都是無情而殘忍的，可是為什麼所謂的「仁義之師」常堅持最終必與敵人一戰呢？這便涉及到戰爭目的的探討了。

老子說：「夫慈，以戰則勝。」（《老子·五十八章》）。老子所提出的戰爭目的，即「慈」字，慈又何能「以戰則勝」呢？韓非子解釋說：「聖人之於萬事也，盡如慈母之於弱子慮也……故曰：慈故能勇。」〈解老篇〉。意思是說，如果我們能懷抱像母親照顧幼子般的慈愛之心，必能有真正的大勇，這時當然可以「以戰則勝」。且以弔民伐罪而得民心，乃致勝之最大因素，此則又與儒家相合了。

孟子對於湯王的伐桀，認為是「誅其君而弔其民」，又說「齊人伐燕」，「取之而燕民悅，則取之；取之而燕民不悅，則勿取！」〈梁惠王篇〉。可知「仁義之師」之為戰事，基本上便是「行仁」，而為殘忍之事，只是不得不為之的過程而已，其與老人所謂之「慈」異名而同實。

《荀子·議兵》：「仁者愛人，故惡人之害之也；義者循理，故惡人之亂之也；故兵者，所以禁暴除害也，非爭奪也」，「禁暴除害」便是荀子所認為的戰爭目的。

遂行戰爭是必須要面臨戰爭的暴力本質問題。若將戰爭描述為「一種極限暴力行為」，並檢視歷次戰爭都可發現，戰爭的暴力慘劇確實讓人心驚。在道德上必須要有悲憫之心，在實踐的作為上，也必須有理性的思考與手段。

　　克勞塞維茲認爲任何人不得把「中庸之道」（Moderation）注入戰爭原則之中。除了顧及本身性質與作戰的政治目的之外，武裝部隊不接受任何約束。克氏不同意「戰爭應有所限制或以最低的暴力而爲之」。他說，「在戰爭這種危險事情之中，仁慈所造成的錯誤是最糟的錯誤 。」「讓我們不要聽到將軍打仗而不流血的說法 」。有人認爲克勞塞維茲這位「穿軍服的哲學家 」是否眞能如其所言，在戰場上完全殘暴不仁，畢竟作爲一個眞正的軍人，不以純粹的殺戮爲目的，否則將與一般盜匪無異。

　　這種對戰爭態度「冷靜的」（hard-headed）理性方式，對克氏很多繼承人，以及對現代戰略思想，產生了很大的衝擊。《戰爭論》對戰爭暴力的論述所以獲得支持，據克勞弗德（*Martin Ven Creveld*）的研究原因有二：第一，可能與民族主義的興起有關，而克勞塞維茲本人就是一位普魯士愛國者。到了十九世紀，民族情感在國家推波助瀾的情況下，變成了盲目的排他主義，較早的限制已予丟棄。歐洲每一個主要國家現在均稱其本身爲最偉大的創作者，爲一種獨特寶貴文化的守護者 ，故不惜任何代價加以保衛。時間到來，屆時每一主要國家都宣佈其有權與有義務這樣做，以維護民族主義的特質 。

　　第二，可能更重要者，克勞塞維茲的意見似乎符合有理性與科技的觀點。他是一位現代歐洲人，他對上帝的信仰被「啓蒙運動」所摧毀。同時他認爲世界歸人類所有。世界上的生物與原料都該爲人類利用與掠奪，而利用與掠奪構成了「進步」。達爾文（Charles Darwin）「優勝劣敗，適者生存」的進化理論，形成了「社會——達爾文主義」（the Socio-Darwinian）。斯賓塞納河（Herbert Spenser）、海科爾（Friedrich Hackel）等社會學者亦宣稱，人只不過是自然中的一種生物而已，同樣面臨弱肉強食的環境。既然戰爭是上帝（或自然）取捨生物的一種良好手段，故在

「爭生存的鬥爭」之中，人類彼此的對待應與動物彼此相待的情況是一樣；這就是說，除了權宜之計外，對待的手段可極為殘忍且無所顧忌。[19]

　　儘管如此，《戰爭論》成為「鼓舞士氣與陶醉身心的一種普魯士馬賽曲」（英國軍事評論家李德哈特用語，他不受該書上述見解的影響）。克勞塞維茲本人係以平常心看待戰爭的野蠻。後來的許多軍事家亦接受其理論學說，同意戰爭是暴力運用的事實。儘管如此《戰爭論》並未立即帶來無限暴力的災難。在十九世紀，民族主義澎湃及「社會——達爾文主義」論調抬頭，然而歐洲各國之間的戰爭及恐怖仍然受到限制。可是在二十世紀，兩次「總體」（total）界大戰卻在毫無約束的情況下展開。在這兩次世界大戰中，交戰雙方動用了各種武器，以圖摧毀一切，並且在最後升高到核子暴力。而恐怖陰影直到今天才開始消退。

　　我們於此可以比較出中西戰爭哲學若干不同之處，中國的戰爭哲學究戰爭既以行仁為目的，就必須運用適切的手段，而非盡可能的使力發揮到極限，亦即中國戰爭哲學亦瞭解戰爭的殘忍性，但強調不能忘記所欲達成的「行仁」目的。至於西方戰爭哲學採取較務實的態度看待戰爭，暴力手段既是達到目的的工具，則自應以平常心看待戰爭的殘忍性。

第三節　從戰爭型態上認識常與變的問題

一、戰爭之變與常是戰爭原則的問題

　　孫子說：「戰勝不復」，克勞塞維茲也提過「戰爭的磨擦與戰

爭之霧」。戰爭是理性與不理性的產物，儘管如此，戰爭的發動或
實行則仍有賴經驗的傳承與運用，在這一點孫子對於戰爭的原則
曾有所闡釋，克勞塞維茨亦認爲戰爭是科學。可是我們所要討論
的是戰爭究竟有無規律與型態（regularities and patterns）可循？
與克勞塞維茲同爲兵學權威的大師——約米尼（Baron De. Jomini）
在其名著《戰爭藝術》（*The Art of War*）中即憑著二十餘年的經驗
肯定的表示：「戰爭的確有幾條基本原理，若是違反了它們，就
一定會發生危險；反而言之，若是能好好的運用，則差不多總是
可以成功的。」[20]以此觀點結合現今多數政治與歷史學者均同意衝
突行爲研究者的看法：「戰爭行爲的複雜性確有規律的法則。」[21]
可以看出，戰爭實爲社會科學研究中所應面對的重要課題之一。

　　長久以來，學習軍事藝術和軍事科學的人，一直在探尋一些
足以解析雙方軍隊在戰鬥中的互動關係和戰役勝負的基本法則或
原理。這種探尋，部分是由於在歷來人類文化的各種軍事作戰中
都有其相似之處和模式——這些模式清晰明確，反覆出現，不容
忽視。[22]

　　戰爭這種規律的因果分析，常受到現存戰爭理論的影響與驅
使而產生某種模式的判斷，它儘可能的希望能說明發生過的戰
爭。戰史的解釋效益就是可以運用一些先前發生的戰爭，透過理
論性的陳述，一方面使某些原則成爲可信的原則，另一方面也可
作爲發展新的原則或理論的基礎。也就是說研究戰史可以利用經
驗來證實某步驟、原則或理論是有效的。克勞塞維茨爲了撰寫
「戰爭論」研究了130個戰史，就是爲了使其理論具有可證性。所
謂原則是一種事件現象經觀察後的整理，如一般的軍事準則；理
論則是超越了對事件現象的單純觀察與整理，因具備解釋項與被
解釋項而進入了分析的領域。然而無論是理論或原則都要透過戰
史來驗證。美國軍事家李奇蒙（Herbert Richmond）說:「戰爭包

括幾個要素，而要素又都形成原則。原則是永恆的，凡研究歷史者在應用那些原則時，可以發現極多的教訓。」[23]像蘇聯軍隊規定，一個砲兵營的一個齊射可以壓制一個排的支撐點，步兵火力密度應得到每公尺正面每分鐘八發子彈等，都是透過對第二次世界大戰實戰經驗的統計。[24]

在美國有一個於1978年由馬歇爾博士（Dr. Donald Marshall）所主持的「軍事衝突研究所」，也依據各種戰爭的統計資料來發展戰鬥原理。這個委員會認為透過實際的戰鬥經驗的分析，以歸納方法為基礎發展戰鬥原理的理由有四：[25]

1.未來並不是從真空中冒出來，而總是從過去延伸過來的。
2.不管戰鬥的進行如何千變萬化，人類對動亂和戰鬥狀況的反應和行為從來沒有改變。
3.按照現代科技的新產品在戰鬥中的績效和它們與人類行為的互相關係，對未來的透視，最好是把試驗和實驗的數據資料與過去衝突的明顯趨勢相連起來加以估量。
4.若有一個龐大而可靠的資料庫，便應該能夠察知輸入資料轉變為可從戰鬥的統計來決定的數量化結果的模式，和合理的關係。

我們認為，運用戰史資料不但可使輸入資料與變數的互動關係有所瞭解，又可把影響戰鬥的因素予以合理的數量化，同時也可以產生一套理性的戰爭原則。

戰爭原則乃闡明戰爭行為的一般規律，[26]戰爭原則係由戰史與2,500年以上之戰爭經驗所歷練而成，其中項目變化繁多，常依創作者心理情緒與處理方法而異其趣。[27]戰爭原則代表某些基本眞理，雖然各國對任何一類單一的戰爭原則，也迄未達成共識，獲得一致共同的見解。但是，他們都同意，這些戰爭原則是一種良

好的起點，可供大家評核軍事戰略與戰術，以及形成作戰計劃作
為的基礎。依拿破崙的說法，所謂戰爭原則者，就是那些如亞歷
山大、漢尼拔、凱撒、古斯塔夫斯（Gustas Adolphus）、屠雲尼
（Turerne）、尤金親王（Prince Eugene）和腓德烈大帝（Frederick
the Great）等名留青史的名將所制定者。他們的作戰史實，如能
加以審慎的編撰，則對戰爭藝術將構成一完善的典籍；而在攻勢
與守勢戰爭中所應遵循的原則，也會自動的從其中流出。[28]

　　戰爭型態隨社會組織、經濟結構、科技的進展而不斷變化，
近世科學異常發達，戰略態勢變化萬千；儘管生產條件和戰爭型
態有急劇變化，但戰爭的基本原則，卻仍然是不變的。基於上述
觀點，戰爭指導必須因常求變，應機創新，方能出奇制勝。變不
利為有利，認清常與變在軍事行動中運用之道，以採取戰爭勝利
應有的作為。

第四節　從戰爭意義上評價戰爭與和平的問題

　　根據研究「平均算來，和平每30年就要被破壞一次。」[29]
「戰爭的終結不一定就是每人永享歡樂的和平。例如1919年凡爾賽
和約，當時福煦元帥宣布：「這不是和平，這是年停火20年。」
事後的發展，果然如此。「假如一場戰爭的結束未能明確判定其
宗旨是否達成，則其結果是一種戰爭的間歇，而不是和平。」[30]在
某些戰爭其間也有未曾發現敵視行為的例子。例如，十八世紀的
長期陣地戰，以及1939年9月至1940年4月間在法德前線所發生的
「荒誕的戰爭」。[31]，這些都因無明確的戰爭目的，而形成長期的對
峙，使戰爭沒有任何結果，卻須不斷的消耗下去。

　　戰爭與和平是一個古老的議題。人類文明發源地之一的古希臘地區戰爭時常發生，雖然說規模不大，戰爭被史學家描述為「地方事件。」[32]在波希戰爭終結到伯羅奔尼撒戰爭開始前，中間雖然有些和平時期，但就整個情況看，希臘國家分裂為兩個集團雅典與斯巴達，不是彼此發生戰爭就是在鎮壓他們同盟者的暴動。雖然有合約的存在，但是最後由於雅典人勢力的不斷增長，引起了斯巴達的恐懼，致使最後發生了有名的伯羅奔尼撒戰爭。[33]

　　哲學家戴孚高（Bernard Delfgaauw）在其著作《西方哲學》（*Twentieth Century Philosophy*）一書中論及，

「由於十九世紀的人夢想在歐洲的超越主宰下維持世界和平（歐洲確實有一段和平期），二十世紀已經證明了這一夢幻之毀滅。自第一次世界大戰以後，就沒有真正和平可言了。「沒落」觀念瀰漫於二十世紀的歐洲，……許多思想家不但深信歐洲的沒落，也相信整體人類每況愈下。另有些人則認為：這種世界性的對峙（指兩次大戰後的東西方緊張對峙關係）是人類統一的預兆，因為任何形式殖民主義與任何戰爭在其中都不可能發生。這種信念並不是相信人類已變得更道德。它的根據是：因為戰爭已日益整體同歸於盡的問題，而和平則是自求生存的不二法門。然而，這種和平若有可能，似乎必須基於某種雙方一致的想法。這點目前還遙不可見，但是也導引出兩個觀點：第一、這種一致想法與隨之而來的和平是遙不可及的，第二，若不顧今日世界存在的一切緊張局勢，要達到某種一致在原則上是可能的。第一點觀點的最後結論是：人類與世界正走向毀滅；第二個觀點的最後結論是：自求生存正強迫人們互相接近。」[34]

　　和平與戰爭在形式上是兩個截然不同的型態，但是戰爭卻是

追求和平的最終手段。因此，戰爭與和平是相因相成而相互影響的。根據中國的仁本哲學，戰爭的目的，在於以戰止戰，確保和平。故武力戰的勝利，不一定是眞正的勝利。否則，又會引起另外一場新戰爭，或冤冤相報，和平仍難實現。

也許有人想說，防止戰爭的問題，在我們這一時代應列爲絕對優先。康德著有《論永久和平》（*Zum ewigen Frieden*）描繪出永久和平的圖象，[35]但這是個應當三思的問題。對人類的大多數而言，只求和平不惜代價的作法，從來不是一種值得欣賞的理想政策，即使當和平構成生存之必要條件時亦然。實際上我們也應承認，絕大多數的人都把握一些較和平或生存更爲珍貴的東西，而堅持於這些超越生命本身的價值，應該才是最高境界的理想主義。幾乎沒有人會否認，事關個人自己的生命時，會有這種爲某一理想或目的而犧牲性命的情形。但若問題涉及人類全體的生存時，是否也應如此作法，則非深思熟慮之人所能輕易答覆的了。這一個難題也使人類絞盡腦汁，不得其解。過分迷信和平很可能將落入國際敲詐者的圈套，使後者可以毫無顧忌地強迫愛好和平的國家投降、屈服或受辱。但若缺乏維護和平的足夠誠意，又可能終將導致全球毀滅之悲慘局面。不惜任何代價追求和平，可能造成一種必然的結果，即這種代價若以人類的價值衡量，將極爲高昂。屆時如果決定償付這種代價，生命可能已是空無一物而且全無保障，因爲奴隸的主人不僅可以剝奪使得生命有意義的各種權利，也可剝奪奴隸本身生存的權利。如果在最後關頭又決定拒絕接受奴役，則一場全面毀滅性的大戰勢不可免。到時雙方很可能發現促成大戰的原因之一，正是由於一方當初準備爲和平付出任何代價，因而使得另一方作出錯誤的估計。因此，一味爲求生存而爭取和平，不僅可能危及賦予人類生存意義的許多價值，而且也可能根本無法獲致和平。

　　反之，如果人類已經不復存在，自然不可能再有任何對人類有意義的價值或好處可言。在軍事毀滅力量逐漸走向無窮大的今天，我們委實很難把防止世界大戰視為次要的考慮。況且我們必須承認，世界如果是為戰爭的烏雲所籠罩，人人處心積慮地準備應付戰爭之爆發，則也不可能是人類文明各種價值滋長、茂盛的場所。因此，為了追求生存的機會以及較生存更可貴的各種價值，便必須在防止戰爭方面尋求相當的安全保障。

　　不論人們把維持和平看得多麼重要或不重要，我們這一時代的中心課題顯然是如何管制權力的問題。權力是由各國所擁有。它可以作相互拼鬥之用，造成嚴重的破壞；它也可以由一國片面使用，造成對他國的奴役及傷害。總之，生命與自由、或生命之本身與使得生命有意義的更高價值，都與權力問題有關。我們固然可以反對只求和平不惜代價的作法，並且認為這不是維護人格尊嚴、符合明智策略的立場。但如果戰爭是指各國所有毀滅力量之完全發揮，則我們也很可能無法容忍戰爭的代價。[36]

　　對於戰爭與和平的問題，有著不同結論。美國反戰遊行的標語：「沒有什麼值得你犧牲生命」。《可蘭經》九章七十九節談到：「（聖人哪！）討伐對你不信和偽信的人們！你要嚴厲地對待他們。他們的住所是火獄。」[37]這在某種程度上代表了反戰與主戰的立場。戰爭倫理學家認為應該以如下方式看待戰爭與和平：

> 「我們應該否決前面引用的這兩種哲學——沒有任何事物值得犧牲，以及戰爭是一種可接受的獲得榮耀的方法。世間男女迄今愛的是鷹，但是我們也必須學著去愛鴿子。」[38]

一、個人生死與國家生死有何關聯性。

二、對一個置身戰爭的人，他應如何看待殺敵這件事
情。

三、試說明戰爭原則與戰爭藝術的關係。

四、永久和平是否可能？

註釋

1. 戰爭哲學認識論的四個基本理念是依據國防部頒，《國軍軍事思想》與國防部總政戰部編《戰爭哲學》二本書的內容而來。這二本書主要是依據蔣中正有關軍事思想與戰爭哲學的論述歸納而成。由於「生」與「死」、「仁」與「忍」、「變」與「常」、「戰爭」與「和平」確實是古今中外學者戰爭研究領域上不斷討論的議題，故本書亦將之引用、闡述。

2. 國防部總政戰部編，《戰爭哲學》，頁31。

3. 嚴文君譯，《生命對你意味著什麼》（台北：華成圖書公司，2003年4月，初版1刷），頁254。

4. 本段關於戰爭的傷亡統計，參見歐信宏、陳尚懋譯（Barry B.Hughes），《國際政治新論》（*Continuity And Change In World Politics*）（台北：韋伯文化出版社，1999年4月，初版一刷），上冊，頁165-170。

5. 張鋒主編，《談兵論戰——重要軍事理論遺產》（北京：科學普及出版社，2002年4月，一版一印），頁7-8。

6. 江美麗譯（Louis P. Pojaman），《生與死：現代道德困境的挑戰》（*Life and Death: grappling with the moral dilemmas of our time*）（台北：桂冠圖書公司，1997年7月），頁154。

7. 鈕先鍾譯，《西洋軍事世界史——卷一：從沙拉米斯會戰到李班多會戰》（台北：麥田出版公司，1996年7月，初版2刷），頁28。

8. 鍾堅，《台灣航空決戰》（台北：麥田出版公司，1998年5月1日，初版二刷），頁316。

9. Arnold Toynbee,*War and Civilization* (Lodon: Oxford Univ. Press,1951) ,p.16.

10. 江美麗譯，《生與死：現代道德困境的挑戰》，頁158。

11. 陳光中、秦文力、周愫嫻譯（Niel Smelser），《社會學》（*Sociology*）（台北：桂冠圖書公司，1992年，初版四刷）。

12. 蔡輝端譯（Paule Bracken），《東方烽火》（*Fire in the East: The Rise of Asian Military Power and the Second Nuclear Age*）（高雄：調和國際資訊公司，2000年12月）頁221。

13. Tolstoy ,*War and Peace*, p.221.

14. Lawrence LeShan, *The Psychology of War: Comprehending Its Mystique And*

Its Madness (New York：Helios Press,2002) ,p23-28.

15.Ibid.,p34.

16.陳正國譯,《生與死的雙重變奏──人類生命策略的社會學詮釋》（台北：東大圖書公司,民國86年4月）,頁10

17.涂爾幹,《自殺論》（台北：結構群文化公司,民國79年9月）,頁211。

18.陳正國譯,《生與死的雙重變奏──人類生命策略的社會學詮釋》,頁45。

19.楊連仲譯（Martin Ven Creveld）,《戰爭的轉變》（*The Transformation of War*）（台北：國防部史編局,民國82年12月）,頁68-69。

20.鈕先鍾譯,《戰爭藝術》,頁6。

21.Steven J. Rosen, *The Logic International Relations* (Massachusetts: Cambridge.Inc,1980) p.308.

22.李長浩譯（T. N. Dupuy著）,《認識戰爭：戰鬥的歷史與理論》（台北：國防部史政編譯局,民國82年3月）, 頁1。

23.鈕先鍾譯（Eliot A.Cohen＆John Gooch）,《軍事災難：戰爭失敗之剖析》（台北：國防部史政編譯局,民84年9月）,頁42。

24.李際均著,〈戰略學的特點及其研究方法〉,《軍事理論與戰爭實踐》（北京：軍事科學出版社,1994年2月,初版1刷）,頁12。

25.李長浩譯,《認識戰爭：戰鬥的歷史與理論》,頁65-66。

26.國軍「戰爭原則」0001條,戰爭原則要旨,引自《陸軍作戰要綱一大軍指揮》（草案）（陸軍總部頒行,民國78年12月）。

27.三軍聯合參謀大學譯,《論戰爭原則》,（三軍聯合參謀大學,民國49年8月）,頁1。

28.李維寧譯,《拿破崙治兵語錄》（台北：軍事譯粹社,民國45年10月）,頁109-110。

29.劉曉（Leslie Lipson）,《政治學的重大問題》（*The Great Issues of Politics*）（北京：華夏出版社,2001年8月,一版一印）,頁294-295。

30.李長浩譯,《戰爭的目的與手段》,（台北：國防部史政編譯局,民國83年8月）,頁58。

31.陳益群譯（Gaston Bouthoul著）,《戰爭》（*La Guerre*）（台北：遠流出版公司,1994年）,頁40。

32.依當時的史學家Thucydides認爲希臘在發生伯羅奔尼撒戰爭以前都不算是偉大的戰爭。見伯羅奔尼撒戰爭史頁3,14。

33.謝德風譯（Thucydides），《伯羅奔尼撒戰爭史》（*History of The Peloponnesian War*），第一章，頁15，19。

34.傅佩榮譯（Bernard Delfgaauw），《西方哲學（1900-1950)》（台北：業強出版社，1998年3月，二版五刷），頁23-24。

35.中文版〈論永久和平〉乙書收錄於，李明輝譯，《康德歷史哲學論文集》（台北：聯經出版公司，2002年4月，初版）。

36.關於戰爭、和平與權力的三角問題，參見張保民譯（Lnis. L.Claude, Jr.），《權力與國際關》係（*Power and International Relations*）（台北：幼獅文化公司，民國79年5月3印），頁2-3。

37.江美麗譯，《生與死──現代道德困境的挑戰》，頁153。

38.江美麗譯，同上註，頁172。

第八章

戰爭倫理──戰爭價值 與功能的探索

世事的邏輯，今日所能容我們擁有的惟一道德，就是「強者
的道德」，爬山者伏在危崖峭壁之上——一時的軟弱，就會永
劫不復。

——史賓格勒，《西方的沒落》，頁690

第一節　戰爭與倫理

倫理學（ethics）與道德哲學（moral philosophy）是同義詞，
是關於規範和價值，關於是非善惡的，關於該做什麼不該做什麼
的觀念。從西方的辭源意義來說「ethics」一詞源於希臘文的
ethos，意思是「品格」（character），而「moral」則出自拉丁文的
moralis，意思是習俗（custom）或禮儀（manners）。所以「倫理」
似乎較重視個人的品格，而「道德」則似乎是指向人與人之間的
關係。不過也有學者認為「道德」是描述行為選擇的對錯，而
「倫理」則較為複雜：有時候指的就是「道德」；有時候它不只涉
及行為對錯這個面向，而且是提供生活所有面向的指引。也就是
倫理包含「道德」，其範圍比道德廣泛；有時候它就是「道德的倫
理學研究」。[1]

倫理學所關心的主題，主要並不是有關事實（fact）的問題，
而是屬於價值（value）或價值判斷的問題。人類從道德角度對戰
爭的認識和規範很早就開始了，在西方，早在古希臘和古羅馬時
期，已經開始廣泛使用戰爭的正義性與非正義性的概念，對戰爭
形成一般公認的衡量標準。在中國從夏商周開始，即以天命民本
的尺度來斷定戰爭的合理性。不過從學術義理架構而言，戰爭倫
理是透過戰爭的歷史過程而有所發展與改變。而哲學研究「追求

的主要目的在於對假定和論證的批判評價。」[2]這是因爲每一社會都會傾向接受一些信念，這些信念被認爲理所當然，社會成員自幼小起即透過社會化途徑慢慢被灌輸，而成爲思想體系中的預設或前見，從而這種信念會影響個人的行爲。但是，隨著相關知識的增長，我們也會提出對信念的一些質疑，面對信念的衝突人類會採取三種形式應對：第一種，保留舊信念，拒斥新的信念。第二種，採取新信念，拒斥舊信念。第三種，在兩組相互衝突的信念中，擷取若干眞理，對衝突的部分做修正，以消除其間的矛盾。通常新的信念若比舊信念更有依據，都會對舊信念採懷疑而拒斥舊信念，於是產生懷疑哲學。或者透過修改來調和新衝突，因而產生重建主義哲學（reconstructionist philosophy）。[3]道德哲學不是純理論的探究，道德探究來自現實生活中的問題。如果一個人開始懷疑從前理所當然的信念，因而問是否有合適的理由支持或反對接受這些道德信念，這個人就必須開始認眞思考關於正確與錯誤，及我應該相信些什麼的問題了。如果最後能眞正建立一眞正的新信念，那就表示這個人已經知道如何生活了。所以柏拉圖會將道德哲學說成是「我們應該是如何生活」（It is how one should live's life）的探索，[4]所以戰爭倫理也要做推陳出新的研究。

戰爭倫理就是戰爭道德價值的研究，道德是社會公認的行爲規範。規範（norms）通常指代表社會利益的標準（standards）或尺度（measures）。它對個人的行爲多少會產生若干限制。道德規範不若法律規範的強制性，主要是借助於傳統習慣、社會輿論和內心信念來實現其功能。道德規範規定主體最好如此，但可以自由選擇。表達這些規範的語言形式分別是「必須」和「應該」。道德規範體系本質上是價值導向系統（value orientation system），[5]這些規範當然會影響人類對戰爭的態度。

　　大部分的人都同意，道德規範可以應用在社會內的衝突，但並不是每一個人都可把這些規則應用在社會與社會之間的衝突。即使是進入二十一世紀的今天，強制的國際法仍不存在。在國家之間仍很接近霍布斯所謂的「自然狀況」，在這個狀態之下只有一件事能挽救我們免於攻擊，那就是侵略者付出冒險攻擊行動的鉅大代價。當戰爭發生或者當國家攻擊另一個國家時，對被攻擊國家而言有三種可行的選擇。它可以抗拒抵抗、它可以動用它的所有資源來抵抗（總體戰爭）、它也可以作爲局部的抵抗。[6]凡此即是戰爭道德的判斷。

　　戰爭（或社會衝突）應當被視爲合理的、建設性的、能夠發揮功能的現象，還是應被看做是不合理的、病態的或社會功能失常的，當代學者對於這種戰爭的價值與功能問題意見是分歧不一的，端視對於戰爭的態度而定。態度是一種主觀的認知與選擇；而戰爭功能的探索則涉及戰爭對人類社會文明的正負面影響的探索，這都是本章研究的重點。

第二節　戰爭的價值

　　價值問題由來已久，但把價值問題單列出來，作爲哲學基本問題之一，卻是在當代，把價值問題引入軍事理論研究中也是最近的事。價值是表徵主體與客體之間一種滿足關係的範疇。所謂戰爭價值觀，也就是人們對戰爭活動的意義和作用及實現的根本性認識。雖然人們對戰爭價值的專門論述不多，但人們總是自覺或不自覺地遵循價值原則認識和指導軍事活動。[7]

　　由於評價涉及的是一種道德判斷，在美國哲學家麥金泰爾（Alasdair MacIntyre）看來，當代人類的道德實踐處於三個深刻的

危機中：1.社會生活中的道德判斷的運用，是純主觀的和情感的；2.個人的道德立場、道德原則和道德價值的選擇，是一種沒有客觀依據的主觀選擇；3.從傳統的意義上，德行已經發生質的改變，並從以往在社會生活中所佔據的中心位置退居到生活的邊緣。[8]

　　麥金泰爾指出當代道德評價分歧的主要問題有戰爭、人工流產、教育與醫療的爭論。在戰爭評價上的爭論主要亦有三：1.一場正義的戰爭是這樣一場戰爭：它帶來的好處將超過在戰爭進行過程中造成的傷害；並且在戰爭中，能夠鮮明地區分這樣兩類人員。一是有關的戰鬥人員（他們處於危險中），二是無辜的非戰鬥人員。但在現代戰爭中，對將涉及的範圍的計算極不可靠，並且不可能實際區分戰鬥人員和非戰鬥人員。因此，現代戰爭不可能是正義戰爭，我們現在都應成為和平主義者。2.如果你希望和平，就得準備戰爭。獲得和平的唯一方法是阻止潛在的侵略者，因此必須擴充軍備，並且清楚地表明你準備打任何規模的戰爭。要清楚表明這點，就不可避免地要不僅準備打一場有限的常規戰爭，並且隨時準備打不斷升級的核子戰爭，否則你就無法避免戰爭，而且將被打敗。3.超級大國之間的戰爭純粹是毀滅性的，但解放被壓迫群體的戰爭，尤其是解放第三世界中被壓迫者的戰爭，則是必要的，這種戰爭是摧毀阻止人類幸福的剝削統治的合理手段。[9]

　　由這些爭論可知，只要有事件發生而且可以被作為陳述討論的對象，如美伊戰爭、科索沃戰爭……等，是不是值得發動的戰爭之論述，都會對社會引起廣泛的影響。

　　古希臘時期許多思想家對戰爭價值問題進行過理性思考。赫拉克利特是較早對戰爭價值進行辯證思考的早期希臘哲學家，他認為「一切都是透過鬥爭而產生的」，他指出：事物變化的原因是

其內部存在著相互鬥爭的對立面，這種鬥爭是普遍的，而戰爭不過是這種鬥爭的一種形式。他說：「應當知道，戰爭是普遍的，正義就是鬥爭，一切都是透過鬥爭和必然性而產生的。」[10]這裏，他把戰爭看作是本體的東西，把戰爭視為最普遍的事物。他說：「戰爭是萬物之父，也是萬物之王。它使一些人成為神，使一些人成為人，使一些人成為奴隸，使一些人成為自由人。」[11]顯然，赫拉克利特充分肯定了戰爭的價值，對戰爭進行了讚譽。柏拉圖認為，戰爭的主要價值表現為財富的累積和國界的拓展。因為人總是有欲求，戰爭不可避免。亞里斯多德也指出：

> 「戰爭乃是一種關於獲取的自然技術。作為包括狩獵在內的有關獲取的技術，它是一門這樣的技術，即我們應當用它來對付野獸和那些天生就應當由他人來統治卻又不願臣服的人，這種戰爭合乎自然而公正。」[12]

可見西方文明對戰爭價值是肯定的，其價值主要表現在爭奪生存利益。這一思想對西方戰爭觀有著深遠的影響。

對戰爭價值的認定主要來自人們對於戰爭的態度與認知。歷史上，西方文化對戰爭有三種最主要的哲學態度：浪漫主義、廢除主義以及現實主義。[13]若從光譜來分析浪漫主義的態度是好戰，其極端是好戰主義（jingoism）或戰爭主義（bellicism）——為戰爭而戰爭；戰爭浪漫主義又可稱為「戰爭無倫理差別思想」，主要認為戰爭不涉及道德問題，沒有所謂的正義與非正義之分，現實利益決定戰爭行為；廢除主義的態度是反戰，其極端是和平主義（pacificism），戰爭廢除主義又可稱「和平反戰倫理思想」。現實主義是原則上承認戰爭有其一定的價值，採慎戰的態度，希望藉助目的與手段來限制戰爭，這種戰爭態度產生了正義戰爭思想。正義戰爭思想被界定純粹道義戰爭倫理思想。[14]茲將其要點論述於

下：

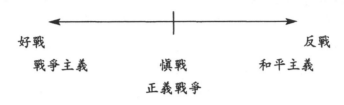

好戰　　　　　　　　　　　　　　　反戰

戰爭主義　　　　　慎戰　　　和平主義

正義戰爭

圖8-1　戰爭態度的光譜（作者自製）

一、戰爭浪漫主義者相信，戰爭對人類是一件好事

因為戰爭可以清除社會的殘渣，造成適者生存的事實，而且它可以導引出人性最好的部分：勇氣、毅力、銳利的精神、持久力、抵抗力、英雄氣概以及智慧。戰爭主義思想是對和平主義的一種反應。自法國大革命一直到1960年代（此時，戰爭的研究重點轉向游擊戰和反暴動的研究），西方大多數戰略學家都有明顯的戰爭主義傾向，即認為戰爭是一個重要的政治手段甚至是目的。克勞塞維茨的絕對戰爭論，魯登道夫的全體戰爭論，最為著名。十九世紀的一些哲學家如黑格爾、尼采、特賴奇克（Heinrich von Treitschke）等人，似乎不時對權力和戰爭本身加以讚揚，這其實是工業革命產生的結果。工業革命剛發生時，一致的呼聲是要求應有一個和平的時代，可是各國之間的尖銳差異造成了矛盾，足以加速民族主義的增長，普遍的貧困則造成階級間的對立，使許多人轉而信仰社會主義。等到歐洲以外的國家也開始工業化後，這些問題就成為世界性的了。從有限戰爭走向總體戰爭和極權主義路線，也就變成這個時代的潛伏思想。當此時代，精神上的鑄造者富勒將軍稱之為三位「查理」（Charles）——即克勞塞維茨、

馬克斯，和達爾文。克勞塞維茨在他的《戰爭論》（1832年出版）
中，主張回到斯巴達主義的舊路，即是要把一個家變成戰爭機
器。馬克斯在他的《共產黨宣言》（1848年發表）中，以階級鬥爭
的觀念來當作是其社會理論的基礎。達爾文在其《物種原理》
（1859年出版）一書中，提倡物競天擇，適者生存的思想。這三個
人都是「群眾鬥爭」的先知，也激發了戰爭主義的思想。[15]

　　戰爭主義者的思想可歸結如下幾種：[16]1.現實實證主義：代表
人物有柏拉圖（Vilfredo Pareto）和莫斯卡（Gaetano Mosca）等。
他們都闡述菁英統治的概念，闡述脅迫手段對維持社會團結的重
要性，以及革命不可避免的重複性。對和平主義的偏見，使他們
擔心如果消除了戰爭，國家就會變得軟弱與解體。2.達爾文社會
主義者（Social Darwinists）和具有社會達爾文主義傾向的民族主
義者，如社會學家斯賓塞，法理學家霍爾姆斯（Oliver Wendell
Holmes）等。這類學者認為，「一個國家的首要任務就是維持自
己在其他國家之間的力量──戰爭是一個生病的國家唯一的解
藥。」[17]戰爭是一個真正文明國家展現自己力量與生命力的過程；
生命是一場永不止息的生存鬥爭，戰爭是生物進化的工具，用來
消滅不適合生存的人。社會達爾文主義有種族主義的成分在內，
這種思想激發了義大利法西斯主義和德國納粹主義。3.戰爭必然
論的悲觀歷史學家，如史賓格勒（Oswald Spengler）和克羅齊
（Bendetto Croce）。德國歷史學家史賓格勒特別擔憂有色人種會發
起反對白人的世界性革命，主張權力意志、野蠻民族的驍勇，對
弱小民族的征服以及弱肉強食的法則。克羅齊則是反對軍國主義
與法西斯主義的義大利哲學家，但他認為戰爭是人類生活不可避
免的悲劇，是人類進步不可缺少的因素，永久和平的夢想是愚蠢
的。他實際上不是戰爭主義者，只是認同戰爭的必然性。4.種族
主義理論（racist theory）或法西斯主義。墨索里尼與希特勒是這

類思想的先驅。種族主義或法西斯主義是一種更狹隘的達爾文主義，並形成國家社會主義（National Socialism）。國家社會主義的原理散布在希特勒著作《我的奮鬥中》。在馬克斯主義中，基本的原理就是透過階級鬥爭的經濟決定論（economic determinism）；而在國家社會主義中，基本上就是透過種族鬥爭的生物決定論（biological determinism）。希特勒是一個達爾文主義者，他認為「生活中的永恆法則就是一種為了生存而進行的不斷鬥爭。」他說要想生存就必須戰鬥，「在這個世界上，永恆的鬥爭即為生命的法則，誰不願意戰鬥，誰也就沒有生存的權利。」關於種族的問題，他認為：「『民族』只是民主和自由主義的一種政治工具而已。我們必須以種族（Race）的觀念來代替它。……根據歷史傳統性的民族界限觀念，是不能構想成一種新秩序，而必須要根據超越民族界限的種族觀念。」[18]希特勒的戰爭態度是以他的生物鬥爭觀念為基礎：強權就是公理，強國應該征服弱國，也就是適者生存。希特勒認為未來的主人翁不是馬克斯所想像的普羅階級，也不是布爾喬亞，而是優秀的種族，如尼采所謂的「超人」。5.無政府主義者中的某些派別，如集體主義者、共產主義者、工團主義者和密謀團體，無論是理論還是策略路線都公開贊成運用暴力手段推翻現有社會或政治體制。不過不是所有無政府主義都提倡暴力。

二、廢除主義（和平主義、不抵抗主義）

戰爭廢除主義者或和平主義者認為，廢除戰爭是可能的，而且應該立即就採取和平而非暴力的態度。和平主義除了反對戰爭主義外，對正義戰爭也沒有給予好的評價，他們認為正義戰爭不過是用來掩飾侵略的野心罷了。早期的基督教是反戰的，較著名

的非暴力實踐者，如托爾斯泰（Tolstoy）、甘地（Gandhi），以及馬丁路德・金恩二世（Martin Luther King Jr.）都曾以和平主義之名，進行過非暴力的抗爭，證實它可以達成人們意想不到的效果。和平主義信守非暴力的宗旨，意謂不防衛自己和他人所受到的侵略。根據萊其（Douglas Lackey）研究，和平主義可分爲四個類型：1.相信殺其他人（或動物）是不道德的（譬如，史懷哲）；2.相信所有暴力是不道德的——普遍的（universal）和平主義者，如托爾斯泰和甘地；3.相信個人暴力是錯的，但政治暴力（political violence）則可以有正當理由（像阿奎若，他相信防衛自己是不道德的，但認可反抗異教徒的戰爭）；4.相信戰爭總是錯的，但接受個人的自我防衛，他們是反戰的和平主義者。[19]綜合而言，極端的和平主義者主張所有暴力與強制都是錯誤，自衛權力不是「可以」放棄，而是「必須」放棄。如能遵從這樣的立場，就不會有戰爭。比較溫和的和平主義者認爲，雖然我們可以保護自己和別人，免於受到他人直接的傷害，但是戰爭在道德上還是不對的，因爲它會造成無辜民衆的喪生。

　　和平主義的積極論述是認爲，「在有關衝突的觀念之中，最大的謬誤就是認爲暴力是最強大的力量，而且是實現正當理念或者是打倒不公的最高公式。」「亦即只有暴力能夠制服暴力，而且最爲重要的目標皆必須以武力達成。」凡此不過是暴力的神話。和平主義者提出「非暴力抗爭」手段來對抗各式暴力，[20]例如打破英國食鹽壟斷事業的印度民衆（1930～1931）、[21]阻擋納粹軍事補給品的丹麥人民（1940～1945）、群起抵抗獨裁統治的智利百姓（1983）；採行非暴力行動的人多會直覺發現，他們本身採取的行爲即可產生權力，而不僅是身處皇宮或總統府中的人士才擁有權力。印度民族主義者提拉客（Bal Gangadhar Tilak）於1902年說道：「你們雖然遭到壓迫和忽視，卻必須要了解自己所擁有的力

量。只要你願意，你就可以讓政府無法運作。我所指的對象就是掌管鐵路和電報的你，調解糾紛以及收取稅捐的你……。」[22]

和平主義思想讓一些人提出質疑。如和平主義者認為，我們沒有使用武力的權利去保護包括生存自衛權在內的任何權利。這讓人認為，如果我們無權去保護一樣權利，它還算是權利嗎？另外還有兩個關於程度或等級混淆說不清的問題。首先，多少暴力不該抗拒？而且什麼等級的力量不能用來抵抗懲罰或防止暴力？第二、誰不該以力量抗拒暴力？是唯和平主義者而已嗎？[23]

三、現實主義者都認為，人類的罪惡使戰爭難以避免，因此提倡減少發動戰爭的限制，而以降低傷害為目標

現實主義者和戰爭浪漫主義者不同。他們並不喜歡戰爭，只是視之為必要之惡。就實際情況而言，現實主義的見解較能獲得多數人的認同，其關注的議題是1.何時進行戰爭有道德上的正當理由？2.戰爭應該怎麼打。現實主義者假定赤裸裸的強權並不代表正確，若要使訴諸暴力找到正當理由，就必須有道德上的依據。對這一點，有三個古典的道德理論——效益論（utilitarianism，或譯功利論）、契約論（contractualism）、義務論（deontologism）——等三種戰爭觀念，提供各自提供不同的策略。[24]

（一）效益論

所謂效益論，就是以行為產生的整體結果（overall cconsequence）決定行為的道德正當性。[25]為尋求最大數量的最大善，必須尋求提出一價值效益的分析，以決定各種策略的成果。當各國

發生衝突，戰爭就可以成為一種解決衝突的選項。唯一要問的問題是：「比起其他方式而言，戰爭帶來的整體結果是否比較好？」在仔細分析之後，如果戰爭確實會帶來整體好處，那麼戰爭就是合理的。假設犧牲敵人生命，可以解救本國人民之生命，就是較大的益處，這種觀點就是功利主義的觀點——殺人以救命。

（二）契約論

　　根據社會契約論者，當戰爭有利於一個國家，它就有作戰的理由。以自我為出發點的利益是契約論的中心思想，它提倡由此出發締造條約。一旦有盟約的約束，各國就必須在戰爭中相互支援。只要沒有契約，就沒有道德義務，但是只要有契約，就必須有義務和制裁，否則該契約形同無效。如霍布斯所說：「沒有刀劍的契約書，只是一些沒有能力保障任何人的文字。」一般而言，如果一個國家的自利是締結一項盟約，它包括了防衛另一個國家的承諾，這盟約應該信守，因為你在未來很可能需要這個國家的協助，而背叛盟約對其他盟約是一個不好的示範。

（三）義務論

　　義務論就是正義戰爭理論，對於其深入內容之討論，我們還會有專章介紹。由神學家奧古斯丁（354～430）、阿奎若（1225～1274）和蘇亞雷（Francisco Suarez, 1548～1617）等人所發展的。正義戰爭理論主張戰爭雖然是一項罪惡，但如果有某一定的條件配合，戰爭能夠有正當理由（can be justified），戰爭就是合乎正義的。義務論不贊成簡單的價值／利益計算和總體戰爭的整個觀念。他們將參戰的道德立場（jus ad bellum）和戰時的正確行為（jus in bello）區分開來。

第三節　戰爭的功能——理論上的探索

　　大多數原始社會與許多現代文明國家有著相似的經歷：它們明白戰爭與和平會交替出現，只不過原始戰爭（或襲擊）相對較頻繁、延續的時間也較短。幾乎所有原始社會都力圖透過建立法律制度來防止同害懲罰法（lex talionis）的實施失去控制，進而把內部的（internal）暴力行為降到最低限度，因為同害懲罰法允許受害者可以對加害者進行報復性懲罰。但是，這些原始社會大都願意經常對外採取暴力行為，以實現他們認為重要的目標。沃伊達（Andre Vayda）曾經指出，作為一種調節因素，原始氏族之間的戰爭可以發揮下述許多不同的作用：[26]

1. 透過再分配來消除某些經濟物資和資源所有權或使用權上的不平等（土地、駱駝、馬匹、水源、獵區等等）。
2. 調整人口數量、男女比例、年齡結構等人口因素（這是戰爭傷亡的結果），獲得新的食物來源，俘獲婦女和其他俘虜。
3. 調整與其他群體之間的關係（對冒犯行為或過錯進行報復和懲罰，使某些不受歡迎的行為將來不再發生）。
4. 調節心理因素（包括焦慮、緊張和敵意等），把對群體內部團結產生消極作用的心理情緒導向外部。

　　對於上述對初民社會戰爭功能的論點，在某種程度上仍然適用現代的戰爭。

一、戰爭功能的爭議

　　功能的探討通常涉及正功能與負功能的探索。關於戰爭的功能，一般說來，社會學家和人類學家多認為衝突是一種與團體存在相伴生的正常現象。心理學家則多認為衝突是一種具有破壞性的、機能失調的甚至是反常的情況；他們認為不論個人或集體的暴力行為或政治化的侵略行為都是不正常和不合理的非理性行動。有些強調社會穩定重於變遷的社會學家如帕森斯（Talcott Parsons）也傾向於這個見解。帕森斯學派的學者強調社會調節、共同價值取向和體制維繫，因此重視社會秩序的穩定與維持，認為衝突是一種會帶來破壞，並導致機能失調。

　　儘管如此，大多數的社會學家、人類學家常對於戰爭或衝突持正面的看法。因為衝突有助於確立群體間的分界線，加強群體意識的自我認同感，促進社會整合、社會共同體建設和社會經濟向積極的方向發展。馬克思（Karl Marx）、史美爾 （Georg Simmel）、魯登道夫 （Ralf Dahrendorf）（以上是歐洲學者）、派克（Robern E. Park）、伯吉斯 （John W. Burgess）、庫利 （Charles H. Cooley）羅斯 （E.A. Ross）和史莫爾 （Albion W. Small）、伯納德（Jesse Bemard）和柯塞（Lewis A. Coser）（以上為美國學者），都認為衝突可用來實現積極的社會目標，暴力衝突有時可以視為是一種解決社會內部和社會之間爭端的有效途徑。政治學家、經濟學家、博奕理論家以及多數理智的政治領導人，通常會根據可能的或實際的結果來評估特定的衝突，也就是說權衡衝突的得失、風險和代價。[27]例如，1999年，北約因科索沃問題對南斯拉夫進行了軍事打擊。北約成員國政府和菁英們基本上也是這樣評估他們的打擊行動的。北約奉行的空中打擊戰略，其基本點是

從高尚的道義出發，同時確保北約軍隊的低傷亡。儘管如此，科索沃的阿爾巴尼亞族人和塞爾維亞公民付出的代價比預期的要大。由此例可知，戰爭的進行及其結果是否能如預期，是無法正確預測的。

對於持「衝突功能論」（conflict-as-functional）的學者來說，衝突不僅可以整合群體，而且有助於建立群體認同，明確群體界線，並有利於增強群體的凝聚力。這些學者假定，團體內部對外部群體持有一定程度的敵意，民族主義因此對民族意識形成時期有重要的作用。美國的獨立戰爭即是這種作用下的產物。另也有研究認為群體內部的分歧和敵對也有助於群體的團結，因為敵對促進內部的重整，使分歧得以浮現與化解，而整體說來，這些都是衝突的功能。

二、內部衝突與外部衝突的關係

自馬基維利以來，許多學者認為，社會內部（within）衝突和社會之間（between）的衝突有著重要關係，由此提出了社會衝突理論中一個重要的假設。這種假設關係可以用兩種方式來表達：1.內部衝突與外部衝突呈反向變化；2.國家內部團結與捲入外部戰爭成正向關係。亦即面臨國內日趨升級的動亂和騷動，任何時代的政治統治者都會使用挑起對外戰爭的方法來轉嫁矛盾。

以上假設的大意是：群體透過尋求內部一致來獲得與外部敵人競爭的力量；群體內部和平與合作的情緒使對外部群體的敵對情緒變得更加強烈；經歷過頻繁而激烈戰爭的社會建立了政府和法律制度，同時整個社會也更加緊密地團結起來。

當政治精英的權力轉移不順利時，會將具有侵略性的軍事和政治人物推到前臺，執掌權力，從而更可能爆發戰爭。所以「一

個國家內部的爭鬥十分嚴重，有導致分裂的危險時，那麼從維護國家統一的角度來講，戰爭是一種調整性反應，可以把內部的爭鬥轉換成與另一個群體的衝突。」研究原始部落的學者們指出：「一旦一些群體把戰爭當做安全閥，把社會內部的衝突轉換成仇外心理以促進社會的融合，那麼在這些地方，現代化與和平會導致社會分裂，」史美爾指出，社會和政治的中央集權化與發動戰爭的侵略性衝動相互影響，戰爭增強了內部團結，而內部政治的中央集權化，又增大了透過戰爭向外釋放內部緊張的可能性。依照史美爾的說法，「對一個備受內部對抗折磨的國家來講，有時對外戰爭是戰勝內部對抗的最後一次機會，否則這個國家將不斷地分裂下去。」

　　涂爾幹認為，危機所帶來的緊張與危險，迫使人們團結起來，共同對付危險的局面。當社會發生大動盪和全民戰爭時，會激發集體情感、黨派精神、愛國主義感情及對政治、對國家的忠誠，使全民為了共同目標一致行動起來，並在一段相當長的期間內造成整個社會更加整合，更加緊密團結起來。[28]

　　雖然這種理論獲得很多學者的認同，但布萊納（Geoffrey Blainey）反對這種看法，他把這種看法稱為「戰爭替罪羔羊理論」（scapegoat theory of war），布萊納對1823年～1937年期間的國際戰爭進行了研究。他承認其中一半以上的戰爭是在某一交戰國內部發生嚴重騷亂後爆發的，但他仍認為「替罪羔羊理論」的假定（比如，可以把戰爭的責任歸咎於某一方；飽受內部衝突折磨的國家更易於發動戰爭；在沒有戰爭的情況下，每一次小騷亂都會威脅統一等等）是靠不住的。他注意到，如果這種「替罪羔羊」理論忽視兩個重要的事實：1.如果不捲入國際戰爭，有麻煩的國家壓制內部不滿會更容易；2.當外部敵人將一國內部混亂看做是該國衰弱的表現時，敵人更會利用這個機會發動戰爭。[29]

　　內部衝突和外部衝突相互影響的議題，學者間意見也是分歧的。因為戰爭所造成的成本與想獲得的功能是否成比例，是不易預測的，況且戰爭的規模無法控制，常會升級到無法控制或不願見到的毀滅結果。儘管如此，戰爭「替罪羔羊理論」對戰爭功能的見解仍有一定的效力，畢竟很多史例顯示，外部戰爭或衝突確實增強了社會內部凝聚力，而一個政治社會若長期疏於防範外部威脅，常會造成力量的弱化。

　　當然，整合程度高的政治社會，並不僅僅是因為對外部的恐懼、敵意和衝突才會團結在一起。共同的信仰和價值取向，也會形成凝聚力。而缺乏共識與信任的對外戰爭更會引起內部的分裂，如法國出兵阿爾及利亞、美國出兵越戰與蘇聯出兵阿富汗的失敗都是內部出現分裂所造成的。

　　就以美國的狀況為例，在第二次世界大戰中，美國人民一致支持對抗德國和日本的戰爭，媒體少有反對意見的報導。越戰則剛好相反，輿論一片撻伐，各種分歧的議題如：捲入這場戰爭的本質（是國際戰爭還是國內戰爭）、捲入戰爭的目的（是實現條約中的承諾、遏制共產主義、維護越南的民族獨立還是在亞洲構建均勢）以及東南亞形勢發展到什麼程度會危害美國的國家利益等問題。在這種情形下美國限制了自己的軍事行動規模，並沒有發動全面的對外戰爭，部分原因是由於知識份子、學生、和平主義團體、媒體、許多政治家和多數民眾的批評和反對。所有這些人都對徒勞無益而又代價高昂的戰爭感到越來越多的困惑與沮喪。此外，對內政策和對外政策的優先目標之間的矛盾，也使詹森總統不知如何是好。他對內的優先目標是建設「偉大的社會」，對外優先目標則是對一個能充分動員其資源來獲取勝利的小國發動戰爭。

　　北約因科索沃問題與南斯拉夫發生了衝突。在此過程中，美

國內部及美國同其盟國之間出現了意見分歧。這個例子頗能說明，內部衝突與外部衝突的關係是一個複雜的問題。儘管國內有公眾反對，民眾與軍方在採取無風險空中打擊戰略問題上存在著嚴重的分歧，但是作爲盟國，北約成員國政府政治上更有凝聚力，對他們的目標有著一致的認識。不是就在這個時候，美國和歐盟正就香蕉問題、經過生長激素處理的牛肉問題、基因食品問題、商用飛機的噪音問題、電子傳播個人資料中的隱私權問題及其他貿易問題進行著外交和宣傳上的貿易戰。總之，評估內部衝突與外部衝突的關係只能在總體政治環境內進行，而不同事例的總體政治環境差異很大，所以仍有待進一步的研究與釐清。

第四節　戰爭的功能分析

一、戰爭與人類文明

通常弱勢文明在戰爭之後往往趨於消滅。同時，戰爭也可能改變文明的發展方向。如火藥與大砲的使用，炸垮了歐洲貴族的城堡，也敲碎了他們賴以維生的莊園制度，大批的農奴得以獲得解放。新興的商業活動促進了中產階級的出現，人口密集的城市隨之興起，並取代了城堡在政治單元中的地位，中產階級出現所帶來的藝術消費需求，以及活絡的經濟也造就了文藝復興。只不過，在法國大革命後，漸次出現的民族國家也將戰爭的規模與形式帶入另一個階段。在歐洲出現的民族國家，中央政府不再與宗教領袖分享治權，商業都市的興起使得國家資本日益雄厚，加上工業革命帶來生產方式的改變，使得這些新興的民族國家擁有政

治、資本、工業生產的龐大力量，足以保持常備形態的大規模武
裝部隊，以作爲爭奪國家利益的重要工具。當人們連上網際網
路，可能不知道網路正是美軍爲了戰爭準備而發明的。更不用說
GPS、核能發電、材料科學，民眾家裡的鐵弗龍不沾鍋、車上的
ABS、醫院的盤尼西林，都是因爲戰爭的需要而發明的，連馬拉
松賽跑都是爲了紀念馬拉松之戰而命名的。[30]

戰爭當然不是文明的全部，但往往是加速文明進化的催化
劑。如同諺語所謂的：「需要爲發明之母」，而戰爭的需要往往極
爲驚人。[31]

按照馬克斯的見解，人類文明的進程一直與戰爭相伴，所謂
「暴力在歷史中產生了一種「革命的作用」，「暴力是每一個孕育
著新社會的舊社會的助產婆。暴力本身就是一種經濟力。」暴力
也是「社會運動藉以爲自己開闢道路並摧毀僵化的垂死政治形式
的工具。」[32]這話的意涵是，戰爭推動人類社會發展，社會發展又
孕育著新戰爭。一部人類社會發展史似乎與人類戰爭史是相生共
進，不可分割的。同時戰爭作爲一種社會歷史現象，每一時期戰
爭型態都反映出當時的歷史背景，人類已從農業文明時代、工業
文明時代，進入到資訊文明時代，每一個文明都顯示出與戰爭有
密切的關係。

戰爭是社會發展到一定階段的必然產物，它對一個社會的政
治、經濟、科技、文化等諸方面都有巨大影響。由於戰爭的性
質、規模不同，它的社會功能也就發生變化。戰爭既與人類文明
有密切的關係，若就戰爭研究的範疇而言，可分別就戰爭的政
治、經濟與科技三方面來探索戰爭的各種功能。[33]

二、戰爭的政治功能

戰爭的政治功能主要在作為解決社會衝突的最後一個手段，或是達到某些可欲與自衛的政治目的。若將政治界定為「各個社群之內和之間彼此爭權奪利」，[34]則自四、五千年以前的中西方社會即已開始「政治」的活動。只要是人數多於一般家庭的人數，政治角力就相當常見。當一群人組織成一個團體，其生產體系創造出龐大的產出剩餘，高於食物生產者及其成員所需時，指揮他人（政治）和事物（經濟）的整個人際關係會丕變。突然之間，你必須抗爭的人數增多，抗增的議題也急增；世界上有了剩餘財富可以爭奪，而爭奪引來衝突。人們開始在初萌芽的政治、政府和戰爭等方面進行專業分工。簡言之，原始統治者、原始政治家和原始將領順勢崛起。在狩獵者和採食者時代中，不管生活如何悠閒美好，爭奪、衝突、襲擊，甚至小型戰鬥，都十分常見。但是戰爭就不一樣了，戰爭需要組織、龐大的武力、鉅大的爭議、持續性的領導，以及需要財政（錢）的支持。

戰爭的政治功能是將其視為一種工具，它能組織與指揮更多的人與物質，整合經濟，完成可欲的目標。所以有人認為戰爭是一種政治，為達成經濟目標，戰爭這種手段比靜候生產技術的下一個突破，能夠提供更快且更為豐厚的報酬。[35]

戰爭的正當性問題與目的和手段有關，惟有時不易從目的與手段來評價戰爭，必須端視其所採用的政策而定。二次世界大戰期間，當時的蘇聯政權雖於戰前屠殺千萬自己同胞，並毫不猶豫的消滅佔領區內某些階級所有無辜的人，卻從來沒有轟炸德國城市。蘇聯政權是以建立共產政權並消滅一切有產階級為目的。相反的，向來慣於使用非毀滅性政治的英美政權，卻對德國和日本

城市大肆轟炸，殲滅數以萬計的人民。這兩類角色何以適得其反？[36]在最近兩次的波灣戰爭中亦同，以正義之師爲名發起攻擊的美軍或聯軍傷及了無數的百姓或遵循法律被迫服役的伊拉克士兵，但被認爲罪魁禍首的伊拉克總統哈珊最後雖被逮捕，卻未立即面臨死亡的威脅。戰爭的正義與不義問題錯綜複雜不止於此，容於後面詳論，這些問題無異增加了對戰爭的政治功能評估的複雜性。

三、戰爭的經濟功能

經濟是戰爭的基礎，惟戰爭與經濟似有黑格爾正反合的辯證關係。「經濟科學」之父馬歇爾（Alfred Marshall）在其經典著作《經濟學原理》（*Principles of Economics*）中，根據達爾文物競天擇、適者生存的觀念，來論述國家財富發達的原因。用到經濟史上，人種（races）和物種在生物學上扮演相同的角色。馬歇爾指出，「達爾文從馬爾薩斯（Malthus）的歷史觀借用『奮鬥求生』的概念（達爾文後來採用史賓塞的『最適者生存』一詞）」說明生物學與經濟學所建立的「自然法則和道德世界之間的行動，基本上爲單一性質。」馬歇爾說：「這在經濟學中獲得明證，因爲依照奮鬥求生法則，最適合從環境中獲取利益的有機體才能夠繁殖。」馬歇爾認爲，「長期而言，奮鬥求生的結果是，最願意犧牲一己，以求整體利益的人種才能夠生存下去。」人類各族群的素質是由其長期的行動與具體成果所造成的，再加上某些偉大的思想家能夠解釋和發展超乎其他族群適應和平與戰爭的思想與規範。[37]雖然說馬歇爾的理論不一定適用今日，但是至少可以說明人類要能夠確保資源提升經濟生活必須有競爭的能力。

現代經濟學者傑伊（Peter Jay）以歷史的華爾茲舞步（1、

2、3；1、2、3）來描述經濟史發展與戰爭的辯證關係：[38]

1. 偶然的機會，或者知識、技術方面的發展，經常會促進經濟進步（例如農業的發展），能夠養活更多人，把現有的人養得更好，或者提高他們得生活水準。
2. 經濟進步會招致外來物種（外界的入侵者經濟進步，）或搭免費便車者（內部的懶人）的掠奪威脅，他們希望不花成本或努力，取得經濟進步的果實供自己享用。
3. 這些威脅會得出社會及政治上的解決方案，藉各種規定禁止或嚇阻這些行為，或以直接維持治安和防衛的方式，保護原有的進步不受掠奪。

　　對於威脅所運用的解決方案，無論是政治、社會或戰爭的方式，能否成功可以決定經濟果實能保持多久或維持多久，若第三步失敗將可能導致整個文明崩潰或進步的後退，甚至消滅。就算不是因為人禍（如政治上的無能或軍事上的失利），也可能受到天災的破壞。

　　戰爭會帶來經濟的興盛，也是引起衰敗的因素。十九世紀歐洲殖民帝國主義為歐洲帶來繁榮，但也招致1910年到1945年間，連續兩次世界大戰的衝擊。這原因是歐洲各國政府期望能在十九世紀以後仍舊有強大的經濟競爭力，除了認為必須發展國內工業，也必須極力拓展全球性的地域觸角。加上國家主義的作用，至1910年以後，許多人相信尋求生存的各國之間進行達爾文式的鬥爭，可能會產生戰爭。但是，許多人都表示不惜一戰，並相信新取得的工業力量能夠幫助他們打勝仗。1910年起的三分之一世紀內，被經濟學家認為是經濟史中衰退最可怕的時期之一。所謂華爾滋舞步的辯證對比在兩次「世界大戰」期間最為明顯。工業革命和以前農業革命一樣，在人類的經濟機會上跨出很大的第一

步。以前只在一旁觀望，沒有享受這機會的人因此胃口大開，結果孕育了「有」和「無」兩者間的衝突。衝突因其他因素而變本加厲，最後以激烈的戰爭和生命財產大量表現出來。這是第二步。第三步是尋求方法，解決第二步的衝突，並且營造一些狀況，以享受第一步所帶來的機會。可惜這些方法並不成功。這是第二次世界大戰重演第二步，第三步的尋找延到1945年之後。這段期間發生的重大事件位序如下：[39]

- 第一次世界大戰以及它造成的傷害。
- 俄羅斯革命以及淪為史達林的專制統治。
- 凡爾賽合約的條款，試圖界定戰後世界規則，並要求德國賠償戰爭造成的損失。
- 試圖建立穩定的國際貨幣秩序，包括英國和其他國家回歸戰前金本位，及由此直接產生結果。
- 1920年代末美國股票市場的榮景、泡沫和崩盤，以及隨後的大蕭條。
- 希特勒的崛起，以及因此導致第二次世界大戰。

理論上，欲使一項需求獲得滿足，必得事先經過一番鬥爭過程；而當人們在進行鬥爭過程時，卻也造成了他人的損失。任何經濟的失和，必迫使局勢惡化，進而釀成衝突。馬克斯認為，隨著企業體系的日趨集中，資本主義終將會被愈演愈烈的暴力危機所動搖，從而被迫走向戰爭。經濟對戰爭的影響問題並無定論，如對許多深研德國政經問題的經濟學者而言，1914年之戰爭具有兩種不同的意義：它是一場出口貿易戰——亦即是生產過剩之戰（由於彼時之工業產量過鉅所致）；它同時也是一場匱乏戰爭，而其目的是獲取糧食及維繫工業生產所需之原料。經濟之於戰爭的影響，得視當時的環境而定，偶爾它也會是矛盾的。[40]

　　由於現代戰爭大量使用毀傷力大的先進武器，其對社會經濟的破壞力空前加大。如在波灣戰爭中，伊拉克近9,000幢樓房被毀損，近90％的工業、石油和電力設施遭到破壞，90％的產業工人失業，直接經濟損失超過2,000億美元。在科索沃戰爭中，由於以美國為首的北約軍隊的高密度轟炸，南聯盟的國民生活基礎設施遭到了嚴重破壞，直接經濟損失超過2,000億美元，南聯盟的整體經濟水準倒退30年以上。有專家估計，巴爾幹地區的戰後重建將需要多達4,000億美元的資金。另一方面，為了滿足戰爭需要，人們集中力量研發新武器，尋求新的作戰手段，對資訊、能源、交通等領域提出新的要求。戰爭結束後，軍工生產轉為正常生產和民用，又會大大刺激經濟的發展。不過，在世界戰爭史上也有特例，如美國從第一次世界大戰以來就一直運用若干政策，例如採取軍工複合體，把對美國經濟的促進建立在對外軍售上，或從事戰爭的基礎之上。[41]列寧對此曾做過激烈的批評：

　　「每一塊美元都有污跡……都有使每個國家的富人發財、『窮人破產的』有利可得的、軍事訂貨的污跡。每一塊美元都有血跡，都有一千萬死者和二千萬傷者……灑下的鮮血。」[42]

　　當然列寧的批評是站在共產主義的立場，並不客觀。但是美國的軍力確實也因戰爭工業的發達而獲得了許多實戰的驗證，使其可以不斷提升戰力，這可能是其他國家無法望其項背的。

四、戰爭的科技功能

　　戰爭對於科技會有革命性的影響，具有促進科技更為發達的功能。軍事上求勝，更需要在科技上競爭，才能發展出更精良有效的武器裝備以克敵制勝。例如，要不是第二次世界大戰爆發，

西方盟國擔心納粹德國發展核子武器的話，原子彈恐怕不會出
現，二十世紀也不會在核能研究上投下大筆經費。至於其他某些
專為作戰開發的科學技術，較之核能更容易轉為和平之用——航
空和電腦即是二例。這些證明了一件事實，即戰時科技之所以加
速發展，主要是為了備戰及因應戰爭之所需。若在平時，如此龐
大的研突經費，會引發經費的排擠效應，是無法在一般政府的成
本效益估算中通過的，至少在態度上會有所猶豫，進展也會遲
緩。[43]

　　對傷亡的敏感性，也促成了高科技武器的發展，例如「非致
命性」武器與「高精準」武器等。非致命性武器是運用聲學武器
（可導致疼痛和定向力喪失）、光學武器（將人或設備置盲）、微波
武器（破壞電子設備）等高科技武器來避免殺傷人員。精準武器
則是透過精密的導引系統，使武器可以精確的打擊目標，減少誤
擊。不過，於此須注意的是，對傷亡的敏感性僅限於自由民主的
國家，進行內戰、低強度衝突的國家及集團，仍舊對戰爭傷亡不
關心，這些「非致命性」及「高精準」武器，反而有助於他們大
量屠殺異己，促進從非暴力屠殺或從非暴力到戰爭的轉變。[44]

問題與討論

一、戰爭與倫理有何關聯？戰爭倫理研究的議題為何？

二、西方文化對戰爭價值的哲學態度為何？你的戰爭價值觀（對戰爭的態度）為何？

三、好戰主義有哪些派別？評論之。

四、比較不同和平主義的觀點。

五、略論戰爭現實主義的主張，並比較各派別的思想。

六、就你所知戰爭是否能為國家帶來凝聚力？理論基礎何在。

七、戰爭的正負面功能。

註釋

1.林火旺，《倫理學》（台北：五南圖書出版公司，2004年2月，初版2刷），
 頁75。

2.邱仁宗譯（D. D. Raphael），《道德哲學》（*Moral Philosophy*）（瀋陽：遼
 寧教育出版社，1998年11月），頁1。

3.同上註，頁2-3。

4.Plato, tranciation by Robin Waterfield, *Republic* (Oxford: Oxford University
 Press, 1998), 352D.

5.韋正翔著，《軟和平：國際政治中的強權與道德》（保定：河北大學出版
 社，2001年12月），頁35。

6.陳瑞麟等譯，《生死一瞬間：戰爭與飢荒》（台北：桂冠圖書公司，1997
 年4月，初版1刷），頁21。

7.李效東主編，《比較軍事思想──部分國家軍事思想比較研究》（北京：
 軍事科學出版社，1999年12月，初版1印），頁60。

8.樊群、戴揚溢譯（Alasdair MacIntyre），《德行之後》（*After Virtue*）（北
 京：中國社會科學出版社，1995年1月，初版1印），「譯者前言」，頁2。

9.同上註，頁9-10。

10.北京大學哲學系編譯，《古希臘羅馬哲學》（北京：北京商務印書館，
 1961年），頁26。

11.北京大學哲學系編，《西方哲學原著選讀》（北京：北京商務印書館，
 1993年），頁27。

12.顏一、秦典華譯（Aristotle），《政治學》（台北：知書房出版社，2001年
 1月，初版1刷），頁44。

13.（1）江麗美，《生與死：現代道德困境的挑戰》（台北：桂冠圖書公
 司，1997年7月，初版1刷），頁157。（2）詹哲裕，《軍事倫理學》（台
 北：文景書局，2003年4月，初版），頁81-82。

14.關於戰爭無差別倫理思想、和平反戰倫理思想及純粹道義戰爭倫理思
 想，參閱朱之江著，《現代戰爭倫理研究》（北京：國防大學出版社，
 2002年9月），頁28。

15.鈕先鍾譯，《西洋世界軍事史──卷三：從南北戰爭到第二次世界大戰

（上）》（台北：麥田出版社，1996年7月，初版2刷），頁18。

13.James E. Dougherty and Robert L. Pfaltzgraff, *Contending Theories of International Relations: A Comprehensive Survey* (5th Edition)(New York: Addison Wesley Longman,Inc., 2001) p.209-210.

17.江麗美，《生與死：現代道德困境的挑戰》，頁158。

18.關於希特勒的戰爭態度參閱鈕先鍾譯，《戰爭指導》（台北：麥田出版公司，1997年5月，初版2刷），頁270。

19.陳瑞麟等譯，《生死一瞬間：戰爭與飢荒》，頁21-22。

20.關於非暴力抗爭的論證可參閱，Peter Ackerman、Jack Duval著，陳信宏譯，《非暴力抵抗——一種更強大的力量》（*A Force More Powerful: A Century of Nonviolent Conflict*）（台北：究竟出版社，2003年2月，初版）。

21.此即由甘地領導反抗英國而發起的不合作運動。

22.陳信宏譯，《非暴力抵抗——一種更強大的力量》，頁101。

23.Jun Narveson原著，陳瑞麟譯，〈批判和平主義〉，收錄於陳瑞麟等譯，《生死一瞬間：戰爭與飢荒》，頁48-49。

24.參閱(1)江麗美譯，《生與死：現代道德困境的挑戰》，頁164。(2)陳瑞麟等譯，《生死一瞬間：戰爭與飢荒》，頁22-24。

25.林火旺，《倫理學》，頁75。

26.Andrew P. Vayda, "Hypotheses About Functions of War", in Fried et al., *Anthropology of Conflict*, pp.85-89.轉引自James E. Dougherty and Robert L. Pfaltzgraff, *Contending Theories of International Relations: A Comprehensive Survey* (5th Edition)（New York: Addison Wesley Longman, Inc.,2001）p.269.

27.James E. Dougherty and Robert L. Pfaltzgraff, *Contending Theories of International Relations: A Comprehensive Survey.* p.194,264-265.

28.涂爾幹，《自殺論》（台北：結構群文化公司，民國79年9月），頁188-189。

29.*The Cause of War* (New York: Free Press,1973) ,71-86. (Same pp.in 3rd ed.,published in 1988).

30.翟文中，蘇紫雲，《新戰爭基因》（台北：時英出版社，2001年5月，初版），頁3-5。

31.同上註，頁5。

32.馬克思，《資本論》（第一卷），見中共馬克思恩格思列寧斯大林著作編
　　譯局編，《馬克思恩格思選集》（第二卷）（北京：人民出版社，2001），
　　頁266。恩格思，《反杜林論》，見《馬克思恩格思選集》（第三卷），頁
　　527。

33.張慶明，《軍事社會學》（北京：中國社會科學出版社，2002年9月1版1
　　刷），頁38-40。

34.羅耀宗譯，《富裕之路》（台北：時報文化出版公司，2001年9月），頁
　　53-54。

35.同上註，頁54-55。

36.李長浩譯，《戰爭的目的與手段》（台北：國防部史政編譯局，民國83年
　　8月），頁57-58。

37.馬歇爾的論述引自羅耀宗譯，《富裕之路》，頁25-26。

38.羅耀宗譯，《富裕之路》，頁33-34。

39.羅耀宗譯，《富裕之路》，頁256-257。

40.陳益群譯，《戰爭》（台北：遠流出版社，1994年4月，初版1刷），頁
　　59。

41.張明慶，《軍事社會學》，（北京：中國社會科學出版社，2000年9月），
　　39。

42.見《列寧選集》第3卷，（北京：人民出版社，1972年），頁587-588。轉
　　引自張明慶，《軍事社會學》。

43.Eric Hobsbawn, *The Age of Extrems*, (New York: Vintage Books), p. 47.

44.薛利濤、孫曉春譯（Barry Buzan），《世界政治中的軍備動力》（*The
　　Arms Dynamic in World Politics*）（長春：人民出版社，2001年8月），頁
　　180-182。

第九章

正義戰爭思想

正義與權力必須合而為一，如此正義方有行使之權力，權力
也方能符合正義之要求。
　　——巴斯卡（Pascal），《非暴力抗爭——一種更強大的力量》

誰能參透——海珊自稱的「信仰」？
誰能理解——布希自命的「解放」？
沙塵暴捲走了一切大招牌——「聖戰」與「義戰」，激戰在赤
裸裸的油田之上
　　　　　　——節錄自高大鵬〈浩歌〉，《如果遠方有戰爭》

　　正義戰爭的性質在前一章已有說明，本章將對正義戰爭（義
戰）思想做更深入的介紹。西方構成正義戰爭的思想基礎淵源於
羅馬法、教會的通諭、戰爭學說和運用、現代政治學說和理論，
以及國際法和法律體系。西方思想的基礎可以追溯到古典的倫
理、法律和歷史的根源，包括經院傳統像是騎士精神和榮譽制度
等中世紀觀念。後來，美國參與越南的作為引起重大的爭論，使
得西方世界偉大的哲學家和基督教思想家所倡導的正義戰爭思想
再度流行。[1]

　　美國在越戰中受到爭議的著眼是想知道美國參與戰爭為何無
法主持正義，問題到底是發生在開始還是在戰鬥的進行當中。馬
克斯主義對於正義和不義戰爭有明顯的區別和重要的概念，像是
1930和1940年代用人民戰爭打倒納粹主義，第二次世界大戰以後
用民族解放運動來推翻殖民地的統治；還有現代伊斯蘭教徒的聖
戰（Jihad），例如兩伊戰爭，以及激進的回教勢力用「護教戰爭」
的說法來對抗西方強權國家。正義戰爭思想的理念與實踐存在著
許多歧異，我們僅能就其主要內容做探索。

第一節　一個戰爭、一場辯論

一、一個戰爭——宋襄公之仁

歷史上每一次重大的技術進步總是最先運用於軍事上，這種進步是戰略戰術變化的原因，也影響著人們對戰爭的傳統觀念和戰爭行為。例如，在《司馬法》上記載：

> 「古者，逐奔不過百步，縱綏不過三舍，是以明其禮也。不窮不能而哀憐傷病，是以明其仁也。成列而鼓，是以明其信也。爭義不爭利，是以明其義也。」

意思是說，古時候（西周以前），追擊潰逃的敵人不超過百步，追蹤主動退卻的敵人不超過九十里，這是為了表示禮讓。不殘殺喪失戰鬥力的敵人並哀憐其傷病人員，這是為了表示仁愛。等敵人布陣完畢再發起進攻，這是為了表示誠信。爭大義而不爭小利，這是為了表示戰爭的正義性。「明其禮」，「明其仁」，「明其信」，「明其義」是當時的政治口號，也是當時的戰爭慣例。

對於《司馬法》上的記載，後人多有批評，意思是用「禮」來解釋戰術原則是不對的，認為當時的戰爭慣例之所以如此，是因為西周以前，軍隊數量不多，戰爭目的也很單純，往往只要求對方屈服，交戰往往是在兩國交界處進行，雙方各傾全力，一次交戰就決定勝負。因此，沒有必要進行大縱深的追擊。另一方面，由於早期以車戰為主，步兵為輔，密集而笨重的戰鬥隊形，

進攻速度很慢，追擊自然也不會太遠。而採取車戰，列陣進行交戰，只能是「成列而鼓」，這都是當時的軍事技術水平所決定的。到春秋戰國步兵和騎兵大量運用於戰場，這些戰爭慣例就不再被人所遵守。《漢書‧藝文志》上對此句話的評論是十分精到的，說：「下及湯武受命，以師克亂而濟百姓，動之以仁義，行之以禮讓，《司馬法》是其遺事也。自春秋至於戰國，出奇設伏，變詐之兵並作。」

春秋戰國之後，由於步兵數量增多，兵器的殺傷力加大，軍隊的機動力提高，戰術上的靈活性也隨之增高，所以就出現了「出奇設伏變詐之兵並作」的時代了。在西元前684年的齊各長勺之戰中，曹劌也不遵守「成列而鼓」的戰爭慣例，而是在齊軍第三次擊鼓士氣消沈之後，發起攻擊取得勝利。而在西元前638年宋國和楚國的泓水之戰中，宋襄公仍然堅持「君子不重傷，不禽二毛。古之爲軍也，不以阻隘也。寡人雖亡國之餘，不鼓不成列。」此事常受到評論。從車戰到步騎作戰，軍事技術和戰爭形態都發生了巨大的變化，過去規範戰爭行爲的戰爭慣例也就不起作用了，因此春秋時代的人感歎人心不古，其實這是戰爭發展的必然表現。

二、二場辯論──希臘雅典人的戰爭態度

由上述春秋的宋楚泓水之戰及中西戰史可知，戰爭正義性問題並無一致的形式，從古代起它就是人道主義和弱者服從強者的權力理論的混合體。一方面，古代的許多道德理論都認爲在戰爭中應保護弱者；但另一方面，弱者服從強者、強者對弱者擁有無限的權力也被認爲是正義的。在《伯羅奔尼撒戰爭史》中，修昔底德描述了兩次圍繞正義問題的辯論，今天我們讀起來仍然饒有

趣味。在兩次辯論中，正義問題表面上是辯論的中心問題，但在實際上卻顯示實力會凌駕弱者，正義會成為強者的正義。

第一次辯論是伯羅奔尼撒戰爭開始前斯巴達和雅典人的辯論。當斯巴達的盟國科林斯控訴雅典人的蠻橫侵略之後，雅典人答覆說：

「我們不是利用暴力取得這個帝國的，它是在你們不願意和波斯人作戰到底的時侯，才歸我們的。……」

「我們所作的沒有什麼特殊，沒有什麼違反人情的地方；只是一個帝國被獻給我們的時候，我們就接受，以後就不肯放棄了。三個很重要的動機使我們不能放棄：安全、榮譽和自己的利益。我們也不是首創這個先例的，因為弱者應當屈服於強者，這是一個普遍的法則。……但是現在，你們考慮了自己的利益之後，就開始用『是非』、『正義』等字眼來談論了。當人們有機會利用他們的優越勢力得到擴張的時侯，他們絕對不因為這種考慮而放棄的。那些合乎人情地享受他們的權力，但是比他們的形勢所迫使他們作的更注意正義的人才是真正值得稱讚的。」[2]

第二次辯論是雅典人和彌羅斯人之間的辯論。彌羅斯是個島國，是斯巴達的移民建立的國家，他們不願意隸屬於雅典，在伯羅奔尼撒戰爭開始時保持中立，但雅典人決心征服它。雅典人和彌羅斯人進行了辯論。

雅典人：

「既然這樣，我們這一方面就不願說一切好聽的話，例如說，因為我們打敗了波斯人，我們有維持我們帝國的權利；或者說，我們現在和你們作戰，是因為你們使我們受到了損害

——這一套話都是大家所不相信的。我們要求你們一方也不要說，你們雖然是斯巴達的移民；你們卻沒有聯絡斯巴達人向我們作戰；或者說，你們從來沒有給我們以損害；不要妄想把這套言詞來影響我們的意志。我們建議：你們應該爭取你們所能夠爭取的，要把我們彼此的實際思想情況加以考慮；因為你們和我們一樣，大家都知道，經歷豐富的人談起這些問題來，都知道正義的標準是以何等強迫力量為基礎的；同時也知道，強者能夠做他們有權力做的一切，弱者只能接受他們必須接受的一切。」

彌羅斯人：

「那麼，在我們看來（因為你們強迫我們不要為正義著想，而只從本身的利益著想），無論如何，你們總不應該消滅那種對大家都有利益的原則，就是對於陷入危險的人有他們得到公平和正義處理的原則，這些陷入危險的人們應該有權使用那些雖然不如數學一樣精確的辯論，使他們得到利益。這個原則影響到你們也影響到任何其他的人一樣的，因為你們自己如果到了傾危的一日，你們不但會受到可怕的報復，而且會變為全世界引為殷鑒的例子。」

……

彌羅斯人：

「那麼，你們不贊成我們守中立，做朋友，不做敵人，但是不做任何一邊的盟邦嗎？

雅典人：

「不，因為你們對我們的敵視對我們的損害少，而我們和你們

友好對我們的損害多，因為和你們友好，在我們的屬民的眼光中，認為是我們軟弱的象徵，而你們的仇恨是我們力量的表現。」……

「保持獨立的國家是因為它們有力量，我們不去攻擊他們是因為我們有所畏懼。所以征服了你們，我們不僅擴充了幅員，也增加了我們帝國的安全。我們是統馭海上的，你們是島民，而且是比別的島民更為弱小的島民；所以尤其重要的是不要讓你們脫逃。」[3]

在上面的辯論中，雅典人公然嘲笑正義的原則，而斯巴達人和彌羅斯人卻強調正義問題的重要性。雅典人認為，正義的標準是以強迫力量為基礎的，斯巴達人和彌羅斯人談論正義問題是因為他們考慮到自己的利益，隱藏在正義問題之後的真正的考慮是國家的安全、榮譽和利益，影響國家關係的真正的因素是強力。可見，正義的觀念和權力的觀念都對希臘人的戰爭行為產生作用，古代希臘的戰爭規範就是建立在這種共同的基礎之上的。在伯羅奔尼撒戰爭中，高舉正義旗幟的國家有之，公然嘲笑正義的國家有之；遵守人道主義原則的情況有之，違反人道主義原則的情況也有之。究其原因是正義和強力的觀念都在發揮作用，和國家利益衝突不大或沒有衝突的時候，國家寧願高舉起正義的大旗，而在與國家利益發生衝突的時侯則公然蔑視它，這在當時的國際政治中都被認為是可以接受的。

第二節　正義與利益

一、義利之辨

　　古希臘時期對於戰爭的正義、利益之辨至為明確，至少雅典人認為利益的因素是他們發動戰爭的重要動機之一。在中國孟子也作義、利之辨。孟子認為周天子才有發動戰爭的權利，所以感嘆「春秋無義戰」，以深責當時諸侯殘民以逞，從事不義之戰。並痛斥當時為官而自我標榜可以「為君辟土地，充府庫」，「為君約與國，戰必克」者是「民賊」。[4]孟子認為除了周天子有發動戰爭的權利外，也贊同湯武革命，認為救民於水火的戰爭才是正義戰爭，軍隊才是仁義之師。既是正義戰爭就必須注意手段的正當性，並縮限戰爭之範圍。所以孟子讚許武王伐殷僅用「革車三百輛，虎賁三千人」，因為正義戰爭會受到百姓的支持，甚至發生百姓「奚為後我」的抱怨聲。[5]

　　在《尚書》裡有記載武王伐紂的戰況：「甲子昧爽，受率其旅若林，會於牧野，罔有敵於我師，前徒倒戈，攻於後以北，血流漂杵。」（《尚書・周書・武成》）。孟子對於「血流漂杵」甚為在意，極力澄清，他的評論是：「盡信書，則不如無書。吾於〈武成〉，取二三策而已矣。仁人無敵於天下。以至仁伐至不仁，而何其血之流杵也？」（《孟子・盡心下》）。依孟子之意，仁人無敵於天下，不須有大規模的作戰，就會獲得百姓擁戴，自動歸順，更何況是對於極其暴虐不仁的紂王，絕不會發生「血流漂杵」的慘烈戰況。若發生「血流漂杵」的現象將難以肯定戰爭的正義

性質。

　　孟子對義戰標準是一種「理型」的義戰，不容雜於利益與殘忍，湯武革命則是實踐之標準。若細查《尚書》〈武成〉的內容可知，發生「血流漂杵」的原因是因「前徒倒戈，攻於後以北」，即紂王部隊自己倒戈，自相殘殺所造成的，孟子擔心後人不愼會有誤解，而影響武王革命的「至仁」形象，或對「至仁」沒有信心，不願做到這個標準，所以說出「盡信書，不如無書」的名言。朱熹對此評論至爲中肯「『書』本意乃謂商人自相殺，非謂武王殺之也。孟子之設是言懼後世之惑，且長不仁之心。」[6]孟子的義戰思想根源來自其「仁者無敵」與義利必須嚴格區別的觀念，發動戰爭不容義、利混淆，義戰就是救生民於水火的戰爭，沒有任何辟土地、充府庫的利益存在。孟子的義戰是一種達到純粹目的的手段。

　　就實際情形而言，要將戰爭作義、利的區隔是不容易的。戰爭畢竟不是兒戲，攸關國家存亡與國力之消長，若無利益的誘因很難令執政精英發動戰爭，況且運用「義」也一方面可獲得戰爭合理性，易於取得克敵制勝的利益，春秋楚國大夫申叔時說：「德、刑、詳、義、禮、信，戰之器也。……義以建利。」（《左傳》成公十六年）對於發動戰爭的個人或國家也可獲得榮譽的名聲。呂不韋說：「凡兵之用也，用於利，用於義。攻亂則服，服則攻者利；攻亂則義，義則攻者榮；榮且利，中主尤且爲之，有況於賢主乎？」（《呂氏春秋‧卷二十恃君覽‧召類》）。可見戰爭中的義、利關係殊爲複雜。

二、十字軍、殖民地與正義戰爭

　　從西方戰史來看，戰爭的發生亦夾雜著正義與利益的關係。

隨著對戰爭毀滅性的體認，戰爭規範對於戰爭限制趨於嚴格而有效。不過這可能只有一些大的國家，或較屬民主社會的國家，戰爭較受限制，在一些內亂不止的失敗國家，戰爭將不易受到制約。事後之制裁可能會造成若干的反彈，也可能引起另一波的戰爭。如二次世界大戰的德國，不滿國際社會的制裁而發起第二次世界大戰，而中國對日本的寬容政策，未嘗做制裁，反而使其能夠順利的在戰後重建。

戰後的制裁問題，首須區隔戰爭發動或製造者與無辜的人民。如美國攻陷伊拉克海珊政權後極力的以回復伊拉克秩序與建立民主社會為目標，當然這還有長遠的路要走，是否能夠達成，仍有待觀察。有一點必須要慎重的是，既然伊拉克重建是以正義為號召，就不應有過度的利益分配性質。眾所周知，伊拉克重建，經費龐大，也為所謂西方軍工複合體的政治利益結構獲得一個商機，但若未能合理處置，可能更加深回教國家的忿恨。

在西方，不少人認為，戰爭的正義原則與規範能否獲得遵守，其評斷標準在於與國家利益之間的一致性。德國哲學家尼采（Friedrich Wilhelm Nietzsche）說：「你們說好的目標神聖化戰爭嗎？我告訴你們，好的戰爭神聖化一切戰爭。」[7]伯羅奔尼撒戰爭固然反映這樣的問題，十字軍東征、殖民思想所引發的殖民戰爭，以致美國參與越戰，及蘇聯的擴張都顯現正義與利益的糾纏現象。蓋伯瑞斯（John K. Galbraith）評論道：

> 早期詮釋資本主義的思想，至少還算合理公正，但為殖民主義找藉口的理論即從未公正過。這種現象其實不足為奇，人們向來明白，某些事情的動機最好隱晦不彰，人在說服他人之前，必須先說服自己，因此良心不安時，往往把虛構神話作為一方良劑。神話對戰爭尤為重要，人在崇高理由的支持

下，才會甘心赴戰場送死。幾世紀以來，人類多半為爭權奪利而戰，真要追究起來，他們的動機並不純正。[8]

　　歐洲自十五世紀文藝復興（renaissance）以後，在宗教革命的影響下，展開整個政治社會的重組與發展。歐洲是在戰爭中進行轉型與革新，十七世紀的三十年戰爭（the Thirty Year's War），以及之後法王路易十四（Louis XIV）期間歐洲持續發生動亂與戰爭。這些戰爭刺激了軍事科技的發展和好鬥精神，奠定歐洲軍事力量的優勢基礎。[9]

　　歐洲自十九世紀以後能主宰世界的原因，一半出於其他大陸的虛弱，如在亞洲雖有古文明大國，如中國與印度，但都沒有中興的跡象與能力；一半出於歐洲的野心與持續的進步。此時西方人將變革、進步、精力、投資貿易等新倫理（etho）和舊有的君權神授相結合，並隨時準備訴諸武力實施擴張政策。歐洲人相信他們這麼做是天經地義，「正如刺刀帶著自由，縱橫歐洲各地的法國大革命所想的一般。」歐洲人認為殖民擴張與傳播基督教都是一種萌生已久的使命（mission）。在歐洲第一階段擴張時代，西班牙、葡萄牙帝國認為把基督教傳至殖民地是回饋在地民眾的方式。在第二階段擴張時代，歐洲人以「傳播文明的使命」（civilizing mission）作為「理想」，以掩飾粗俗的慾望。所以即使很有同情心的西方人，雖然會認為土耳其、中國，以及其他各地會有富強的一天，「不過，除非這些民族已享受諸般人權……否則他們不會真正進步。而只有透過歐洲的征服殖民，他們才能知道何謂人權。」[10]

　　為了掩飾殖民主義的真正的動機而不給人卑鄙自私之感。於是殖民地的官員或工作人員在分配墾殖荒地之餘，莫不以宏揚道德和政教制度為自己無上的功德。當時若有人對此政策表示懷

疑，會被當成思想偏差，嚴重的話則被扣上不愛國或是叛國的帽子。

事實上歐洲這種合理化、神聖化戰爭，以從中獲利的殖民式思維始於十字軍東征。從1095年教皇烏爾班二世第一次發起十字軍東征開始，在目標上即已混淆不堪。對於烏爾班二世和一般人民而言，十字軍的意圖為幫基督世界收回聖地；對於多數騎士而言，是為了要想獲得土地；對於拜占庭皇帝而言，是想要確保君士坦丁堡，並從土耳其人手中，收復其亞洲各省區。[11]由此可知十字軍東征或許真的是為了收復勝地的神聖目的，但是也有實利——獲得土地與財貨的誘因存在。只是一個是明示的目的，一個是暗示的目的。由於十字軍運動不斷世俗化，其結果成了世俗權力利用十字軍當作向外侵略的工具，任何教皇都無法控制，至1204年的第四次十字軍東征，金錢主義已完全取代第一次十字軍的宗教精神。[12]

再者，宗教或傳播文明的正義目標常會與經濟利益相衝突，並且也種下二十世紀以後世界動盪不安的後果。這可說是宗教戰爭與殖民政策留下的惡果。宗教戰爭使回教徒至今仍仇視西方，除以色列免不了戰爭的陰霾外，各地的恐怖攻擊事件更威脅西方的安全。在殖民政策方面，美國介入越戰失利被當作是一個典型的案例。

對解放越南免於淪落共黨魔掌一事，美國人有三種看法，第一種可謂十字軍心態，持此種看法者將越南視同陷於土耳其人手中的君士坦丁堡，或淪陷異教徒手中的耶路撒冷，因此解救越南是神聖的（義戰）。第二種看法則將戰爭視為發財的機會（利益之戰）。第三種觀點動機比較複雜，是將自由貿易與民主自由混為一體。主張這類觀點的人認為民主自由不但可以維持貿易自由，同時也是合理化戰爭的理由，他們提出骨牌效應的說法，認為越南

一旦淪陷，泰國、馬來西亞、新加坡、夏威夷的自由貿易制度也必然跟著岌岌可危。何況在越南為自由貿易和民主自由而戰，總比將來在夏威夷歐胡島（Oahu）海灘開戰要好得多（這是考量正義與利益）。雖然美國具有持續和越共作戰的實力，但十字軍心態的熱誠卻隨戰事的不順利而降低。這種失敗如同其他歐洲國家的殖民地戰爭失敗一樣。[13]

　　正義與利益混雜的十字軍或殖民主義的戰爭經驗，在後冷戰時期已轉化成人道干涉主義，其中以美國的人道干涉主義的情緒最為高昂。美國在越戰吃盡了苦頭，曾經一度對於介入遠方國家的內政，採取審慎的態度，自1991年的波灣戰爭獲得大勝後，更激勵其宣揚為自由民主而戰。從這裡看來，戰爭是利益還是正義的複雜性在可見的未來還是無法釐清的。

第三節　正義戰爭思想的內容

一、正義戰爭思想的起源

　　義戰思想起源於人類對於戰爭殘酷與毀滅性的反省。若從技術對戰爭的影響來看，技術改變了戰爭的型態，也促進正義戰爭思想的發展。義戰思想最主要運用道德的力量來規範戰爭、限制戰爭，使戰爭的毀滅與暴力程度降至最低點。另義戰思想並不反戰，認為戰爭可以達到和平所無法達到的倫理性質的目的。

　　在西方，從中世紀開始，西方軍事技術的發展越來越快，對義戰思想發展的影響也就更為明顯。十一世紀初，十字弩在歐洲出現。十字弩射出的箭初速很快，能穿透鎧甲，形成一個很大的

傷口。十字弩被認爲是一種極端殘酷的武器，1139年梵蒂岡頒佈一項法令，禁止在基督徒之間的戰爭中使用十字弩，可是用它對付穆斯林或其他異教徒則被認爲是完全合法的。這也是最早的武器限制的例子。技術的進步和武器的發展爲人們提出了戰爭中的道德問題，人們對武器和作戰方法的自覺規範也就促進了義戰思想的發展。

二、義戰思想的歷史發展

西方正義戰爭思想的內容由兩大原則組成，通常用拉丁文術語：jus ad bellum（The justice of a war)——開戰正義原則，指的是發動戰爭應具備的條件；jus in bello（The justice in a war）——交戰正義原則，主要是規範戰爭行爲。正義戰爭思想這兩個原則分別涉及在某一特定狀況下，武力運用是否具備正當性，以及應該對正當性使用武力的手段做必要的限制的問題；另外正義戰爭思想還提出更加具體的指標，以作爲衡量開戰正義與交戰正義兩原則的標準。[14]

西方的正義戰爭傳統淵遠流長，最遠的根源可以追溯到古希伯來（Hebraic）、古希臘和古羅馬時期，關於戰爭的實際慣例和思維活動。[15]古希臘的一些戰爭規範包括：1.希臘人僅承認自己城邦（國家）之間的武裝衝突爲戰爭；2.將戰爭分爲有合法理由的戰爭和沒有合法理由的戰爭。合法理由的範圍各個城邦有其自己的標準，但有些理由被認爲是無可爭辯的，其中包括保衛國家不受侵犯，保護宗教聖地，履行同盟義務。3.必須進行隆重的宣戰儀式，在宣戰的同時要採取一系列行動，這些行動不僅具有法律意義，而且是宗教儀式的性質。4.限制武器使用的規範數量不多，其中主要是廟宇和其他祭祀設施的中立化。古羅馬人與希臘人的

戰爭規範有許多共同的特點，而且更爲完備。不同處是羅馬人一方面認爲不應進行非正義的戰爭，一方面認爲他們所進行的戰爭是正義的。這個觀念出自羅馬人的宗教世界觀，他們認爲一切對羅馬人有用的東西都是上帝喜歡的。因此要使戰爭完全合法，只要完成一套宣戰的儀式即可。這些儀式起源於羅馬法中最古老的部分，即所謂宣戰媾和的祭司法。[16]所以羅馬的外交政策，完全以自身利益爲行動原則；在估計國際行爲的正義立場和合法性時，完全以自己的利益爲衡量標準。經由宗教儀式及合法行爲的宣佈戰爭，即自認爲是遵奉神意的正義戰爭。[17]不過至古羅馬後期，羅馬的法律及其習慣已經提出了一系列有關正義事項（合理的原因）和必要的宣戰權力，以及必須衡量運用武力所能實現的利益或是可能招致的罪惡。[18]

中世紀的歐洲藉由慣例發展出商業法，和對陸海商人的權利義務做了具體的規範；同時，海戰和中立法規有詳盡的條文。正義戰爭這個具有高度爭議性質的概念，在此時被宗教學者予以強化。[19]先是奧古斯丁（St. Augustine, 354-430年），著有《上帝之城》（*The City of God*），是第一個論述正義戰爭的神學家。他將基督教教義與正義戰爭結合，爲西方的正義戰爭理論奠定了基礎。繼奧古斯丁之後的學者繼續對正義戰爭進行了不懈的研究與分析，後由集經院哲學派大成的湯瑪斯·阿奎若（St. Thomas Aquinas, 1225-1274年）繼承了奧古斯丁的正義戰爭思想，歸納出正義戰爭應遵循的一套規則或應滿足的一系列條件，這些規則包括在他的巨著《神學大全》（*Summa Theologica*）中。奧古斯丁與阿奎若的正義戰爭思想是根據《聖經》〈路加福音〉中有關戰爭的內容，以及有關基督教先知的戰爭傳說而建構出來的。他們的思想強調正義戰爭必須滿足三個基本條件：1.「正當的理由」（causa iusta），阿奎若列舉的正當理由包括，自衛、恢復和平、援助遭受攻擊的

鄰國、保護窮人和被壓迫者、懲戒犯罪。2.實施和控制戰爭的合法權利機構（potestas legitima；auctoritas principis），指的是教會或君主；3.有關戰爭目標的正確意圖（intentio recta）。[20]基督教神學家的正義戰爭思想對後世有重大影響者是主張：「只要戰爭是為了自衛（即反抗外來進攻），或是為了懲戒犯罪者，便可稱之為正義的戰爭。」後一項條件為往後決策者們在本國領土之外發動戰爭開了「綠燈」，因為他們可以以捍衛或傳播某種信念，或者懲戒由他們自己確認的違法者為理由，證明所發動的是正義的戰爭。[21]大約與此同時，一些世俗的學者開始重新復興羅馬法中的某些內容；而在騎士等級內部，騎士制度的準則已初具規模，對武力的使用加以特定的限制。到百年戰爭時期（從西元1337年到1453年，英法兩國為爭奪王位和土地，所引發持續了一百多年的戰爭），神學家與世俗學者對戰爭的看法逐漸融合成一種寬容的、有關戰爭理由及其限制問題的文化共識，期間亦已逐漸出現現代正義戰爭思想所有重要的結構要素。[22]

　　文藝復興之後，正義戰爭成為國際法學者研究的課題。西班牙法學家維多利亞（de Vitoria,1486-1546年）和蘇亞雷（Francisco Suwez,1548-1617年）進一步充實了正義戰爭的原則，除神學家提出的發動戰爭的三個條件外，他們又補充了另外三個條件：1.戰爭帶來的罪惡，特別是人員死亡，應與戰爭要防止或糾正的不正義相稱。2.阻止或糾正不公的和平手段已經窮盡。3.正義戰爭有成功的可能性。十六世紀末、十七世紀初，歐洲的宗教改革過後，教會大權旁落，民族國家興起，國際法開始萌芽。維多利亞、蘇亞雷和義大利自然法學家真梯理（Alberico Gentili, 1552-160年）等人試圖將「正當的理由」與「自然法」聯繫起來，將正義戰爭傳統納入法律。他們提出，阻止海上無害通行、危害海上通行自由、海盜和殺死無辜平民的行徑都是發動戰爭的正當理由。蘇亞

雷提出，在世界任何地方，保護無辜百姓都構成發動正義戰爭的
正當理由。[23]

　　荷蘭法學家格老秀斯（Hugo Grotius, 1583-1645年）被認爲是
近代國際法與義戰思想的先驅。他於1625年發表的巨著《戰爭與
和平法》（*De Jure Belli ac Pacis*，英譯 *On the Law of War and
Peace*）。在格老秀斯的年代，歐洲爆發了規模空前的三十年戰爭
（1618～1648年），目睹戰爭的殘酷，他深感重建和平與法律秩序
及規範戰爭行爲的必要。在其著作中，他第一次有系統地論述了
近代國際法的基本原理和戰爭規則，其中許多規則在現代國際法
中仍是十分重要。他在《戰爭與和平法》的序言中說：

> 「在基督教世界裡，我看到戰爭的毫無節制，甚至連野蠻人也
> 引以為恥；我看到人們為了一點小事，或毫無理由的大動干
> 戈，而戰爭一旦爆發，無論是人的法律或是神的法律，都置
> 之不顧了。」[24]

　　格老秀斯依據中世紀基督神學家的理念，首先歸納出七個主
要因素，作爲從事一場正義戰爭的準繩：

1. 基於正義的起因。
2. 有合法的權責發起戰爭（要有國家主權）。
3. 有合理的意圖參與使用武力的一方。
4. 訴諸武力的對象要相稱。
5. 運用武力是唯一的手段。
6. 戰爭以獲致和平為目標。
7. 戰爭經合理的研判要獲勝。[25]

　　與前人相比，格老秀斯更重視正義戰爭的第二個組成部分
── 戰爭中的行爲規則。他詳細闡述了戰爭的正當手段

（means），因此被看作是第一個闡述戰爭法的人。他認為，正當的手段取決於正當的理由，即在戰爭中選擇什麼手段，應考慮發動戰爭的理由是什麼。格老秀斯引入了「適當性原則」（Principle of Proportionality），指出任何手段如果超出了正當理由的需要，就不是正當的。基於此，一些行動在戰爭中是不能容許的，無論理由是多麼的正當。例如，屠殺無辜百姓構成戰爭罪、擄掠敵方城市、強姦敵方婦女和擄掠敵方無辜平民充當奴隸的行為應當禁止。[26]

　　格老秀斯及同時代的自然法學家闡述的正義戰爭的基本理論影響延續至今。隨著時間變化，正義戰爭的某項原則受到重視，某項原則可能被忽視。當代有的學者提出，現在所談的「正義戰爭思想」，只能說是「正義戰爭傳統」（just war tradition），因為沒有任何政府、教會、國際機構的文件、條約或道德理論來界定「正義戰爭」。儘管有不同看法，一般認為，正義戰爭思想有一定程度的一致性。

三、當代義戰思想的內容

　　當代正義戰爭思想與國際法都已形成公認的戰爭規範。國際法一方面對戰爭遂行的方式與戰爭罪行做出界定，另一方面試圖區分戰爭的種類。以後者而言，戰爭被分為合法的義戰以及非法的侵略戰爭。幾個世紀以來，西方神學家對於義戰理論的詳盡討論，從而促成國際法在這個方面的發展，[27]也使當代義戰思想的結構及其原則有基本的共識。關於結構是區分進行戰爭的道德基礎——「開戰正義」（jus ad bellum）和在從事戰爭時正確的指導——「交戰正義」（jus in bello）。開戰正義，即進入戰爭的權利，

在這方面有下述六個基本原則或標準：[28]

(一) 開戰正義基本原則

1.正義理由

戰爭必須是以「正義」為名而發起，不過「正義」或「正當」的定義人言各異，無法很明確的證明國家在什麼情況下發動戰爭是合乎正義的。就目前義戰思想的發展來看，具有「正義」名義的戰爭包括：1.反侵略的自衛戰爭，包括協助友邦獲盟國遭受他國侵略的戰爭；2.人道干涉：如一個國家國民遭受到國家暴力的種族滅絕等，國際社會同樣也能夠基於人道主義立場，正當地對這個國家開戰。在第二次世界大戰中，同盟國向日本人和德國人的宣戰，常常被引用為如此一正義宣戰的典範案例。1991年的波灣戰爭則以伊拉克侵略科威特，並可能接著造成沙烏地阿拉伯、敘利亞和以色列的危險而發動的戰爭。但是由於它也涉及有關於中東油源的控制之爭，因此，雖被視為正義戰爭，獲得大多數輿論及聯合國的授權，卻也引起一些質疑，因為它似乎與油源的利益有關。2003年的美伊戰爭就引起更大的質疑，因為這次戰爭，美國宣稱伊拉克擁有大規模毀滅性武器，將對美國及世界造成危害，惟證據不足，又宣稱要解放伊拉克，使伊拉克成為民主國家，也使世人認為與中東的利益有關，致未獲聯合國授權，引起很大的反對聲浪。

儘管在正義戰爭理論中，正當理由是發動戰爭的一個必要條件，但是它並不是一個充分條件。要衡量戰爭是否是正義的，我們還必須應用其他五個標準進行衡量。

2.合法權威

通常被視為有主權的國家才有發動戰爭權。這排除了革命戰爭與反動叛亂。這條原則和其他原則頗為不同，因為它並沒有直

接告訴我們如何因應一場即將開始的戰爭。相反地，這條原則告
訴我們，只有某些人有權做出戰或不戰的決定。那些有權做出這
種決定的人物，並不是個別公民、私人組織、將軍、企業領導或
哲學教授，而是某些國家的官員和某些特定的機構（例如各國行
政和立法機關）。然而，除國家領導人外，其他人也可能算得上是
合法權威。例如，在某些特定情況下，當存在對和平的威脅、破
壞或侵略行為時，聯合國安理會就可以充當合法的權威。而那些
反對殖民體制的民族解放運動，也普遍被認為具有以武力來保衛
它們的民族自決權的合法權威。然而，在一種非殖民情景下，對
那種為分離而進行的暴力運動是否具有合法權威一直是有爭議
的。至於革命運動在什麼條件下以及在何種程度上可以被看作為
一種正當理由而具有使用武力的合法權威同樣也存在疑問。

　　3.正當目的

　　在過去，這條原則被解讀為一個國家，尤其是它的軍人，不
應心中懷有仇恨而參加戰爭，顯然這稍嫌理想與嚴苛。在今天，
正當意圖原則較易衡量也不那麼嚴苛。它現在意味著國家參戰應
該以最初促使它作戰的正當理由為目的，並以和平為目標，而不
是要進行殲滅戰。因此如果甲國對侵略國作出反應，甲國的善意
目的只是為了阻止侵略，而且可能是為了懲罰侵略者，甲國不能
將戰爭作為獲得它一直覬覦的領土或獲取利益的藉口。義戰思想
是屬於防衛性質的戰爭思想，惟若敵人有侵略的意圖時，可實施
先制攻擊（preemptive strikes）。如1967年以色列對抗埃及的六日
戰爭（Six Days War）。

　　4.成功的可能性

　　這個原則主張如果開戰不能產生好的結果，那該國就不應該
開戰。這通常是因為開戰的國家在軍事上不如對手。試想無法成
功如何有正義可言。

5.相稱性

這與第四原則都涉及戰爭後果。相稱性原則主張作戰的預期成本應該和利益一致。但是該原則的準確涵義常常不清楚，它是否意味著只有當預期利益超過預期成本時戰爭才是正義的？還是成本和利益大致相等就可以？還有一個問題就是如何衡量成本和利益。比如，如何衡量為了阻止未來的侵略者而開戰的戰爭利益，戰爭會持續多久的估計，以及戰況會變得如何惡劣等相關的問題。事實上，由於所有這些問題和其他的問題，使得相稱原則不是很有力的一條原則。看來它可以給的唯一明確的指導，就是提醒一國在開戰的預期成本遠遠超過預期利益時，不要開戰。因此有人認為在冷戰期間，如果北約在1968年為支持捷克斯洛伐克人抵抗蘇聯佔領而發動第三次世界大戰，並使用核武器，就違反了這一原則。所以即使正當理由原則允許第三次世界大戰，相稱性原則也不會容許。

6.最後手段

在實際上，這個原則可能比其他大多數原則都重要。這似乎會被認為，在未戰爭前已把宣戰當作成一個預設的政策選項。事實上卻不盡然，在開火和發射導彈之前總有另一種談判方法可以嘗試，例如制裁、政治策略、聯合抵制等。因此，最後手段原則或許應該被視為意味著最後合理手段。宣戰是最後的訴求與決定，此時戰爭是唯一完成良好終局之方式。在訴諸戰爭之前，應該非常明確所有進一步的外交努力都已經沒有意義。事實上，最後手段原則阻止被煽動後的好戰反應，該原則贊成頭腦冷靜反對頭腦過熱。

(二) 交戰正義的標準

至於「交戰正義」標準適用於戰爭發動後，通常有兩個標

準。

1.相稱（proportionality）原則

「交戰正義」第一個還是相稱性的原則。戰爭必須適度、正確地實行，不能比完成善的終局所需的帶來更大的災禍。亦即比所需達成善的目標更多的暴力不可以被執行，掠奪、強姦和拷打折磨全被禁止，殘酷的對待無辜者、戰俘和受傷的人都不能得到正當的理由。在這點上核子戰爭也違反相稱的原則。在實際上，目前較受關注的是戰爭中行動的成本和利益。根據這一原則，如果立即直接穿過某一河流的戰役計畫雖然會導致勝利，但是會讓雙方付出很高的代價，而如果這代價是採取其他合理的計畫是可以避免的，那麼該戰役計畫就應該被譴責。

2.區分（Discrimination）原則

和效益論與契約論相反，正義戰爭理論區分戰鬥者和非戰鬥人員——那些在戰鬥中被視為無辜的人。攻擊非軍事目標和非戰鬥人員是不被允許的，平民轟炸違反意圖的法律。在越南戰爭中，美萊村（MyLai）的平民大屠殺被視為美國軍方所幹的最低下卑劣的行為。

這個原則的目的是要對參戰的人以某種方法加以區分，從而確定某些敵人是合法攻擊的目標，而其他則不是。但如何區分呢？有一種不完全令人滿意，但仍然可用的區分方法是根據敵人是否穿制服。如果敵軍只攻擊穿制服的人，他們就會攻擊軍中牧師和醫務人員，以及戰士。但對區分原則的這種解釋至少可以不涉及老人、（平民）婦女和兒童。簡而言之，如果遵循此種解釋，就可以大大減少戰爭的屠殺。但是也有人認為不僅軍中牧師和醫務人員應該是攻擊的目標，某些不穿制服的團體也應該是。這可能包括不穿制服的游擊隊戰士，以及在生產軍用設備和供應品工廠工作的人。某些人還認為幫助將這些設備和供應品運到前

線的鐵路工人也應該是合法攻擊的目標。

在某種程度上，區分的標準視情況而定。比如，在六日戰爭這種類型的戰爭中，攻擊軍需品廠工人可能就是不正當的。因爲儘管他們對戰爭的貢獻是直接的，但是從時間上看在他們生產的軍需品到達前線之前戰爭就已經結束。反之，如果戰爭嚴重拖延，問題就不同了。在這種戰爭中攻擊軍需品廠工人，以及他們用來運輸的工具，就很可能是合法的。下面是說明對參戰和非參戰的人之間劃分並不明確的另一個實例。在1990～1991年的波灣戰爭中，聯軍攻擊平民和伊拉克軍方共同使用的橋樑，其中某些橋樑可能應該被攻擊，但其他的則不應該。那些靠近前線和被軍隊大量使用的橋樑無疑是合法的目標，但是其他遠離前線主要被平民使用的橋樑可能就不是（特別是情勢很快就表明戰爭不會持續很久）。但應該如何處理介於這兩種極端之間的其他橋樑，我們確實很難作出判定。

上述的區分原則似乎只能憑「直覺」，《日內瓦公約》（*The Geneva Convention*）則提供一些可供識別的規則。《日內瓦公約》是從1864年至1949年在瑞士日內瓦締結，有關保護平民和戰爭受難者的一系列國際公約的總稱。這些公約提出具體的規範以區別戰鬥人員和非戰鬥人員，如1949年制定，1950年生效的《關於戰時保護平民的日內瓦公約》〔*Convention (IV) relative to the Protection of Civilian Persons in Time of War*，又稱《日內瓦公約第四公約》（*The Fourth Geneva Convention*）〕中明定嚴禁使平民、非戰鬥人員遭受身體痛苦或被消滅的措施，包括謀殺、酷刑、傷殘肢體及非爲醫學治療所必須的醫學或科學實驗（第32條），醫院不得爲攻擊之目標（第18條）等，都是明確的法律規範。我們認爲不論選擇直覺或公約的規則，交戰正義對於限制戰爭的手段殘酷性，多少都有一些效果。

　　進行戰爭的正義原則較少受到質疑，因爲這幾項確實可以降低戰爭的罪惡，但效益論則會質疑區分原則。如果轟炸一個城市爲保住15,000名士兵，而喪失10,000平民的生命，則我們應轟炸這城市。[29]區分原則在實戰是很有問題的，無辜者與戰鬥人員又不易分辨，有時武裝人員會扮成平民，有時百姓被當作人肉盾牌，成爲戰鬥者的保衛屛障。另外現代高科技精準武器的使用可以減少人員的傷亡，但許多高科技常規武器的毀傷能力，幾乎等同於小型核彈，傷害更大。

第四節　義戰思想的問題

　　經濟學者修馬克（E. F. Schumacher）說：

「一盎士的實踐通常比一噸的理論來得有價值。然而，要給和平奠下經濟的基礎可需要許多盎士。人們到哪去尋找抵抗如此明顯驚人潮流的力量？更有甚者：人們到哪去尋找征服本身體內貪婪、忌妒、仇恨及掠奪暴力的力量？」[30]

　　這也道出若干義戰思想實踐上的困難。我們以下分別就正義戰爭的理論問題與實踐問題做一概要的說明。

一、正義戰爭理論上的問題

　　美國哲學教授福臣（Nick Fotion）指出義戰思想的問題來自「正義」與「戰爭」這兩個概念，[31]我們也借用這二個概念來分析正義戰爭理論的問題。

（一）正義概念的問題

　　即使正義戰爭的各原則與指標已獲得很高的共識，而且大部分人也會同意要有正當的理由才能發起戰爭，在今天已很少有國家或武裝組織會宣稱自己在發動爭權奪利或侵略的戰爭了，大家都聲稱自己有正當的理由發動戰爭。但是各種「不正義」的戰爭似乎還是出現了，爲什麼呢？問題就是出在正義是什麼，及由誰認定的問題始終無法解決。所以在同一場衝突中，當敵對雙方都說自己是合乎正義的國家，都聲稱自己的戰爭理由是正當的時候，誰來作最後的裁定呢？在中世紀，教皇宣稱對異教徒的「十字軍東征」是正義戰爭，教皇也許可以仲裁歐洲君主之間的戰爭。在主權國家誕生後，對衝突的雙方判定往往演變成「強權即公理」。

　　美國當代知名的哲學家杭士基（Noam Chomsky），曾對於當前所謂的「反恐」（counterterror）或「正義之戰」的標準進行大規模文獻調查，也調查了許多的國家，他得到的結論是：「如果有人對我們或我們的盟友發動恐怖攻擊，這就是恐怖活動；如果我們或我們的盟友對誰發動了攻擊，或許是更爲嚴重的恐怖活動，那不是恐怖活動，而叫對抗恐怖主義之戰（War Against Terror or War on Terror），或叫正義之戰。」杭士基強調這種定義正義之戰、反恐戰爭的原則「幾乎放諸四海而皆準。」[32]

　　戰爭是否合乎正義，薄富爾認爲：

> 「武力本身並無善惡之分。其分別是要看爲什麼理由而使用它，換言之，也就是要看政策本身是善還是惡來決定。在人類歷史上，武力在鬥爭中一向都是居於重要地位，若是忽略了這個事實，那就是故意不承認現實。」[33]

　　薄富爾的話只是替武力免責，而將正義的問題一到「政策」上，但什麼政策的善惡又可由誰判定呢？恐又將是一場大辯論。正義戰爭本來是要對戰爭加以限制，但並沒有產生作用。有句箴言說：「十八世紀為利益而戰約有限戰爭死亡成百上千；二十世紀為原則而戰的無限戰爭死亡成千上萬。」正義戰爭要求戰爭必須是最後的手段，但在實踐中，侵略者總會聲稱所有的和平解決方式都已嘗試過，儘管他們從未打算以外交方式解決問題。

（二）戰爭概念的問題

　　正義戰爭術語上的第二個問題是哪些才算「戰爭」？這關係到我們要將哪些「戰爭」列記為正義或非正義戰爭，以及國家或一些交戰團體是否認為自己在進行戰爭，還是只承認自己是在進行「武裝衝突」以躲避世人之評價。

　　不幸的是戰爭這個概念也是爭議很多，我們已有提到多次。民主國家在憲法上對宣戰和開戰的複雜要求，承平時期人民對不歡迎戰爭，以及聯合國憲章裏對使用武力有嚴格的限制性條款，都使國家會慎重的使用戰爭這一術語。「戰爭」一詞的使用，必須面臨國內決策（比如可能包括需要取得立法機構的正式批准）、國際法的法律仲裁，以及輿論的評價。國家通常避免使用「戰爭」一詞。美國在越南，英國派軍隊到福克蘭群島打阿根廷，或者北約成員國對科索沃進行軍事干涉時，都沒有宣戰。媒體和學者喜歡用的「越戰」，「福島戰爭」，或「科索沃戰爭」等術語，並沒有出現在美國、英國或北約成員國官方認可的對這些衝突的描述中。2001年9月11日恐怖主義份子襲擊美國後，美國政府將其反對恐怖份子和支持恐怖主義的國家的政治和軍事措施描述成「反恐怖主義戰爭」。但是同一術語並未見諸於美國的歐洲盟國的反恐怖份子政策。[34]

國內的衝突也很難認定。通常暴力衝突被視為國內性質時，比如內戰、分離主義份子的鬥爭、反殖民戰爭或代理戰爭，都避免使用「戰爭」一詞。因為戰爭通常被理解為主權實體間的國家衝突，所以對分離主義衝突，中央政府不願使用「戰爭」一詞以避免給予分離主義政黨某種形式的承認。如果將分離主義鬥爭稱作戰爭，就相當於宣佈分離合法化，而且中央政府也可用一切手段來敉平「內亂」，而國內不同的交戰團體也會在主權國家的保護傘下，進行大屠殺或種族滅絕的暴力行為。再者對於進行推翻「暴政」的革命戰爭，在成功前也是「內亂」，但是這種革命戰爭又常被視為正義之戰。

致力於研究正義戰爭的學者認為，在確定武裝衝突是否構成戰爭時，沒必要依照官方的用語或受官方承認的行為，有時運用比政府觀點更客觀的反而更為恰當。例如布爾對戰爭的定義就很適用來認定各種衝突是戰爭，他的定義是：

> 「戰爭是政治單位所進行的、相互之間的有組織的暴力行為，如果暴力行為不是以一個政治單位的名義進行，那麼他就不屬於戰爭。戰爭中的殺戮行為同謀殺的行為的區別在於，前者具有代理人的、官方的性質，政治單位對作為自己代理人的殺手之行為負有象徵性的責任。同樣的，如果以政治單位的名義進行的暴力，除非是針對另一個政治單位，否則也不是戰爭。」[35]

這個定義甚為寬廣，並未區分國家間的衝突和國內衝突，也沒區分由被認可的國家建立的政治單位和未被認可的國家建立的政治單位，概括了所有與正義戰爭理論有關的各種衝突。鑑於正義戰爭理論的原則事實上和所有這些衝突相關，布爾對「戰爭」似可供正義戰爭理論，檢視戰爭標準的這一廣義定義。[36]

二、實踐方面的問題

(一) 開戰正義的問題

1.自衛與侵略

開戰正義要點在於必須有正當的理由，那何者是正當的理由，有時也很難認定。以自我防衛的戰爭來說，應該是不證自明的正義戰爭，但是若是在沒有具體事證下，就任意預設假想敵國即將危害己方，而採取先發制人的攻擊，就會引起很大的爭議。「自衛」會受到濫用，歷史上的強國都認為自己的既有疆域不足以維護安全。第二次世界大戰日本攻打中國，就是為了擴大自己的生存環境，即使戰敗也一直不願承認自己發動的侵略戰爭。日本政府一直到1993年3月，才由當時的首相細川護熙，於就職演說中承認日本在第二次世界大戰是一種「侵略行為」。於此當注意者，細川護熙是說「侵略行為」而不是「侵略戰爭」，評論者視為一種「後退表達」，因為細川護熙在之前曾以「侵略戰爭」來承認日本的過失。[37]相對於日本官員，在1982年10月所作的一項民調顯示，竟有百分之44.8％的日本人民認為其國家的侵略戰爭「乃求生存不得已而為之」。[38]所以羅素對這種以自衛之名行侵略之時的行為給予很大的譴責，他說：

> 「自衛之主義一日承認其足為戰爭正當之好藉口，則此誅求無厭而起之悲劇的戰爭一日不能消滅。」[39]

2.干預與擴張

軍事干預已成為冷戰後正義戰爭思想討論的重要議題。冷戰後一些國家內發生許多種族滅絕或大屠殺的事例，引起人們的重

視，軍事干涉合理性的問題遂成爲人們討論的重點。軍事干涉是出人道主義對他國內政進行的干涉，是一種「防衛他者」的正義。在正義戰爭傳統中，防衛他者的「他者」並不一定指的是一個國家，他也可以指另一個國家中基本人權遭到侵害的一群人，這信念使得國家有權干涉另一國家的內部事務以保護這個國家裡無辜的人民。[40]軍事干涉的立意甚佳，但是有些人認爲對一個主權國家的干涉是必須加以保留的。和平主義者康德在《論永久和平》一書中論道，沒有任何國家應該以武力干預另一國家的憲法或政府，任何政府在發動戰爭時都要詢問哲學家繼續維持和平的可能性。約翰彌爾（John Stuart Mill）則指出，一個爲遭受攻擊的國家若欲發動一場戰爭，應先建立某些可以明確而理性的測試規則與標準。國際法學家則提出一個影響深遠而被許多人接受的標準，他說：「當一國殘酷地對待並迫害其國民，以致於否認其基本人權並且震駭人類良知（and to shock the conscience of mankind）並進而令該國有罪時，爲人道利益所進行的干涉在法律上是可被允許的。」[41]

儘管如此，有人認爲什麼是「震駭良知」的標準，如何衡量？不同的時空下，會有不同的震駭事務。再者，強調國家主權的獨立不受干預仍須保存，因爲在國家裡，人民可以享有社群生活，並且得以在社群結構中透過自己的方式爭取自由。最後，軍事干涉在歷史上有一些不良的記錄，自從羅馬時代以來，帝國權力便以干涉內戰的方式擴張其版圖；因此，干涉如同自衛一樣，亦容易淪爲各種兼併形式的藉口。[42]

（二）交戰正義的問題

1.如何區分？

交戰的問題來自如何對於戰爭人員與非戰鬥人員做精確的區

分。現代戰爭在大多數情況下，一個或多個國家施加制裁的目的是期望影響其政府的行為，而不將它作為懲罰受制裁國人民的手段。雖然如此人民有時還是最大的受難者，由美軍進行的兩場波灣戰爭及阿富汗戰爭來看，表面上是達到了區分原則，但在實際上傷害最大的還是平民。況且在一些戰例中，某些軍事目標是沒有意義或偽裝的，有些軍事目標與平民住宅區相混，這又如何區分。

2.如何均衡？

正義戰爭的均衡原則是任何戰爭，打擊軍事目標時，部分平民的傷亡數應儘量控制在一定的範圍內，而不可無限制的傷亡。這個理念是很好，但是落實也很難，畢竟戰爭是一個不確定的領域，充滿阻力與摩擦，理性的計算殊難實踐。許多人認為許多戰略武器的改進以及精密武器的發明，可以提高打擊的精度，使傷亡更易控制，增進了戰爭手段的正當性。但若仔細思考，仍有問題的，戰術性核子武器的使用，精度高的武器，還是不可避免會造成許多平民的傷亡。根據統計，2001年美軍以飛彈攻打阿富汗平民死亡三千多人，若加上軍人則至少數萬人。2003年攻打伊拉克也造成一萬多的平民死亡。美國的武器可說是當今世界最精確的，尚且如此，那其他國家又如何能做到均衡原則呢？至於戰略性核武的使用，除了脈衝與輻射會引起直接的傷亡外，也會使運作中的醫院、運輸、通訊等諸多民生基礎設施遭致破壞，核爆後的落塵會對環境生態、氣候有巨大的負面影響，這些非直接性的傷亡與損失也難以估算。所以均衡的原則很難達到。儘管如此，我們還是要肯定均衡原則的概念，當它被正確使用的時候，它會警惕戰爭決策者在發動正義之戰的時候必須考慮成本和收益，並時常提醒他們不要忘記另一方人民所遭受的苦難。

　　正義戰爭實踐的問題尚不僅止於此，本章只是就較困難的部分予以說明。正義戰爭思想受到最多的詰問是它的實踐效力以及規範的效果，簡單的說就是這種思想對於戰爭的殘酷性是否有實質的抑制效果。這問題在於只要支持戰爭的價值觀念繼續存在，就很難相信人們可以把戰爭控制在一定的範圍，關鍵在於人類對於戰爭抱持一種什麼樣的態度，如我們有什麼意識型態，怎樣看待國家利益，怎樣看待自衛，怎樣看待衝突解決，更重要的是我們如何看待暴力之使用，如何看待人的生命。這裡我們將借用古希臘史學家修昔底德來回答這個問題，他說：

> 「不管我們如何想或是否願意承認，人類的行為終究是受到恐懼（fear）、自利（self-interest）和榮譽（honor）所引導。這些人性面是戰爭及不穩定的根源，構成了人類情境（human condition），而人類情境則導致了政治危機：讓純直覺凌駕法律則政治會失敗，並由無政府狀態所取代。解決無政府狀態的辦法，不在否定恐懼、自利和榮譽，而是要管理它們而獲得道德性的結局。」[43]

　　這是修昔底德軍旅經歷的結論，用他的話來評論正義戰爭思想的效用甚為直至當。儘管正義戰爭的履行有待國際法予以強化，但是為違反法律不代表合乎道德，戰爭是一個殘酷的領域，除了法律的限制外，道德觀念更是人心的最後一道防線，必須予以固守，否則人性與獸性將相差無幾矣！

一、你對「宋襄公之仁」有何看法。

二、正義和利益的關係爲何？有無衝突？比較孟子及希
　　臘人的觀點。

三、西方的宗教戰爭與殖民主義是正義還是利益的戰
　　爭。

四、說明西方正義戰爭思想的歷史發展。

五、說明開戰正義與交戰正義的原則。

六、正義戰爭思想實踐上的問題爲何？

註釋

1.席代岳譯，《戰爭的罪行》（台北：麥田出版公司，2002年5月，初版一刷），頁285。

2.謝德風譯，《伯羅奔尼撒戰爭史》（台北：台灣商務印書館，2000年8月，初版1刷），頁56-57。

3.同上頁，頁424-425。

4.見《孟子・告子篇下》，孟子曰 ：「今之事 君者曰：『我能爲君辟土地，充府庫。』今之所謂良臣，古之所謂民賊也。君不鄉道，不於仁，而求富之，是富桀也。『我能爲君約與國，戰必克。』今之所謂良臣，古之所謂民賊也。君不鄉道，不志於仁，而求爲之強戰，是輔桀也。由今之道，無變今之俗，雖與之天下，不能一朝居也。」

5.見《孟子・盡心篇下》，孟子曰：「有人曰：『我善爲陳，我善爲戰。』大罪也。國君好仁，天下無敵焉。南面而征北狄怨，東面而征西夷怨。曰：『奚爲後我？』武王之伐殷也，革車三百兩，虎賁三千人。王曰：『無畏！寧爾也，非敵百姓也。』若崩厥角稽首。征之爲言正也，各欲正己也，焉用戰 ？」

6.朱熹，《四書集註》。

7.雷崧生譯，《查拉圖斯特拉如是說》（台北：台灣中華書局，民國90年12月，二版3刷），頁61。

8.徐淑眞譯（John K. Galbraith），《不確定的年代》（台北：久大文化公司，1990年3月，初版），頁86。

9.陳正國譯（Victor G. Kiernan），《人類的主人——歐洲帝國時期對其他文化的態度》（*The Lords of Human Kind*）（台北：麥田出版公司，2001年7月，初版1刷），頁41。

10.同上註，頁50-51。

11.鈕先鍾譯，《西洋世界軍事史——卷一從沙拉米斯會戰到李班多會戰（下）》（台北：麥田出版公司，1996年7月，初版1刷），頁576。

12.同上註，頁583。

13.徐淑眞譯，《不確定的年代》，頁99-101。

14.David Miller, *The Blackwell Encyclopaedia of Political Thought* (New York:

Basil Blackwell Inc.1987), p.257.

15.Ibid., 258.

16.關於古希臘羅馬的戰爭規範，參閱盛紅生、楊澤偉、秦小軒著，《武力的邊界》（北京：時事出版社，2003年6月），頁22-24。

17.張金鑑，《西洋政治思想史》（台北：三民書局，民國73年9月），頁97。

18.David Miller, *The Blackwell Encyclopaedia of Political Thought*, p.258.

19.白希譯（Theodore A. Couloumbis & Theodore H. Wolfe），《權力與正義》（*Introduction to International Relations: Power and Justice*）（北京：華夏出版社，1990年12月），頁312。

20.朱之江，《現代戰爭倫理研究》（北京：國防大學出版社，2002年9月），頁29。

21.白希譯，《權力與正義》，頁312-313。

22.David Miller, *The Blackwell Encyclopaedia of Political Thought*, p.259.

23.關於維多利亞、蘇亞雷、真梯里的正義戰爭思想參見，魏宗雷、邱貴榮、孫茹著，《西方人道主義理論與實踐》（北京：時事出版社，2003年1月），頁5-6。

24.引自張景恩，《國際法與戰爭》（北京：國防大學出版社，1999年3月），頁50-51。

25.席代岳譯（Roy Gutman & David Rieff），《戰爭的罪行》（*Crimes of War*）（台北：麥田出版公司，2002年5月），頁285。

26.魏宗雷、邱貴榮、孫茹著，《西方人道主義理論與實踐》（北京：時事出版社，2003年1月），頁6。

27.歐信宏、胡組慶合譯，《國際關係》（台北：雙葉書廊書局，2003年7月，初版1刷），頁308。

28.時殷弘主編，《戰爭的道德制約：冷戰後局部戰爭的哲學思考》（北京：法律出版社，2003年9月），頁19-23。

29.陳瑞麟等譯，《生死一瞬間：戰爭與飢荒》（台北：桂冠圖書公司，1997年4月，初版1刷），頁25。

30.李華夏譯，《小即是美》（台北：立緒文化公司，民國89年9月，初版1刷），頁34。

31.時殷弘主編，《戰爭的道德制約：冷戰後局部戰爭的哲學思考》，頁23-28。

32.王菲菲譯（Noam Chomsky），《權力與恐怖》（*Power and Terror*）（台

北：商周出版公司，2004年1月），頁97。

33.鈕先鍾譯，《戰爭緒論》（台北：麥田出版公司，1997年5月，初版二刷），頁169。

34.時殷弘主編，《戰爭的道德制約：冷戰後局部戰爭的哲學思考》，頁24。

35.Hedrey Bull, *The Anarchical Society: A Study of Order in World Politics* (London: Macmillan, 1995), p179.

36.時殷弘主編，《戰爭的道德制約：冷戰後局部戰爭的哲學思考》，頁25-26。

37.劉建平譯（吉田裕），《日本人的戰爭觀》（北京：新華出版社，2000年5月），頁5。

38.同上註，頁15-16。

39.劉福增譯，《羅素的戰爭倫理學》（台北：水牛出版社，民國78年3月），頁30-31。

40.時殷弘主編，《戰爭的道德制約：冷戰後局部戰爭的哲學思考》，頁38-39。

41.李尚遠譯（Peter Singer），《我們只有一個地球》（*One World*）（台北：商周出版社，2003年8月），頁180-181。

42.同上註，頁182。

43.Robertb D. Kaplan, *Warrior Politics* (New York: Vintage Books, 2003), 47.

戰爭實踐論

第十章

戰爭修養與武德

戰爭驚天動地，非常兇猛。

法蘭西人用明亮的長矛進攻。

你可以看到敵人非常悲痛，

那麼多的人死傷，流血鮮紅，

屍體堆在一起，有的匍伏，有的倒臥。

大食人對這樣的攻勢無法抵擋，他們不得不離開戰場，

法蘭西人追著他們，情緒高昂。

——節錄自《羅蘭之歌》，一二六

第一節　戰爭修養概說

一、修養的意義

　　修養在儒家來說是指「透過內心的反省，培養完善的人格。」[1]宋朱熹《近思錄》引述程頤的話說：「修養之所以引年，……常人之所以至於聖人，皆工夫到這裡，則有此應。」[2]即言人若能修練養生，立志上進，以致達到長壽與聖賢境界，都是心志純全、工夫專一所獲得的成果。

　　「修」字本含有修理整治之義，養字本含有養育培植之義，前者類似工業式的陶冶，後者有如農業式的栽培，「修」字的重點，應在於修其所短，修其所偏；「養一字的重點在於養其所長，養其所正，修養就是以陶冶身心為主的自我教育與自我訓練，其範圍包括舉止、儀態、生活、情神、智慧、藝能、情緒、意志、品德、人格等等，如是，在積極方面為存天理，樹德務

滋，明明德，致良知；消極方面爲去人欲，去惡務盡，除邪歸
正，改過遷善，洗心革面等等。因爲一個人不正則偏，不良則
窳，不善則惡，不二則私，人之善惡良窳，全在一念之間，存心
向善則善，存心向惡則惡，其主宰的心靈，就靠修養而來。《大
學》中說：「欲修其身者，先正其心；欲正其心者，先誠其意，」
又說：「自天子以至於庶人，壹是皆以修身爲本。」修身的方法
在於瞭解自已，然後改變自己，達到爲人處事皆能中節，使個人
的操守與天地合其德，與日月合其明，巍然獨立於天地之間。

　　修養論就是研究人們的修身或修己，修持以及養性、養氣或
養勇等等的理論和實踐而言：修養理論，乃是指一個學者或道德
家的思想言論或主張；修養實踐，乃是指一個學者或道德家的修
身行爲或涵養工夫，就教育立場論，前是屬於言教——教人行
善；後者屬於身教——以身作則，這兩者有時不易截然劃分，尤
其是我國學者往往力求言行一致，知行合一。

二、戰爭修養之性質

　　戰爭是一個危險的領域，戰爭修養意旨當一個身處戰爭中的
人（常指的是軍人）、領導者或國家民族在面臨戰爭時所必須具備
的智力、精神力量和各種表現。克勞塞維茨認爲戰爭氣氛是由危
險、勞累、（情報的）不確實性與（阻力所引起的）偶然性等四
個要素所構成。[3]這些戰爭氣氛構成要素所引起的妨礙效果，也可
以歸納爲「阻力」這個整體概念。有沒有減輕這些阻力的潤滑油
呢？克勞塞維茨認爲只有一種，那就是軍隊戰爭素質養成。[4]克勞
塞維茨說：

　　戰爭素質養成使身體能忍受巨大的勞累，使精神能承擔極大

的危險，使判斷不受最初印象的影響。不管在什麼地方，透過養成就會獲得一種寶貴的品質——鎮靜沈著，它是下至騎兵、弓箭手，上至師長所必須具備的素質，能夠減少統帥在行動中的困難。[5]

相對於阻力，「鎮靜沈著」是面臨戰爭氣氛所需要的感情與智力方面的巨大力量的整體概念，這種力量隨著戰爭具體情況的變化而具有不同的表現形式。克勞塞維茨說：[6]

要想在這種困難重重的戰爭氣氛中安全地順利前進，需要在感情方面和智力方面有一種巨大的力量，這種力量，隨著具體情況的變化而具有不同的表現形式，戰爭事件的講述者和報導者把它們稱之為幹勁、堅強、頑強、剛強和堅定。所有這些英雄本色的表現，都可以看做是同一種意志力在不同情況下的不同表現形式。

克勞塞維茨對於戰爭修養的論述，較偏重於克敵致勝的戰爭素質而言。我們認為戰爭修養尚不止於此，戰爭修養必須要對戰爭的仁與忍有清楚的認識，才不至使人成為冷血的戰爭機器，這也是中國戰爭哲學的重要特徵。在中國的戰爭哲學中，戰爭行為必須遵守以民為本的仁義思想，荀子在其〈議兵〉篇中強調「仁人之兵」的思想，孫臏在初見齊威王時，提出「樂兵者亡、利勝者辱」的箴言，凡此也是吾人在研究戰爭修養所必須注意的問題。

戰爭是涉及生死存亡的社會現象，它使人在面臨危險的環境時，必須隨時做出應急的判斷與行為。基於生死的關鍵，人在積極的行為中可能會有過度施暴的殘忍行為，也可能會展現不畏生死、捨生取義的高尚情操，在消極的行為中則可能會因怯懦而畏

戰懼戰，敗逃或投降於敵。凡此行為表現都與戰爭修養有關。研究戰爭修養是要瞭解什麼是適切的戰爭行為。武器是中性的，它的價值與功能來自於掌握武器的人，就正面的意義來看，戰爭修養可以培養一國軍民完美的人格與為國犧牲的決心，但若不具備完善的戰爭修養，可能使國家淪亡，也可能因武器的誤用而遭致生靈塗炭，誤國誤民。

從戰爭是國家或集團間有組織的暴力的定義來看，戰爭是一種集體的暴力行為，這種暴力行為與國家的起源有關。如果國家起源於安全的需求，為了提供安全的保障，它就必須擁有可供其支配使用的暴力。因此，國家因起源於安全這個特殊的目的，即提供安全保障，就已賦予了國家實施暴力的必要性。

第二節　戰爭與軍事社群

一、國家的起源與軍事社群

從國家的起源來看，戰爭與國家之間有很密切的關係，即從歷史來看，國家是因戰爭、暴力和短時期內獨佔武力而產生的。韋伯在他的《政治使命》（*Politics as a Vocation*）一書中指出：

> 人們最後是根據社會學的理論，從國家所獨有的工具的使用方式，也就是以有形武力的使用方式，來為國家下個定義。[7]

韋伯又說：

> 國家的起源，或政治社群的起源，可以從戰爭藝術發展的過

程中探究出來。而這可能是一件非常可悲的事；但毫無疑問的是一個事實。從歷史上而論，現代的各種政治社群的存在，無一不是因在戰爭中獲得成功，而要證明這一點是很容易的。因此，這些政治社群的組成，自然就以軍事原則為依據……。[8]

中外觀點相近，我國政治學者薩孟武認為，國家的發生過程可分為兩種，一種是一個部落征服別個部落而後組織起來的。此種建國過程在中外歷史上不乏其例。征服的原因常出於生存上的必要。戰爭雖會犧牲生命，卻可獲得資源、領土與奴隸。另一種國家是由一個部落受了敵人攻擊，乃集合近鄰許多部落，結為攻守同盟，而後組織起來的。漢時諸羌因受漢族壓迫，乃解仇組盟而立國（見《漢書‧趙充國傳》，《後漢書‧西羌傳》），唐時回紇因受突厥壓迫，乃結合十五部落而立國（見《新唐書‧回紇傳》）都是其例。薩孟武說：

> 國家的發生固然有兩種形式，一種由於征服，另一種由於防禦。然而我們由此亦可知道國家是人類要解決自己的生存，乃用合群之力，即用協力而造成的一種組織。所以人類不受生存的脅迫，不會組織國家；生存雖受脅迫，倘人類不知協力，國家也不會發生。所謂國家是武力造成的團體，由社會學的眼光觀之，的確不錯。[9]

關於國家起源與戰爭的關係，社會學者卡內羅（Robert L. Carneiro）在其著《國家起源的理論》（*A Theory of The Origin of The State*）一書中，用了簡單的模型來表達戰爭在國家起源中的重要作用：[10]

戰爭造成了國家，也建立起軍事組織與軍事社群。比較歷史

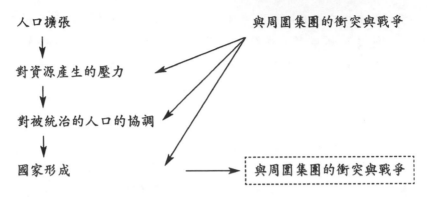

資料來源：李康、李猛譯，《社會的構成》（台北：左岸文化公司，2002年
1月，初版），頁263。

學家戴嘉特（Fedeerik J. Tggart）一方面強調戰爭與衝突之間的關
係，另一方面也強調戰爭與軍事統治者之間的關係，這些軍事統
治者控制了土地，和破壞了傳統的、個人的關係——主要是親族
關係。戴嘉特指出，任何一個國家的興起，必然是由於戰爭或是
受到戰爭的威脅，及由於擺脫古代的民族和親族等保護關係的個
人愈來愈多。戴嘉特說：

> 重要的一點是，由於原始組織的崩潰，由於個人獲得了堅持
> 其主張的機會，於是開啟了一個新的形勢，基於親族和領土
> 所建立的組織，只是把這一形勢制度化。因此，在整個歷史
> 中，經常有一些人為了保持那些有進取心的個人的主張而
> 戰。[11]

戰爭致勝本來就需要一個有紀律的軍事團體，原始的親族社
會沒有戰爭的危險，在平時親族組織可以處理生活中的大部分問
題，如經濟的、宗教的、文化的或其他方面的。然而遇到外來戰

爭危機，親族組織中依年齡爲解決日常事務或調解糾紛的倫理原則，並不能適應戰時的狀況。軍事社群與親族之間存在著衝突關係，由於戰爭的影響和戰爭的需要而使親族體系全面崩潰，在這種情形下出現領土國家。人類社會歷史中，只有國家這種形式的組織，最能適應戰爭。[12]在社會關係中，很少有像親族社會與建立於戰爭需要上的軍事之間那樣的尖銳衝突。

軍事社群是由無關聯的個人所組成的；親族社會是以像細胞般密切關聯的許多小單位組合而成，其中最重的單位就是家族或氏族。軍事社群的建立，是以指揮原則，使戰士的領袖和戰士的直接關係爲基礎；親族社會的建立，則是以調解的原則爲基礎。親族社會中每一單位的尊嚴是受到保護的，責任是共同的。戰爭社群以競爭爲要素，在戰鬥時，個人以勇氣來爭取榮譽，而親族社會中最看重名分。而且，軍事團體中，青年人的威望，是在親族社會平時無法求得的。在親族社會之中，年齡、經驗及隨年齡而來的智慧，是非常重要的。而且，在所有以家族原則爲主的社會中，注意的是傳統，而不是由指揮權形成的紀律。[13]

軍事社群中的權力集中、競爭、紀律是軍事社群構成的要素。權力集中是指軍事指揮權的集中，是指揮體系的基礎，戰士的領袖的權力，直接延伸到戰團中的每一個戰士；競爭是指作戰時的效率，在作戰中能力最強的人，會升至最高的地位，而能力差的就只能聽命於人，甚至因而戰死、受傷或被驅出於戰團而淘汰；紀律強調對於命令的奉行，也是指揮體系的基礎，如韋伯說：

> 軍紀的內涵是對於命令能準確的奉行，個人對命令的批評應無條件地停止，並且應忠實的執行。此外，根據命令而產生的行爲是一致的。這種一致性效果，就是從群眾組織的紀律而來。[14]

二、戰爭修養與武德之形成

　　軍事社群的構成要素產生軍事社群，也產生了軍事倫理與戰爭修養。戰爭是危險的領域，危險恐懼有賴紀律與戰爭修養的訓練來維持軍事社群的戰爭能力。對於戰場狀況的描述充滿在各種著作中，克勞塞維茨的最爲生動，刻畫出軍人在戰場上的實際感受：

　　讓我們陪同那些從未打過仗的人到戰場上去看一看吧。當我們走近戰場時，隆隆的砲聲，夾雜著砲彈的呼嘯聲，引起了他們的注意。砲彈開始在我們身前身後不遠的地方落下來。我們急忙奔向司令員及其隨從人員所在的高地。在這裡，砲彈在附近紛紛落下，榴彈在身邊不斷爆炸，這種生死攸關的嚴肅現實打破了年輕人天真的幻想。忽然間，一個熟人倒下去了──一顆榴彈落在人群中間，引起一片騷動──大家開始感到不再平靜和鎮定了，就連勇敢的人也至少有些心神不定了。我們再向前一步，來到就近的那位師長身邊，戰場上激烈的戰火就像戲劇場面一樣展現在我們眼前：砲彈一個接一個地落下來，再加上我方砲火的轟鳴，就更加使人感到心神不定了。我們離開師長來到旅長的身邊，這位大家公認的勇敢旅長，小心翼翼地隱蔽在丘陵、房屋或樹木的後面──這充分説明危險加劇了。霰彈叮叮噹噹落在房頂上和田野裡，砲彈呼嘯著四周飛射，從我們身邊和頭上掠過，槍彈的尖叫聲頻頻不絕於耳。我們再向部隊走近一步，來到步兵部隊這兒，他們以無法形容的頑強精神已經在這兒堅持了好幾個鐘頭的火力戰了。這裡到處是颼颼飛舞的槍彈，這種短

促、尖利的聲音傳來，槍彈從我們耳邊、頭上、胸前掠過。再加上看到人們受傷和倒斃而產生的憐憫心，更使我們跳動不安的心感到陣陣悲痛。

新手在接觸到上述不同程度的危險時，無不感到思考之光是透過別的介質產生運動並發生不同的折射，在這裡與憑空臆想的活動是不同的。一個人在接觸到這些最初的印象時，如果能夠不失去當機立斷的能力，他必然是一個非比尋常的人。固然，習慣可以很快沖淡這些印象，半小時後，我們就開始或多或少地對周圍的一切感到無所謂了。但作為普通人在這種情況下很難保持無拘無束、泰然自若的心情。由此可見，只具有普通的精神力量在這裡是不夠的，而且它產生作用的範圍越大，情況就越是如此。在這種困難的環境中，要想使一切效果都不小於室內活動的效果，人們就必須具備天生的百折不撓的十足勇氣、迫切的榮譽心或久經危險而不畏懼的習慣。[15]

戰爭危險現象的發生，會引領人類進入另一個心理世界。在這個另類的心理世界裡，價值被本末倒置了，思想體系也開始改變風貌了。在荷馬史詩《伊利亞特》《奧德賽》中會看到讚美成功的武士與指責落敗的武士的情節。在戰爭中必須理解社會因素對於戰爭心理的重大影響。首先，由個人所組成的集團，其中的個人必須把自身理解為一個集團；亦即，他們必須透過情感、傳統、親屬關係、風俗、居住類型、語言等把自身連結在一起。其次，他們必須把其他集團的成員理解為與他們渾然有異的集團（敵人）；理解為與他們無關的外人，而不必禁止對他們施以暴力。此外，在對敵情緒大爆發之前，或在爆發後不久，會散佈一股團結起來，一致對外的情緒，這樣會形成一股好戰的情緒與勇

氣；這樣會產生集體的戰爭行爲與評價。即勇敢的人或民族才值
得尊重，怯弱的人或民族則應羞辱，希羅多德對於西元前六世紀
埃及國王塞索斯特里斯（Sesostris）在歐亞地區的擴張過程有這樣
的記載：

> 凡是當地居民對他（埃及國王塞索斯特里斯）的進攻加以抗
> 擊並英勇地爲本身的自由而戰的地方，他便在那裏設立石
> 柱，石柱上刻著他的名字和他國家的名字，並在上說明他怎
> 樣用他自己的武力使這裏的居民屈服在他的統治之下。但相
> 反地，在未經一戰而很快地被征服的地方，則他在石柱上所
> 刻的和在奮勇抵抗的民族那裏所刻的銘文一樣，只是在這裏
> 之外，更加上一個婦女陰部的圖像，打算表明這是一個女人
> 氣的民族，也就是說不好戰的、懦弱的民族。[16]

總之，戰爭必須說服戰士，不僅自己要冒生命的危險，還要
褫奪他人的生命，這些他人不僅是隨意的他人，而且是與自己不
同的另類（otherness）。由於戰爭牽涉到有組織的大規模置敵人於
死命的暴力，人們總會圍繞殺人等一系列本已棘手的爭端，就戰
爭提出嚴肅的倫理問題。[17]

三、戰爭行爲之雙重性

敵我分辨所引起的戰爭倫理問題，戰爭學者雷山（Lawrence
LeShan）試圖從「虛幻戰爭」與「感覺戰爭」來解釋。所謂「虛
幻戰爭」是指，大多數人都以「虛幻法」解釋現實環境中的一
切；而所謂「感覺戰爭」則是指，一小部分人用「虛幻」的角度
看事情，但絕大部分人仍維持正常的「感覺」面對可能的衝突。
戰爭的發生是因爲人的評估標準由「感覺」轉變爲「虛幻」。雷山

認為對美國人民而言，第二次世界大戰的經驗可以說是「虛幻戰爭」的一個絕佳範例，他說：

> 打從參戰之出，美國人就把「我們」、「他們」分得一清二楚。比方說，我們有潛水艇，他們有U型船（德國製大型潛水艇）；我們只擊沈戰艦，他們卻連非武裝民船、醫療船也不放過；我們訓練有素的軍官對下屬安危關心備至、對戰鬥目標及使命了然於胸，而我們勇敢的士兵們則面對危險從不退縮。
>
> 至於在敵人的U型船上，放眼望去盡是一個個面容冷酷、自私自利、毫無作戰概念的軍官，及面無表情、反應遲鈍的士兵。兩相比較，好壞力判、善惡立分。[18]

敵我之分使戰爭行為與戰爭道德成為相對性的問題。勇猛的敵人，對我而言是殘酷的敵人，這也反映在國家暴力獨佔的問題上。現讓我考慮如下問題：首先，因為國家必須實施暴力，不可避免地它就要試圖壟斷暴力。因為任何不被國家控制的暴力都會為國家帶來限制，成為潛在的抵抗勢力，為了在實施安全職能時不受任何阻礙，國家就要成為強制技能的唯一擁有者。另一方面，一旦暴力可以被社團而不是國家，或者被個人而不是政府使用，國家和政府就會有被取代的危險。為了說明這點我們可以引用奧古斯丁的一段話：

> 當馬其頓的亞歷山大擒獲一名海盜，並質問他會為什麼膽敢在海上橫行無忌時，這個海盜以大無畏的勇氣給出了一個令人拍案叫絕的答案：「那麼你為什麼膽敢在整個世界橫行無忌？只因為我用一艘小船犯險，我就被稱作賊；而你則擁有一支龐大的海軍，你就被奉為帝王」[19]

　　海盜的這段話，凸顯出戰爭道德的相對性，反映在行為上，戰爭修養也成了相對性，所以有盜匪與君王之分。由於這樣的原因，許多在戰爭上獲勝擁有盛名的名將，如羅馬時期的一些將軍如龐培（Pompey）、凱撒（Caesar）、安東尼（Antony）和奧古斯都（Augustus），當國外的戰爭以勝利告終時，這樣的將軍已經可以左右政府的意志，而有能力使自己成為一國之主。當國家政府軟弱無能時，要想成為獨裁者的野心家，就會圖謀組織自己的軍隊，以顛覆國家的武裝力量。第二次世界大戰時義大利的墨索里尼與德國的希特勒就是典型的例子。在中國也發生所謂挾天子以令諸侯的現象，這就會發生正統的爭議，處在這種狀況下的軍人，只能各為其主，更顯示了忠誠或勇武等戰場上的修養相對的複雜性，三國時期就是這方面典型的例子。

　　我們在這裡可以發現，在內外、敵我之分的情形下，戰爭和戰（武）士是一種二元對立的關係：必須將自己的敵人非人化，以便使用武力和他們作戰，並合法的對他們大開殺戒，人類暨宗教學家林肯（Bruce Lincoln）將敵我內外二元對立關係稱為「二律背反」，其相對關係如下：[20]

內：外
祖先：鬼怪
保護：破壞
團結：敵對
血債要用血來償：置人死命乃為復仇
殺人非法：殺人合法

　　林肯認為，一個戰士似乎還必須將自己非人化，而後才能變成一部殺人機器，有效的泯滅諸如罪惡感、恐懼感和同情心之類的人之常情。一個極能說明這種二律背反的例子可以在日本武士

的「無念」（no mind）的理念中找到。在這種必須經過多年修定和軍事訓練方能達到的心理狀態中，武士的身體和四肢彷彿無意識了，不因思想、虛弱或懷疑而略有猶疑。在其他文明裡，武士常以動物自衛，舉例而言：有曰「獅子」或「豹」（東非），「兩條腿的狼」（印度和伊朗），狂暴鬥士或「那些穿熊皮的」（斯堪的納維亞國家）。[21]基於敵我之分，對內令人嫌惡的詐欺行為，在從事戰爭時被認為是光榮的事，所謂兵不厭詐。馬基維利直言：「從事戰爭使用詐欺是光榮的事。」並引申詳述：

> 雖然事事使用詐欺令人嫌惡，可是用在戰爭的場合卻值得讚揚，是光榮的事，而且使用詐欺克服敵人所受到的讚揚不下於使用武力克服敵人。[22]

中國戰國時人荀子與臨武君也注意到敵我二律背反的問題。在荀子與臨武君議兵於趙孝成王前的一場辯論中，即在探討仁者用兵，是否可以權變行使詭詐：

> 臨武君曰：「兵之所貴者，勢利也（乘勢爭利），所行者變詐也，善用兵者，感忽悠闇，莫知其所從出，孫吳用之，無敵於天下，豈必待附民哉。」孫卿子曰：「不然，臣之所道，仁人之兵，王者之志也。君之所貴，權謀勢利也；所行，攻奪變詐也；諸侯之事也。仁人之兵，不可詐也。……故以桀詐桀，猶巧拙有幸焉。以桀詐堯，譬之若以卵投石，以指撓沸，若赴水火，入焉焦沒耳！……且夫暴國之君，將誰與至哉？」《荀子·議兵》

薩孟武對此段爭辯的評論認為，荀子之言可用於民族相同的割據時代，不能用於民族不同的今日國家。春秋時代，中原諸國尚不視秦楚為同類，楚在長江南北，楚武王說，「我蠻夷也」

（《史記·卷四十楚世家》）。秦在函谷以西，孝公初年各國尚以「夷翟遇之」（《史記·卷五秦本紀》）。到了後來，秦楚兩國文化上已與中原諸國同化，此際，附民之政與權謀詐變可以並行不悖。未戰之前，應先附民，不但要善附本國之民，且要善附外國之民。既戰之時，權謀變詐亦甚重要。[23]

兵家多認同用兵可以仁義與詐力並用。如李覯說：

「兵之作尚矣，黃帝堯舜以來，未之有改也。故國之於兵，猶鷹集之於羽翼，虎豹之於爪牙也。羽翼不勁，鷙鳥不能以死尺鷃。爪牙不銳，猛獸不能以肉食。兵不強，聖人不能以制猲夫矣。所謂強兵者……必有仁義存焉耳……歷觀世俗之論兵者，多得其一體而未能具也。儒生曰仁義而已矣，何必詐力。武夫曰詐力而已矣，何必仁義，是皆知其一，未知其二也。愚以為仁義者兵之本也，詐力者兵之末也。本末相權，用之得所，則無敵矣。故君者純於本者也，將者駁於末者也。孫子曰：「王孰有道，將孰有能。」道，道德也；能，智能也。又曰：「將者智也，信也，仁也，勇也，嚴也」，乃知君則專用道德，將則智信仁勇嚴並用之矣……然為將者多知詐力，而為君者或不通仁義；故雖百戰百勝，而國愈不安，敵愈不服也。所謂仁義者，亦非朝肆赦，暮行賞，姑息於人之謂也。賢者興，愚者廢，善者勸，惡者懲，賦斂有法，徭役有時，人各有業而無乏用，樂其生而親其上，此仁義之凡也。彼貧其民，而我富之；彼勞其民，而我逸之；彼虐其民，而我寬之，則敵人望之，若赤子之號父母，將匍匐而至矣。彼雖有石城湯池，誰與守也，雖有堅甲利兵，誰與執也。是謂不戰而屈人之兵矣。」《李直講文集·卷十七·強兵策第一》。

孫子與吳子本主張多用詭兵，孫子說：

> 兵者，詭道也。故能而示之不能，用而示之不用，近而示之
> 遠，遠而示之近，利而誘之，亂而取之，實而備之，強而避
> 之，怒而撓之，卑而驕之，佚而勞之，親而離之。攻其無
> 備，出其不意，此兵家之勝，不可先傳也。（《孫子兵法·始
> 計篇》）

吳子亦云：

> 以近待遠，以佚待勞，以飽待饑，……左而右之，前而後
> 之，分而合之，結而解之。（《吳子·治兵篇》）

　　戰爭修養的複雜性與相對性是很難用單一標準來論定的，戰
爭會引起人類心理、思想體系，以致整個社會關係變化得迥異於
承平時期的重大改變。比如本來反對死刑的人，每聞死刑消息便
感震驚，在戰時卻會認為派遣大量無辜的年輕戰士奔赴戰場是應
該的事；平常厭惡浪費、崇尚節儉的人士，遇到戰爭也會轉變態
度，認為摧毀城市或虛擲千金延續戰爭是正常的事。戰爭學家布
杜爾認為要理解這個問題，可能只有從戰敗者與戰勝者的心理來
區分，或是「侵略者心理」與「受攻擊者心理」兩大類來區分，
以理解探討戰鬥人員的心理與行為。不過，這種區分實際上是很
困難的，因為戰爭中的歷史事實常被複雜化或被戰勝國將侵略戰
爭粉飾為防衛戰爭。雖然如此，還是可以做這樣的一個假設，即
戰爭的兩大陣營之間，總有一方的戰鬥意願（或者說是攻擊意願）
一定比另一方來得強烈。[24]

第三節　武德之形成

　　參與戰爭的人員通常可分為三大類，徵召的義務兵、傭兵、自願（職業）軍。義務兵通常是「屈從」於國家法律而參戰，當然也會因民族精神、為正義而戰的鼓吹，而能有勇赴戰場的信念。這種兵源形成了總體戰的基礎，由於戰爭規模無限擴大，往往造成整個人類政治社會的崩潰及重組。至於傭兵，則是以從事作戰為專業之人士，希冀從戰場上獲利，試圖以最小的風險自戰爭中獲取最大的利益。傭兵投入戰爭往往以利益為重，不顧及道德，常造成無辜百姓的嚴重傷害。職業軍則是最具備戰爭修養的軍隊，強調遵守戰爭的規則，以戰爭藝術取勝，戰爭規模較能控制，傷亡損失也較小。

　　戰爭既不可免，從理性的角度，我們仍要肯定戰爭在道德面向上的正面價值與意義。就一個國家社會言，必須有英勇的軍人為支柱方能安全的繁衍綿延下去。對於忠誠的軍人來說，軍人這項職業，是一個高貴的職業，甚至是志業，能夠不顧身家為國捐軀者，常能贏得不朽的聲響。即使是反戰的和平主義者，可能也無法否認戰爭具有激起人類高尚情操的能力，如：勇敢、犧牲、忠誠生死與共之同胞愛、正直……等。在各種不同的文明中人類始終意識到戰爭的這些情操，並且賦予它們極高的評價。事實上這可以說源於盛行等級階級的政治社會中。[25]

　　在中國春秋時代以前，兵的主體是貴族（士），一般平民不當兵，到春秋時代，雖已有平民當兵，但兵的主體仍然是士族。春秋時代及以前的軍隊都可說是貴族階級的軍隊，因為是貴族的，所以仍為傳統封建貴族的狹義精神所支配。封建制度所造成的貴

族，男子都以當兵職務爲榮譽、爲樂趣，不能當兵是莫大的羞
恥。我們看《左傳》《國語》中的人物由上到下沒有一個不上陣
的，沒有一個不能或不樂意上陣的。這些貴族用他們文武兼備的
才能去維持一種政治社會制度，他們有他們特殊的主張，並不濫
用才能。他們的主要目的，在國內是要維持貴族政治與貴族社
會，在天下是要維持國際的均勢局面。在《左傳》中每次戰爭都
有各種的繁文縟禮，殺戮並不甚多，戰爭不以殺傷滅國爲目的，
而是維持國際勢力的均衡。到了戰國時代情形大變，戰爭的目的
在攻滅對方，所以各國都獎勵戰殺，對俘虜甚至降卒往往大批的
坑殺。這種緊張的戰爭環境，厭戰的心理與軍國主義相偕並進。
墨子主張一般人的奔走和平，不過是最受當時注意的厭戰表現。
一般人民，或受暗示與群眾心理以及國家威脅利誘的支配，或者
多數樂意入伍，但應有少數是不願意參加這種屠殺式的戰爭。[26]關
於吳起的一段記載，可以表現出當時一般平民的戰爭心理：

> 起之爲將，與士卒最下者同食衣，臥不設席，行不騎乘，親
> 裹贏糧，與士卒分勞苦。卒有病疽者，起爲吮之。卒母聞而
> 哭之。人曰：「子，卒也，而將軍自吮其疽。何哭爲？」母
> 曰：「非然也！往年吳公吮其父，其父戰不旋踵，遂死於
> 敵。吳公今又吮其子，妾不知其死所矣！」《史記·卷五十
> 六·吳起傳》

在戰國的力拼局勢之下，當權的人想盡方法去鼓勵人民善
戰，戰死的特別多，這產生兩個現象：一種是承襲封建社會時期
的英雄主義與戰國時期的軍國主義所產生的「好戰衝力」，[27]這屬
於集體的衝力，這種思想有利於戰爭之形成。另一種是厭戰心理
與和平主義的產生。總體戰爭的出現，使在封建時期戰爭所帶來
的美德，如榮譽感、男子氣概，以及英勇無畏的精神，因戰爭平

民化的出現，藉由軍國主義對戰爭的頌揚及爾後民族愛國精神的
提倡，使戰爭修養的涉及面由貴族擴及至於平民。這個情形中外
皆然。

　　在西方，由於軍人階級和因軍人階級而興起的貴族階級，而
產生了軍國主義的價值。這種價值使得戰爭與西方社會有了密切
的關連，這在希臘羅馬的歷史中，可以看得很清楚。由於貴族的
身分，使他不能從事於任何直接的經濟活動。他的身體與心靈，
負有一項特別的使命，那就是戰士的使命。在封建時期軍人階級
的特性之一是騎士精神。所謂騎士，講求的無非就是刀劍、匕
首、長矛、盔甲、盾牌及戰馬。「騎士」指的就是「騎馬的軍
人」，中世紀的歐洲有步兵，為一般人所瞧不起，尤其歐洲大陸更
是如此。一般來說，騎士的生活是艱苦而危險的。武士打仗講究
公平和光明磊落，但是戰爭的本質永遠是殘酷的。騎士制度的重
要性，在中世紀是眾所周知的。當時有無數頌讚英雄的詩歌，其
中最著名的是《羅蘭之歌》（*La Chanson de Roland*），這首詩歌描
述兩位最偉大的騎士羅蘭和奧立佛，頌讚他們的俠義精神，在十
字軍東征時，為法蘭西皇帝查理曼（Charlemagne）奮戰至死。這
二位偉大騎士的英雄事蹟，不但成為中世紀，而且也成為西方近
世紀早期的許多詩和歌曲素材。這些頌讚英雄素材的詩歌，不論
它歌頌的是哪些騎士和戰爭，都成為西方知識的來源之一。雖說
封建時代的軍事社群，如果與羅馬或近代歐洲的軍隊相比，規模
當然小的多。但是，以此一封建軍事力量為基礎而建立的貴族階
級，在歷史上卻維持了很長一段時期。第一次世界大戰時，因戰
爭而崛起的貴族階級，在社會的各方面，都有很大的影響力，而
且它在道德價值方面，也發揮了極大的影響力，使戰爭的價值，
在西方高於所有其他價值。當封建式的戰爭消失以後（中世紀後
期），代之而起的是一種以工資制度為基礎的傭兵制戰爭，引發了

許多軍事、政治與社會的問題，馬基維利是第一位認真及有系統研究這一問題的西方思想家。它不贊成傭兵制，而主張建立國民兵，以備緊急時使用。[28]馬基維利用金錢雇用的傭兵對國家安全沒有作用，原因在於可以控制這種士兵的基礎除了薪金之外別無他物，不能太期待他們的忠誠，希望他們爲雇主拼死工作，簡直是異想天開。馬基維利在《李維羅馬史疏義》（*Discourses on the First Ten Books of Titus Livy*）中論道：

> 戰爭的動力不是俗見所稱的黃金，而是優秀的軍人，因爲黃金未必找得到優秀的軍人，優秀的軍人卻足以找到黃金。[29]

所以「武德自有黃金屋。」[30]他在另一著作《政略論》的結論是：

> 由此可以説，對指揮官忠心耿耿、勇敢和敵人作戰的戰鬥精神，只能期待自己身邊的士兵。無論是哪一種政體的國家，要維護它就必須武裝本國的國民，擁有本國國民組成的軍隊。這是歷史上一切靠力量取得大成就的人共通的特色。[31]

歐洲傭兵制與以貴族爲主體的軍隊，並未因馬基維利的「國民兵」制的呼籲而廢除。在十八世紀中期，法國與普魯士的軍官職位僅向貴族開放在法國，入伍從戎是家道中落的貴族獲取收入的手段，到十八世紀末期，整個軍隊有三分之一是軍官。英國軍隊是賣官鬻爵，充斥著鄉紳的年輕子弟，雖然不再是封建的領導方式，但是，勇氣與榮譽依然被看成是少數人天生的優點。[32]1789年法國大革命取消了軍官團的貴族統治，稍後開始實行全民入伍。除了少數例外，一般來說，政府被允許通過考選來徵召健康的年輕男子；由此到1813年拿破崙始能組建一支120萬人的法國軍隊。此時才將馬基維利從義大利一個小城邦獲得的國民兵觀

念，擴大爲人數眾多的國家軍隊的觀念，這種軍隊以全國徵兵的民主神聖原則——也就是財產的原則、服務的原則和人類生活的原則——爲基礎。[33]普魯士在1814年建立了固定普遍的兵役制度，規定所有普魯士人都必須在軍隊服五年的義務兵役（包括三年現役二年備役）。到十九世紀下半期，所有的歐洲國家以及美國和俄國，都建立了訓練軍官的學校，並有負責招收與晉級的官僚體系與之配套。與這些發展同步，普遍兵役制的全民入伍以及「全民皆兵」觀念隨之得以普及。這時候平民戰士與公民身分權利、主權和民族主義之間形成了聯繫。公民——戰士的湧現，一方面勇武與英雄主義的價值猶存，另一方面如法國全民入伍制的建立使公民權與積極介入國家緊急事態並作爲培植對國家的忠誠之手段聯繫起來。[34]

對於國家的忠誠，是國民道德上的向心力，可將其所有成員的情緒與觀念團結一致，成爲一個民族，由此有如水泥般凝結，國家若缺乏此種眾志的凝結，便會癱瘓，終於崩潰。西方國家宗教曾經是國家社會凝聚的扭帶，在法國大革命後，先是被自由、平等、博愛三大原則所取代，後又爲愛國主義所取代，成爲歐洲各國在道德上和知識上的主要凝聚力。[35]依照莫斯卡的定義：

> 愛國主義，乃基於生活在同一國家中的人民，結合在一起的共同利害的意識，以及語言同一，背景同一，分享共同的光榮，並且榮辱與共，必然會產生同一的情操與思想。[36]

俄國文豪托爾斯泰（Leo Tolstoy）名著《戰爭與和平》（*War and Peace*）突出地反應了1812年衛國戰爭的人民性。作者指出凡是在人民群眾有眞正的愛國熱情的地方，就會出現不拘一格的，破除任何誠律的人民戰爭。在祖國生死存亡的關鍵時刻，整個民族將奮起抗擊侵略者。[37]

在二十世紀初期，過激的愛國主義曾引起歐洲的中產階級及受過教育的青年的警覺，惟受愛國家以及國家應該擴張其影響力的自然慾望，加上無法信任與仇視他國的情感因素影響，助長了智識上的過激情緒，便導致了世界大戰的發生。[38]

第四節　軍隊武德的內涵

除了傭兵外，無論是封建時期的軍隊或是現代民族國家所組成的軍隊，都必須對軍隊成立的本質有所理解。軍隊與其他武裝暴力團體的差異性，除了軍隊是合法的武裝團體，受到國內、國際法制的制約外，更在於軍人必須具有道德意識，以自發性的約制其行為，而不會「擁槍自重」，任意而為。日本劍聖宮本武藏在其著作《五輪書》言：「武士之道就意味著要精通文武二道。作為一個武士，即使不具這方面天賦，只要不斷的努力，加強自己的文化修養和兵法修養，仍然能成為一個合格的武士。」[39]聖奧古斯丁在《上帝之都》一書中問道：「一個國家失去了公理正義，那麼，除了暴徒之眾又是什麼？」我們也可這樣問：「一支軍隊失去了道德，那麼，除了暴徒之眾又是什麼？」[40]軍隊或軍人的道德具體表現出來的行為即是所謂的軍人武德。

軍人武德的內容中外兵家學者的看法並不一致。我國對軍人武德的看法源自崇德的思維，如《詩經·大雅文王》言：「天命無親，惟德是輔」；春秋時期魯國穆叔所提「三不朽」，以「立德」為首；子產亦言：「德，國家之基也」；這些都是將道德視為安治國家的具體條件。這類的思維方式，也成為戰爭哲學思維中的一部分。

首先，戰爭是力量的表現，依一般常理而論：眾軍比寡軍有

利，小國弱國常難敵大國強國。但在崇德的思維下，發展出一套「德」與「力」之辨，在《左傳》一書中記載甚豐。[41]屈原在看完齊國壯盛的軍容後，對齊桓公說：「君若以德綏諸侯，誰敢不服？君若以力，楚國方城以爲城，漢水以爲池，雖衆，無所用之。」吳子說：「昔承桑氏之君，修德廢武，以滅其國。有扈氏之君，恃衆好勇，以喪其社稷。明主鑒之，必內修文德，外治武備。」說明「文德」與「武備」，國家應並重之。雖武力或許可服人於一時，然「德」更勝於「力」，故鄭子產言：「無文德而有武功，禍莫大焉。」

崇德的思維被運用於軍隊，成爲「將道」的標準，所以我國軍人武德之內涵實以「將道」爲基礎。《說文解字·寸部》：「將，帥也。帥當作衡。衡，將也，二字互訓。古文衡多做率，今文做帥。」將就是軍隊的統帥。道，理也，謂一定之理，猶道路爲人所共由也。[42]如《中庸》：「道也者，不可須臾離也。」朱注：「道者，日用事物當行之理。」道可說是道理、方向、方法。將道就是指統帥軍隊的規範與方法。古人十分重視將帥在戰爭中的作用，所以對於將帥的要求甚高，蓋將帥影響國家和人民的安危存亡。孫子說：「知兵之將，民之司命，國家安危之主也。」（《孫子兵法·作戰篇》）。吳子認爲，「總文武者，軍之將也。……得之國強，去之國亡，是謂良將。」（《孫子兵法·論將第四》）。後世兵家也反覆強調將帥之重要，如：「置將不善，一敗塗地」（《史記·卷八高祖本記》），「用兵之要，在先擇於將臣。」《歐陽修全集·內制集·除李端懿寧選軍節度使知潭州制》等。故擇將帥不可不愼，能得才智周備之將，固然是國家安強的要件，然而才智之外，歷代兵家尤重將德，兵書中通常有「論將」、「選將」、「將苑」等專篇的論述。戰場之成敗，取決於戰前對「道、天、地、將、法」的「妙算」，而「將」之內涵，孫子

則歸納爲「智、信、仁、勇、嚴」五種武德；這五個項目也成爲當今國軍軍人武德的項目。對於武德的內涵還有其他標準，《六韜》提出了「勇、智、仁、信、忠」五種德性；《潛夫論》提出「智、仁、敬、信、勇、嚴」。整體而言，我國兵家學者均認爲一個標準的軍人不能只有勇武的表徵，尚須要有實質的品德、修養內涵，以及領軍作戰的才能。曾國藩可謂總結了將道的標準，他說：「求將之道，在有良心，有血性，有勇氣，有智略」[43]；又說：「帶兵之人，第一要才堪治民；第二要不怕死；第三要不汲汲名利；第四要耐受辛苦。……故吾謂帶兵之人，須智深勇沈之士，文經武緯之才。」[44]

　　西方兵家學者對於武德亦甚重視。李維在分析羅馬人與拉丁人最重要的一場戰役中表示，羅馬軍戰勝的原因是羅馬軍首領的武德勝過拉丁軍。[45]從拿破崙的言論中可知其對「將道」與「武德」的重視，如：「將軍的必要素質即爲決斷」、「意志、性格與膽量才使我之所以爲我」、「假使一個人重視他的生命有過於國家和戰友的評價，則他根本就不應是法蘭西陸軍中之一員」、「金錢並不能購買勇敢」。[46]克勞塞維茨在其名著《戰爭論》中即以專章闡釋軍隊武德。法國前總統戴高樂（Charles de Gaulle）強調「戰鬥精神、戰爭藝術與軍人情操確實是人類遺產中不可缺少的部分」，「個人爲整體所作的犧牲，以及爲榮耀而蒙受痛苦，這兩件作爲軍隊專業性的基本要素，都反應出我們的道德感與審美觀，即使在哲學與宗教的最莊嚴訓練中，也找不出比其更高的理想。」[47]從這些話中可知戴高樂對於軍人武德的重視。美軍葛雷（A.M. Gray）將軍戰爭中是由道德與物質層面兩種力量構成。這裡所言「道德」（moral）並不局限於倫理，而是泛指各種心智層面的力量，這種道德力量難以捉摸，不可量化，包括「國民或軍事行動的決心、國家或個人的良心、情緒、恐懼、勇氣、士氣、領導能力、或團

隊精神。[48]」從上述言論可知，葛雷將軍將武德視爲一種涉及心智層面的道德力量。

西方之武德來自其英雄主義與尙武的精神。面對戰爭，除了追逐物質利益如戰利品、土地外，更期望能因勇敢行爲而贏取永恆卓著的聲譽與威望——就是追求不朽。把威望聲譽歸結勇敢可以成爲一種影響戰爭行爲的手段。謝勒說：

> 「英雄乃是一個種族的典範。……著要的英雄類型，有政治家、軍事指揮家、及殖民家。不管何時，只要政治家與軍事家同時應在同一個人身上時，像凱撒、亞歷山大、拿破崙、腓德烈大帝及尤金公爵（Duke Eugene）這些人……就在籌劃性與負責性的統一中代表著活躍型英雄主義最高形式。」[49]

這類英雄常會成爲人類的價值典範。

就語源學而言，valor（勇敢的），此字與valiance英勇和value價值上的關係，與virtue美德和virility男子氣概之間的語源的關係，有著相同深遠的意義。[50]透過不朽與勇敢的連結，能夠說服個人即使在獲得最大成功，亦無實質上的利益時，仍願犧牲生命的動力。事實上，在初民社會，仍然在社會組織的早期階段，軍人的勇武，乃進入統治或政治階級的最重要的品德。因此，凡在戰爭中表現最能幹的人，最易於超越他人而居高位的，亦即「最勇敢的人便是領袖」。[51]

從上面所引西方兵家學者對於軍人武德的內容稍有差異，但不外與勇氣、精神、意志……等有關之心理素質，克勞塞維茨對此談論甚詳。

克勞塞維茨認爲軍隊主要的精神力量指統帥的才能、軍隊的武德和軍隊的民族精神。（《戰爭論（上）》，頁139）雖說克勞塞維茨將統帥才能、民族精神、軍隊武德，分列爲軍隊之精神力量

之一，但就廣義而言統帥的才能、軍隊的武德和軍隊的民族精神都可作爲「軍人武德」的內涵。以下將對克勞塞維茨的論點做簡單的介紹。

軍隊的民族精神是對於國家民族的熱情、狂熱、信仰和信念，是集體的尚武精神。統帥才能是單指指揮整個戰爭或整個戰區的指揮官所應有的才能，他和下一級之間的差異很大。統帥必須具備有洞察的卓越智力，這種智力是隨著其職位的提高而提高，以及堅強的心理或感情因素，如果斷、幹勁、堅強、頑強、剛強和堅定等感情素質。（《戰爭論（上）》，頁50-52）

上述之感情因素不限於統帥，這些是軍人可貴的心理素質。果斷是勇氣在具體情況下的表現，不單指冒肉體危險的勇氣，更是承擔責任的勇氣，果斷又可稱爲「智勇」。（《戰爭論（上）》，頁38）堅強是指意志對一次猛烈打擊的抵抗力，頑強則是指意志持續打擊的抵抗力。堅強與頑強意義相近，有時互相爲用，但卻有本質上的顯著差異，克勞塞維茨說：

> 人們對一次猛烈的打擊所表現出來的堅強，可以僅僅來自感情力量，但頑強卻更多需要智力的支持，因為行動時間越長，就越要加強行動的計畫性，而頑強的力量有一部分就是從這種計畫性汲取的。（《戰爭論（上）》，頁38）

剛強是指在最激動的時候也能保持鎮靜的那種感情；有了鎮靜，才能確保智力不會受感情衝動的影響。所謂堅定，是通常所說的「有性格」，是指能堅持自己的信念，堅定的信念是自信心的表現，是在一切猶豫的情況下都要堅持自己最初的看法。堅定有時與固執不易分辨，固執不是智力上的問題，而是感情上的問題，是指拒絕更好的見解，是對於不同意見過度敏感而不能容忍的毛病。

克勞塞維茨將上述各種感情素質稱爲是英雄本色的表現，都可以看作是同一種意志力在不同情況下的形式。凡具備上述非凡感情與智力稟賦者，即可稱爲「軍事天才」或「統帥天才」。對於其他軍人言，這些精神力量必須隨著職位的提高而增大，這樣才能相應地承受不斷增大的壓力。[52]

軍人武德與勇敢有關，戰爭既是充滿危險的領域，因此勇氣是軍人應該具備首要的品質。克勞塞維茨認爲勇氣有兩類：

> 一類是敢於冒險的勇氣，一類是敢於面對外來壓力或內心壓力（即良心）的勇氣。（《戰爭論（上）》，頁36）

敢於冒險的勇氣又分爲兩種，一種是對危險滿不在乎，無論是天生俱來、不怕死或是習慣養成，這種勇氣被看作是一種恆定不變的狀態。二是源於積極動機的勇氣，如榮譽心、愛國心或其他不同的激情，這種勇氣不是狀態，而是情緒或感情。兩種勇氣中第一種較可靠，因爲已成爲人的第二天性，永不會喪失。第二種勇氣往往是第一種勇氣的繼續。第一種勇氣可以使理智更加清醒，第二種勇氣可以增強理智，這兩種敢於冒險的勇敢結合起來才算是完善的勇氣。（《戰爭論（上）》，頁37）

克勞塞維茨雖認爲「勇敢固然是武德必要的組成部分」，但「武德不是單純的勇敢，更不同於對戰爭事業的熱情。」（《戰爭論（上）》，頁140）因爲軍人的勇敢不同於普通人天賦的勇敢，軍人的勇敢是一種經過訓練、規章、制度和習慣養成而培養出來的。軍人的勇敢必須擺脫不受控制和隨心所欲地匹夫之勇，它必須服從更高的要求：服從命令、遵規守紀、講究方法。對戰爭事業的熱情，雖然能使武德增添生命力，使武德的火焰燃燒得更旺盛，但並不是武德必要的組成部分。克氏認爲戰爭是一種特殊的事業（不管它涉及的方面多麼廣泛，即使一個民族所有能拿起武器的男

子都參加這個事業，它仍然是一種特殊的事業），它與人類生活的其他各種活動是不同的。而且軍隊統帥指揮幅度有其限制，統帥指揮不到的地方必須依賴武德。軍人與軍隊必須靠武德來發揮團隊精神與榮譽心，而不會因戰場的慘烈狀況而退縮。在釐清武德與勇氣的關係後，克勞塞維茨從個人與軍隊來說明武德的性質。就個人而言，武德的具體表現是：

> 深刻瞭解這種（戰爭）事業的精神實質，鍛鍊、激發和吸取那些在戰爭中產生作用的力量，把自己的全部智力運用於這個事業，透過訓練使自己能夠確實而敏捷地行動，全力以赴，從一個普通人變成稱職的軍人。從事戰爭的人只要還在從事戰爭，就永遠會把與自己一起從事戰爭的人看成是一個團體，而戰爭的精神要素，主要是透過這個團體的規章、制度和習慣養成固定起來的。（《戰爭論（上）》，頁140）

軍隊武德的具體表現如下：

> 一支軍隊，如果它在極猛烈的砲火下仍能保持正常的秩序，永遠不為想像中的危險所嚇倒，而在真正的危險面前也寸步不讓，如果它在勝利時感到自豪，在失敗的困境中仍能服從命令，不喪失對指揮官的尊重和依賴，如果它在困苦和勞累中仍能像運動員鍛鍊肌肉一樣增強自己的體力，把這種勞累看做是致勝的手段，而不看成是倒楣晦氣，如果它只抱有保持軍人榮譽這樣一個唯一的簡短信條，而不忘上述一切義務和美德，那麼，它就是一支富有武德的軍隊。（《戰爭論（上）》，頁141）

雖然中外兵家學者對於武德的內涵觀點不盡相同，惟大家均主張，軍人不能只有勇敢，還必須有特別的品德修養。這些品德

修養固然有一些德目（如智信仁勇嚴等）爲依據，卻不可拘泥於
文字的字義。當知軍人武德是一種實踐的修養，而不是一般道德
的辨識，我們可以如此說，軍人武德是一種英雄風範、氣度的表
現，所以如何將軍人武德的德目等概念性問題，透過行爲而展現
出具體的軍人風範、氣度，是一個軍人立身行事的根本問題。吾
人綜合古今中外兵家學者的見解，歸納如下幾點淺見，來說明軍
人武德的內涵及其實踐要領：

一、軍人武德是品格修養

軍人的品格修養的要義是「節制」。不受節制，暴虎馮河，爲
常人通性，軍人對此衝動必須加以節制。戰爭是一種反社會常規
現象。軍人置身其中若無健全之心理品質，可能會發生殘暴、易
怒、弒殺的反社會行爲，如第二次世界大戰的日軍對於我國的南
京大屠殺，德軍對於猶太人的迫害，事實上都是違反軍人武德的
行爲。所以軍人必須要能節制。另節制才能以大局爲重，而不會
「怒而興師、慍而致戰」，情緒用兵將陷國家軍隊於危亡之中。節
制是一種良好的心理素質，孫子說：「將軍之事，靜以幽，正以
治。」（《孫子兵法・九地篇》），吳起言：「將之所愼者五：一曰
理、二曰備、三曰果、四曰戒、五曰約。」（《吳子・論將第
四》）。黃石公強調「能清、能靜、能平、能整。」（《三略・上
略》）。這些都是要求軍人必須具有沈著、鎭靜、果敢、堅定的心
理素質。

二、軍人武德是不顧生死、看淡名利

戰爭是一種特殊的事業，即使是全民皆兵，都能執干戈以衛

社稷，戰爭與正常人民的生活仍有不同。灌輸戰鬥精神培養信心和專長，使人人在戰爭中均能不顧生死，克盡厥職，此即軍隊武德在個人身上的表現。孫子說：「進不求名、退不避罪，唯民是保。」（《孫子兵法‧地形篇》）。《司馬法》言：「上貴不伐之士，不伐之士，上之器也。苟不伐則無求，無求則不爭。」（《司馬法‧天子之義第二》）。宋名將岳飛曾言：「武將不惜死，文官不愛錢，天下太平矣！」前廣州黃埔黃埔軍校門聯：「升官發財請走別路；貪生怕死莫入此門！」軍人武德的發揮必須不顧生死、看淡名利，蓋軍人職業的特殊性，必須有較高的道德標準及對於功名慾望的節制。不顧生死是就戰時而言，看淡名利是就平時而言。平時看淡名利就能誠懇務實，專注提升本職學能，戰時才能臨敵不懼，發揮所長，捍衛國家。

三、軍人武德是道德的判斷與勇氣

軍人武德的本質是道德，道德即是正當行為的判斷。軍人基於職責必須殺敵，惟殺敵手段與殺敵的時機常面臨道德的判斷，在這種判斷的壓力之下又不能因噎廢食，貽誤戰機。軍人面臨的是內外對象與平戰時期兩套不同的道德律，對外來敵人，應窮凶惡極，對自己人民，則應和善慈祥，柏拉圖在《理想國》中說：「什麼是正義？正義就是幫助朋友和傷害敵人。」霍布斯在《巨靈》一書中說：「在戰爭中，力量與詐欺實為兩大美德。」這也等於說，在平時它們是兩大惡德。休姆（David Hume）在其《論文集》也說：「在戰爭中，我們收回我們了我們的正義和同情感，而讓不義與仇恨來替代它們。」[53]這種外敵內友的情感是軍人必須面對的。若缺乏道德判斷的能力，將造成武德上的缺陷，也會遭敵人利用。故武德固然有其正面的效應，但缺乏道德判斷的能力，反

而造成危害。如姜太公認爲「智、勇、仁、義、忠」固然是將之「五材」，但若缺乏判斷能力，也可能引起「十過」，即：「勇而死者，可暴也。急而心速者，可久也。貪而好利者，可賂也。仁而不忍人者，可勞也。智而心怯者，可窘也。信而喜信人者，可誑也。廉潔而不愛人者，可侮也。智而心緩者，可襲也。剛毅而自用者，可事也。懦而喜任人者，可欺也。」（《太公六韜·龍韜》），這些都是武德上的「過失」。孫子亦認爲「將有五危」：「必死，可殺也；必生，可虜也；忿速，可侮也；廉潔，可辱也；愛民，可煩也。凡此五者，將之過也，用兵之災也。」（《孫子兵法·九變篇第八》）。凡此都在說明軍人道德判斷能力的的重要性。

有了良好的道德判斷，就要以道德勇氣實踐它。道德勇氣是擇善固執的信念，只要仰不愧天、俯不怍地，必能有「雖千萬人吾往矣」的豪氣。

談論軍人武德我們應注意的一件事情是，軍人武德不是戰爭勝利的保證。軍隊若有優良的指揮或旺盛的民族信心一樣可以英勇作戰，克敵致勝。不過軍人若無武德，軍隊將只是戰爭工具，難以獲得世人尊崇，其勝利也無法持久。軍人的武德是一種特定的精神力量，它有賴於持續的培養與傳承，才能表現出來，並成爲軍隊效尤的典範。克勞塞維茨認爲軍人的武德有兩個來源，而且還必須二者配合：第一是一連串的屢勝；第二是對軍隊的高度訓練。（《戰爭論（上）》，頁142）憑此二者軍人才能學會知道其本身的實力，及足以擔負的責任。所以軍人武德之發揮必須以能力爲基礎。無能力之軍人無法保國衛民，武德難以彰顯。

總之，軍隊組織具有獨佔武力，與權力專聚的本質，更是國家社會安定的力量。而軍隊的主要組成份子是軍人，因此軍人素質的良窳，實際上關係著整個國家民族的興衰榮辱。軍人是所有

行業中最危險的，軍人願意打仗，不惜爲國捐軀，不是靠利誘，也不是靠軍法，而是靠其對國家的忠誠與熱愛。所以，軍人的武德十分重要。軍人武德的現代意義是一種自尊自重、負責任、守紀律、愛國家、重榮譽、有理想的軍人人格特質，它是戰鬥意志的泉源，軍人賴此履行國家人民托託之重責大任。殷鑑不遠，2003年3月的美伊戰爭伊拉克軍人戰志甚差，少有奮勇抗敵壯烈犧牲者，此或與海珊政權不得軍心有關，然其缺乏軍人武德，未能不顧生死，保國衛民，使美軍佔領了伊拉克，應是我軍人所應警惕者。

問題與討論

一、軍人面對戰爭應有的態度與修養爲何？
二、現代戰爭之專業已非軍人所獨擅，在中國古代則常有文人領軍爲國捐軀的史例，若你置身於戰爭生死存亡的關鍵，你的處置爲何？
三、軍人武德的內涵。
四、戰爭與軍事社群之關係爲何？又戰爭修養與軍人武德的形成過程爲何？
五、你如何看待「戰爭行爲之雙重性」這個問題。

註釋

1.廣東、廣西、湖南、河南商務印書館辭源修訂組編,《辭源》(台北:遠流出版公司,1996年5月,台初版14刷),「修養」條,頁119。

2.宋・朱熹著,張伯行集解,《近思錄》(台北:台灣商務印書館,民80年11月,臺一版11印),卷二,「爲學」,程頤(伊川)語,頁57。

3.楊南芳等譯校,《戰爭論》(台北:貓頭鷹出版社,2001年5月),頁40。

4.同上註,頁59。

5.楊南芳等譯校,《戰爭論》,頁60。

6.同上註,頁40。

7.轉引自徐啓智譯,《西方社會思想史》(台北:桂冠圖書公司,1991年10月,初版4刷),頁93。

8.同上註,頁94。

9.薩孟武,《儒家政論衍義》(台北:東大圖書公司,民國71年6月,初版),頁311-312。

10.李康、李猛譯,《社會的構成》(台北:左岸文化公司,2002年1月,初版),頁263。

11.轉引自徐啓智譯,《西方社會思想史》,頁94。

12.同上註,頁16。

13.徐啓智譯,《西方社會思想史》,頁17-18。

14.轉引自徐啓智譯,《西方社會思想史》,頁15。

15.楊南芳等譯校,《戰爭論》,頁53-54。

16.王以鑄譯,《希羅多德歷史:希臘波斯戰爭史》(台北:1999年2月,初版5刷),頁149。

17.晏可佳譯,《死亡、戰爭與獻祭》(上海:上海人民出版社,2002年8月),213-214。

18.劉麗眞譯,《戰爭心理學》(台北:麥田出版公司,2000年3月,初版2刷),頁85-86。

19.劉曉譯(Leslie Lipson),《政治學的重大問題》(*The Great Issues of Politics*)(北京:華夏出版社,2001年5月),頁52-53。

20.晏可佳譯,《死亡、戰爭與獻祭》,217-218。

21.同上註，219-220。

22.呂健忠譯，《李維羅馬史疏義》（台北：左岸文化出版社，2003年4月，初版），頁311。

23.薩孟武，《儒家政論衍義》，頁706。

24.陳益群譯，《戰爭》（台北：遠流出版公司，1994年4月，初版1刷），頁99-100。

25.同上註，頁102。

26.雷海宗，《中國文化與中國的兵》（台北：里仁書局，民國73年3月），頁7-14。

27.布杜爾用語，見陳益群譯，《戰爭》，頁96。

28.本節有關騎士精神、備兵制以至國民兵思想的產生，參閱徐啓智譯，《西方社會思想史》，第一章，第六－八節。

29.呂健忠譯，《李維羅馬史疏義》，頁154。

30.同上註，頁155。

31.轉引自塩野七生著，楊征美譯，《馬基維利語錄》（台北：三民書局，民國87年9月，初版），頁62。

32.胡宗澤、趙力濤譯（Anthony Giddens），《民族——國家與暴力》（*The Nation-State and Violence*）（台北：左岸文化出版社，2002年3月，初版），頁247。

33.徐啓智譯，《西方社會思想史》，頁79。

34.胡宗澤、趙力濤譯，《民族——國家與暴力》，頁251。

35.涂懷瑩譯（Gaetano Mosca著），《統治階級論》（*The Ruling Class*）（台北：國立編譯館，民國86年5月，初版），頁614-615。

36.同上註，頁615。

37.蕭素卿，《論《戰爭與和平》主題思想》（台北：文史哲出版社，民國92年2月，初版），頁52。

38.涂懷瑩譯，《統治階級論》，頁616。

39.何峻譯，《武士的精神》（台北：遠流出版社，2004年2月，初版1刷），頁6。按：《武士的精神》收錄有宮本武藏著《五輪書》，及柳生宗矩著《兵法家傳書》兩本日本著名的兵法。

40.詹哲裕，《軍事倫理學》（台北：文景書局，2003年4月，初版），頁120。

41.關於春秋時期的崇德思維與武德的關係，參閱陽平南著，《左傳敘戰的

資鑑精神》（台北：文津出版社，2001年10月，初版1刷），頁104-116。

42. 熊鈍生主編，《辭海》（台北：台灣中華書局，民國73年10月，版3），「道」，頁4342。

43. 蔡松波編撰，蔣中正審定增補，《曾胡治兵語錄註釋（增訂本）》（台北：黎明文化公司，民國84年7月，版7），頁3。

44. 同上註，頁1。

45. 呂健忠譯，《李維羅馬史疏義》，頁167。

46. 引自鈕先鍾譯，《戰爭指導》（台北：麥田出版公司，1997年5月，初版2刷），頁57-58。

47. 蔡東杰譯（Charles de Gaulle著），《劍鋒》（*Le fil de l'epee*）（台北：貓頭鷹出版社，2000年2月，初版），頁5。

48. 彭國財譯，《戰‧爭》（*Warfighting*）（台北：智庫公司，1995年11月，初版2印），頁33-34。

49. 陳仁華譯（Max Scheler），《謝勒論文集》（台北：遠流出版社，1991年10月，初版1刷），頁180。

50. 晏可佳譯，《死亡、戰爭與獻祭》，頁212。

51. 涂懷瑩譯，《統治階級論》，頁107-108。

52. 關於感情素質的問題，見楊南芳等譯校，《戰爭論》，第一篇第三章。

53. 有關柏拉圖、霍布斯、休姆的言論轉引自鈕先鍾譯，《戰爭指導》，頁51。

思想家與戰爭

第十一章

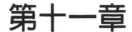

中國戰爭哲學思想概述
——先秦的義戰思想

第一節　引論

　　關於「義戰」或「正義戰爭」思想，早在中國的先秦時期及西方的希臘羅馬時期，即已成為戰爭哲學中的討論議題。戰爭是中、西方政治社會一個普遍的現象。戰爭造成人員傷亡與國家覆滅，依據美國倫理學者波伊曼（Pojman）研究：「所有曾經存在的國家之中，有90％都已經遭到滅亡的命運。」[1]「義戰」思想是中、西方社會對戰爭所造成的災難與鉅變進行反思的結果。不過義戰因缺乏強制力，又未能形成共識與準則，致使不易落實。

　　以美國在2003年3月20日對伊拉克發起戰爭為例，由於美國是以伊拉克擁有大規模毀滅性武器為藉口，認為伊拉克對世界與美國國家安全有重大的威脅，所以必須「先制攻擊」。此次攻擊未能獲得聯合國多數國家與世界輿論的普遍支持，但美國仍認為它是為解放伊拉克人民於暴政統治與維護世界和平安全而戰。因此引起了美國戰爭「正當性」的爭議，即美國發動的戰爭是否合乎正義戰爭的理論或原則。[2]

　　關於正義戰爭問題在近十年左右的戰爭中曾被多次討論過，如1991年1月的波灣戰爭、1994年12月的第一次車臣戰爭、1999年7月的科索沃戰爭、1999年9月的第二次車臣戰爭、2001年10月的阿富汗戰爭等，都存在著戰爭正義性的爭議。這是因為正義的意義常因種族、宗教、歷史文化、意識型態、國家等諸多因素而有不同的詮釋，致使美國紐約雙子星世貿大樓在2001年9月11日遭受恐怖攻擊後，仍有一些人認為那是「聖戰」。

　　西方戰爭未嘗間歇。反觀中國則常被譽為最愛好和平的國家，所謂愛好和平應該是說對消除戰爭的一種期待，也是一種對

於戰爭行為的反思與克制。為何中國是愛好和平的國家？由統計數字上看，在中國歷史上也發生不少戰爭。中國愛好和平是在相對的情況下而言。因為中國自秦統一天下後，向來少有主動向外擴張的戰爭，戰爭之原因多出於自衛或保護藩屬國。通常大戰爭多發生於朝代更迭之時，屬於內戰性質，這是因為中國自秦以後以統一為常態的結果，致使戰爭數量相對減少。先秦時期則不然，戰爭甚為頻繁，戰況慘烈，可用「屍橫遍野，血流漂櫓」來形容。先秦諸子對於這種現象做出適切的反省，形成了一些戰爭的看法與態度，即為戰爭哲學。在戰爭哲學中，最重要的部分是對國家發動戰爭行為規範的思想，就是戰爭倫理學。中國戰爭雖多，卻有著一種自制的天性，致使先秦諸子在思想方面或有不同的面向，但在戰爭哲學中的「義戰」思想卻有許多共同的觀點。先秦「義戰」思想在本質上是企求最低限度、合理的戰爭手段，來達到國際和平與國家自保的手段，所以「義戰」思想不是「反戰」，而是「避戰」、「慎戰」或「不戰而勝」。本章研究之主旨在探索先秦時期義戰思想的形成背景、具體意義、內涵，並與西方正義理論做比較，以凸顯先秦「義戰」思想的特點與價值。

第二節　先秦「義戰」思想的研究範圍與形成背景

一、研究範圍

(一) 先秦的界定

「先秦」一詞見於《漢書》〈河間獻王傳〉：「獻王所得書皆古文先秦舊書。師古曰：『先秦，猶言秦先，謂未焚書之前。』」[3]依顏師古的定義，從時間言，先秦就是秦統一六國前（西元前221年前）；若以古書受焚為標準，則秦始皇焚書（西元前213年）以前稱先秦。本章在時間的研究範圍上即以此為限，在歷史事證的研究上推至殷夏時期，對於思想之論述題材則以春秋戰國時期（西元前722年至西元前221年止）之經典著作為主。

按傳統上東周被分為兩個階段，可是兩個階段並不銜接。自西元前722年至西元前481年為「春秋時代」。西元前403年至西元前221年「戰國時代」。如此稱呼，依黃仁宇之見純係根據《春秋》與《戰國策》兩部史籍記載之時間而來。[4]

(二) 研究經典之範圍

本章對先秦的經典取材上以儒、道、墨、法與兵家五者為主要研究題材，兵家思想使用宋刊本《武經七書》所收錄之《孫子》、《吳子》、《司馬法》、《尉繚子》、《黃石公三略》、《六韜》等書，外加1975年中共銀雀山漢簡整理小組，編定出版的《孫臏

兵法》等書。另史料則以《春秋左傳》為主。對於歷史事例之評定則採用《詩經》、《尚書》、《楚辭》等典籍。

先秦諸子儒、道、墨、法之作，雖然旨在闡述各派的哲學觀點和政治主張，但也記載了許多古代戰爭、軍事思想的成分。如西漢劉歆編七略時就曾把《墨子》、《管子》、《荀子》等十家收入兵書類。[5]《老子》一書，至今尚有學者研究認為它與兵家有某種程度的關係。[6]先秦諸子之戰爭哲學思想與一般思想互有影響，如《六韜》可說是戰爭哲學的源頭，司馬遷說：「後世之言兵，及周之陰權，皆宗太公為本謀。」[7]也有互為體用者，如《三略》之思想根源，除有儒家之民本政治外，對於道家的「以柔克剛、以弱擊強」，「無為而治」，「功成、身退」等思想，特別重視。其法術，則兵略師承孫武，政治推崇管仲，所以可稱為：「儒老為體，管孫為用。」[8]更有兵家直接受儒家影響的，如吳子。吳子是孔門後學，在戰爭思想上仍能保持儒家的基本精神，不過因時勢另有其制宜之變而已。[9]

二、義戰思想發生的環境背景

探討「義戰」思想必先瞭解「義戰」思想形成的背景。思想的成因不可只考慮思想本身的「自主過程」（autonomous process），還必須注意到思想者本身對所處「環境」（situation）的「意識反應」（conscious responses）。[10]政治事實與政治理論的發展是相互為因果的，浦薛鳳言：「政治理論與政治事實互為因果，若干政治思想顯為時代環境之產品，若干政治事實，卻為政治理論之結晶。」[11]先秦是一個戰爭的年代，面對戰爭的殘酷事實，先秦諸子基於人道關懷紛紛提出解決之方案。薩孟武說：「（先秦時期）各國日尋干戈，爭地以戰，殺人盈城。爭城以戰，殺人盈

野，和平乃是時代所要求。」[12]先秦義戰思想既是從當時國際政治局勢逐漸演變而成，要瞭解其義戰思想自需瞭解其政治學術之時代背景。依據蕭公權的說法，周代政治思想大興於晚周（指春秋末葉與戰國時代）之主要原因有二，即社會組織之迅速變遷，與偉大思想家之適生其會。[13]義戰思想之產生亦與此二時代背景有密切之關係。惟義戰思想是對於「價值和武力問題在道德上的回應」[14]，它不僅深植於歷史地理環境中，也反應在全面的文化態度上。故論及先秦義戰思想的環境背景可從四方面分析：即社會組織迅速變遷所引起之戰爭環境；中國之歷史地理文化條件；古代中國之根本思潮；適時而生的偉大思想家。

（一）先秦之戰爭環境

中國歷史發展至周之春秋戰國時期，政治社會發生了劇烈的變動。錢穆對於本時期社會鉅變與學術間的關係有精要之描述：

> 「春秋以至戰國，為中國史上一個變動最激烈的時期。政治方面是由許多宗法封建的小國家，變成幾個中央政權統一的新軍國。社會方面則自貴族御用工商及貴族私有的井田制度下變成代農工商兵的自由業。而更重要的，則為民間自由學術之興起。」[15]

由上可知，春秋戰國時期中國政治社會劇變的基本原因，始於宗法封建制度的破壞。宗法封建制度最大的功能是為繼承的順序，提出了一個可行的標準。它雖然不能根絕陰謀、流血與戰爭，但它多少可以阻止或避免陰謀、流血與戰爭發生的頻率。[16]簡單的說，宗法封建制度具有穩定政治社會秩序的功能。宗法制度若不能維持，又無可行的替代制度，就意味著政治社會混亂與戰爭的來臨。

　　周朝初期有一段和平安定的時期，自從周平王東元年遷都洛邑後（西元前771年），由於周天子權力逐漸沒落，原先分封及宗法制度的瓦解，周天子無力控制諸侯，諸侯開始相兼併，發生不少戰爭，「僅有38年的和平」。[17]據《春秋》記載在242年當中，言「侵」者60次，言「伐」者212次，言「圍」者40次，言「師滅」者3次，言「戰」者23次，言「入」者27次，言「進」者2次，言「襲」者1次，言「取」言「滅」者，更不可勝計。[18]總計與戰爭有關的軍事行動在368次以上。這些軍事行動有時是以尊王攘夷爲號召，獲取控制中原爲目的「爭霸戰爭」。爭霸戰爭的結果造成諸侯國家的減少與霸權國家的出現。在春秋初期，見於經傳的160餘國，經過春秋時期大國爭霸的兼併戰爭，到戰國初年只剩下「戰國七雄」——秦、楚、齊、燕、韓、趙、魏七個強國和一個地大而不強的越國，以及宋、魯、鄭、衛、莒、鄒、杞、蔡、郯、任、薛、滕、曾等十多個小國和東胡、匈奴、樓煩、巴、蜀、中山、義渠等近20幾個外族。[19]據文獻所記，在戰國時期240年中，大小戰爭共約222次。[20]周天子在當時雖仍爲「共主」，其統治範圍僅局限於成周（現河南洛陽東北）及其附近數縣之地，實際上已是小國。

　　春秋時期的戰爭，除了尊王攘夷的爭霸戰爭外，大多是爲了土地兼併與物質掠奪。這些戰爭行爲，不僅於諸侯與諸侯間進行，有時也發生在諸侯與天子間。惟春秋時期的戰爭規模不大，並無顯著的破壞性。當時的國際間，戰爭雖然不斷發生，大體上衝突雙方均能重和平、守信義。即使在戰爭中，猶能不失他們重人道、講禮貌、守信讓之素養。道義禮信，在當時的觀念裡，顯見超於富強攻取之上，此爲春秋與戰國戰爭性質不同之處。[21]戰國時期的戰爭規模持續擴大，從大國兼併小國的戰爭，到七大勢力間的戰爭。戰爭激烈之狀況可謂「爭地以戰，殺人盈也；爭城以

戰，殺人盈城。」(《孟子‧離婁上》)在戰爭中，物質與兵役的徵用，使農業經濟陷於停頓。這一方面造成人民生活的困頓，也使各國陷入財政困境。我們由楚辭的內容可以看出戰國社會民生的一般情景，如：

> 皇天之不純命兮，何百姓之震愆？民離散而相失兮，方仲春而東遷。《楚辭‧九辯》
> 農民輟耕而容與兮，恐田野之蕪穢。《楚辭‧涉江》

春秋戰國時期之戰爭紛亂，民生困苦狀況如此，戰爭問題遂成為先秦諸子探索的基本問題之一。

(二)歷史地理背景

「義戰」思想是對戰爭的反思與規範，所以本質上是主張和平，儘量避免戰爭。中國特有的歷史地理背景，使中國人雖然不免於戰爭之害，但卻也使其成為愛好民族的國家。人類有史以來就有戰爭，至今未息。尚未發生組織性戰爭之民族，除愛斯基摩部落中的某些民族外，寥寥可數。[22]戰爭對人類社會文明發展的影響如何，學者通常有正、負面的評價。斯賓塞(Herbert Spencer)認為，長期處於戰爭狀態的社會，在原始和文明初階段，將會擇優汰劣，即較弱的社會與人員滅亡，而較強的社會與強健、有能力的人獲得生存與發展。若戰爭過長發展到一個階段，將會抑制人類社會與心智發展，道德品質則會有負面影響，產生反社會性人格。[23]彭恩史(Harry Elmer Barnes)在《社會制度》(*Social Institutions*)一書指出戰爭使小的原始部落成為大國，將法律與秩序推及廣延的領土；在某些情形下，戰爭並為比較持久的和平鋪路，廢除封建制度，促進科學發明。但是戰爭對人的利益與所帶來的災難是無法相比的。除了人命的損失外，最嚴重的是人的心

靈所受的影響，在慘烈的戰鬥中，變得殘酷不仁，產生最卑鄙和最殘暴的特質。[24]

　　在人類文明建立階段，短期戰爭或許是有利的，過長的戰爭可能會產生不利的影響。尤其是心智與道德發展。中國自有史以來即有戰爭，惟在先秦時代即對長期的戰爭所造成的負面影響，作及時的探索與反思。使中國成為一個愛好民族的國家。孫中山曾多次提及中國人愛好和平的天性：

> 中國更有一種極好的道德，是愛好和平。……中國人幾千年酷愛和平都是出於天性。論到個人，便重謙讓；論到政治，便說不嗜殺人者能一之。[25]

西方哲學家羅素（Bertrand Russel）也說：

> 世有不屑於戰爭（Too proud to fight）之民族乎？中國人是也。中國人天然態度，寬容友愛，以禮待人，亦望人以禮答之，道德上之品行，為中國人所特長。（中略）如此品行中，余以其「心平氣和」（Pacific temper）最為可貴。所謂心平氣和者，以公理而非以武力解決是已。[26]

　　就事實而言，與西方相比中國是一個愛好和平的國家。西方學者克魯斯（David J. Krus）與納爾森（Edward A. Nelsen）根據西方由西元1600年至1945年間，和中國自西元前215年（戰國末年）至西元1911年（清朝結束）間的戰爭統計（發生頻率）做比較，發現中國在2,160年間，共發生15次大戰，戰爭時間佔了450年，平均維持和平時間約115年左右。在西方則每隔約50年即有一場大戰。克魯斯與納爾森的結論是：由中國的傳統儒家思想與歐洲的基督教相比較，更能達到穩定社會與和平的作用。[27]

　　為何中國是愛好和平的國家？柏楊認為，中國人喜好和平，

是源於其酷好農耕的生活方式。遊牧民族則具有侵略的衝動。酷好農耕使其安土重遷，因侵略不利其農耕，是以養成喜好和平與日益保守的個性。[28]

黃仁宇認為中國人心趨向統一，是世界獨一無二的現象，究其原因有二：一是歷史地理性的組織和一種帶群眾性質的運動。這是指戰國時期的社會經濟因素、農業技術的進步、商業的興起與知識分子、游俠的諸多活動。第二、天候和地理因素支撐著統一的力量。這是指中國文化發源地——黃河流域的地理特質與氣候因素，即洪水與黃河暨黃土地帶牽連一貫的關係。由東北沿長城向西南延伸所形成的「十五度等雨線」是中國自成一個適合農業的生活空間。另季節性大雨造成洪水不斷，必須靠強而有力的中央極權統治才能完成「治水」的任務。[29]

總之，歷史、地理、生活方式及中國人的特質，致使中國人成為一愛好和平的民族。誠如錢穆所言：「中國古代文化孕育於北溫帶黃河兩岸之大平原，以農業為主要之生活，因此其文化特別具有著實與團結與和平之三要素，不無印度之耽於玄想，亦不如波斯希臘羅馬之趨於流動與鬥爭與分裂。」[30]

（三）古代根本思潮

日本渡邊秀方曾謂，中國哲學最大的特色是「融合政治宗教道德經濟等為一爐。」[31]這是中國古代學術根源於「禮」的王官之學所使然。按「禮」本為祭儀，推廣而為古代貴族階級間的生活方式、習慣、規範及道德標準。後又演變成王官之學，致使宗教、政治、道德融合成學術內容。在貴族階級逐漸墮落的進程中，往往知禮的有學問的比較在下位，而不知禮的無學問的卻踞上層。於是王官之學漸漸流散到民間來，成為新興的百家。王官是貴族學，百家是民間學。百家的開先是儒家。[32]

依梁啓超、劉麟生等人之見，中國古代學術根本思潮主要有三：[33]一、王道的思想，即王權神授的天命觀念。如「文王在上，於昭於天。」（《詩經‧文王篇》），「聞於上帝，帝休。天乃大命文王，殪戎殷。」（《尙書‧康誥篇》）。二、民本的思想，如「民爲邦本，本固邦寧。」（《尙書‧五子之歌》），民本思想在學術上成爲一種「人本主義」或「人文主義」。其主要精神乃在面對人群社會中一切人事問題之各項實際措施，使中國學術精神，不尙空言。[34]三、政治與倫理結合，即家國一理之成見。家與國的聯繫，成爲倫理政治。如「克明俊德，以親九族，九族既睦，平章百姓。」（《尙書‧堯典》），「欲治其國者，先齊其家。」《大學》。

古代天命、民本、家天下的根本思潮，影響到先秦諸子消弭戰爭共同的意見，都是希望有一個強健穩固的中央政府。儒家的一統之法固然注重德教，卻未忘軍事。整體而言，春秋戰國的戰爭使當時學者均體驗和平之重要。至於如何得到和平，除道家主張歸於太古社會之外，其他各家大率寄望於人主。[35]

（四）適時出現的知識份子

戰爭環境、歷史地理因素、古代根本思潮固爲「義戰」思想的發生條件，但是若無先秦諸子如孔子、孟子、荀子、墨子、老子、莊子、管子、韓非子、孫子等天資卓絕的思想家適時出生，恐不易造成思想的黃金時代。

第三節　「義戰」的意義

一、義的涵意

義戰在西方稱正義之戰。義戰之「義」字義甚多，中華學術院之《中文大辭典》共收錄了三十一個。與義戰有關者如下：

義，宜也。〈釋名釋言語〉：義，宜也，制裁事物使合宜也。

相同的解釋見於《中庸》：「義者，宜也。朱注：『宜者，分別事理，各有所宜。』」（《中庸‧第十九章》），管仲亦謂：「義者，謂各處其宜也。」（《管子‧心術》）。

義既是要各處其宜，就自然使義與禮與有關。《禮記‧禮樂》稱：「義近於禮。」義有時與禮儀之「儀」相通的。如《周禮‧春官‧肆師》：「治其禮儀以佐宗伯。注：『故書儀爲義。鄭司農義讀爲儀，古者書儀但爲義，今時所謂義爲誼。』」。《禮記‧禮運》有謂：「禮雖先王未之有，可以義起。」此時義是要補救禮無法運作之用。荀子說：「先王制禮義，使人各得其宜。」（《荀子‧榮辱篇第四》）。禮義成為行為的準則與標準，既是適宜行為的標準，義乃逐漸具備法的性質。荀子說：「夫義者，所以陷禁人之爲惡與姦者也。」（《荀子‧強國第十六》）。

這樣，由「義近於禮」以至於「陷禁人之爲惡與姦」的內涵，使義與法有了相當的關係。薩孟武對此看法是：

「英語的right既指正義，又指權利。德語的Recht既指權利，
又指法律，復指正義。吾國古人思想，義與禮——法亦有密
切的關係，所以遇到一種事件，無禮——法可循，可依義裁
決之，使人各得其宜。」[36]

義既然是適宜的準則，又是救禮、法之窮以裁決姦邪的標
準，所以義就是一種「正道」。如孟子說：「仁，仁之安宅也，
義，人之正路也。」(《孟子·離婁上》)。

二、義戰的涵意

由義的意義來看，吾人可將「義戰」定義為「循正道而戰」，
[37]亦即是堅持為正義原則而戰。就義的內涵來看，作為循正道、正
義的戰爭將符合以下幾個基本原則：1.是適宜的戰爭。適宜就是
戰爭手段、規模及造成之損害必須適宜。另外也具有不得已而用
之的意涵。2.是正當的戰爭，且具有制裁的性質。既是正當就必
須受到普遍的認同，正當的原因則是戰爭之發起，必須限定在
「陷禁惡姦」的範圍，也就是要禁暴止亂與防範外患。這與西方正
義戰爭的理念相一致。

西方國際法專家格勞秀斯曾將正義戰爭的標準歸納成七個基
本原則：[38]1.基於正義的起因。2.有合法的權責發起戰爭。3.有合
理的意圖與使用武力的一方。4.訴諸武力的對象要相稱。5.運用武
力是唯一手段。6.戰爭以獲致和平為目標。7.戰爭經合理的研判要
能獲勝。

義戰基本上是一種合宜、正當的戰爭，是為去姦止惡的正義
戰爭。若從先秦戰爭哲學對戰爭目的內容來看，義戰思想不在否
定戰爭。義戰是將戰爭視為一種達到正義的手段，積極的目的是

為「救人民於水火」而戰，消極面則是為確保生存安全而戰。所以義戰是戰爭的倫理化與道德化，即義戰是一種分別好壞的戰爭，而不是單純的敵我之分。義戰使戰爭具有受人認同，實踐理念的效力。義取可長可久，但不義而取，雖可以武力獲取，終必致敗。春秋時期晉之叔向言：「彊以克弱而安之，彊不義也，不義而彊，其斃必速。詩曰：『赫赫宗周，褒姒滅之。』……夫以彊取，不義而克，必以為道，道以淫虐，弗可久已矣。」(《春秋左傳・昭公元年》)。

　　由先秦諸子所提的戰爭目的來看，可說都是「反時代」的，總括而言，這些戰爭目的都基於一個「義」字。[39]概先秦時期，各諸侯國爭霸爭雄，相互兼併，戰禍連年。諸侯之所以戰，或有以「尊王攘夷」為名者，然真正之目的，均為大吃小，強併弱，以增加己利的戰爭，概難稱為循正道之義戰。孟子即感慨說：

「春秋無義戰。」
「征者上伐下也，敵國不相征也。」《孟子・盡心篇下》

　　朱熹對此的評注是：「春秋每書諸侯戰伐之事，必加譏貶，以著其擅興之罪，無有以為合於義而許之者。」「征，所以正人也。諸侯有罪，則天子討之，此春秋之所以無義戰也。」依孟子當時的看法，諸侯各國不應互相征戰，戰爭權屬於天子。在孟子的時代，周天子已無力討有罪的諸侯了，所以春秋戰國時代的戰爭基本上都是不義的戰爭。事實上，戰爭的頻繁，已使春秋末期以後逐漸成為講求「勇有力」的時代。誠如《呂氏春秋》所記載：「惠盎見宋康王。康王蹀足謦欬，疾言曰：『寡人之所說者，勇有力也，不說為仁義者。』」(《呂氏春秋・愼大覽・順說》)。宋康王好「勇有力」，不聽「仁義」，反應出當時諸侯的普遍心態。

第四節　先秦義戰思想的內涵分析

　　根據對於義戰的定義，我們擬從先秦諸子對戰爭的態度、發動戰爭正當性、戰爭之手段、戰爭規模的適切性等四方面來分析先秦諸子對戰爭的看法。

一、對戰爭的態度——慎戰

　　義戰思想的首要問題就是，先秦諸子對戰爭的態度如何？吾人的看法是，先秦諸子對戰爭的態度是趨於一致的，都要求慎戰。《論語》記載「子之所慎，齋、戰、疾」（《論語・述而第七》），老子說：「雖有甲兵，無所陳之。」（《老子・第八十章》），慎戰就是孫子所謂：「非利不動，非得不用，非危不戰。」（《孫子・火攻第十二》）。慎戰就是要量力而為，適可而止，確保全軍安國之道。孫子認識到戰爭的地位和作用，他說：「兵者，國之大事也。死生之地，存亡之道，不可不察。」（《孫子・始計第一》），孫子提示人們必須重視戰爭，戰爭是關於國家生存的大事，要慎重對待，明主和良將都應「慮之」、「修之」、「慎之」、「警之」。（《孫子・火攻第十二》）

　　慎戰的觀念來自對戰爭持有「必要之惡」的負面評價。老子說：「夫兵者，不祥之器也。」（《老子・第三十一章》），兵家也常強調「兵」是「兇器」、是「不祥之器」。尉繚子說：「兵者，兇器也。爭者，逆德也。將者，死官也。故不得以而用之。」（《尉繚子・武議第八》）。黃石公說：「夫兵者，不祥之器，天道惡之，不得已而用之，是天道也。」（《黃石公三略・下略》），所

以在義戰的思想中，戰爭是解決問題的最後手段，是「不得已而用之」。

戰爭既不可免，就必須重視軍備。孔子說：「有文事者必有武備，有武事者必有文備。」（《孔子家語・相魯第一》）。春秋戰國之世，列國日尋干戈，要生存必講武備。但武備必須有其限度，畢竟「好戰必亡，忘戰必危」。[40]吳起說：「夫安國家之道，先戒爲寶。」（《吳子・料敵第二・安國之道，先戒爲寶》），強調提高警覺對國家安全的重要。關於「好戰必危」的思想，亦見《春秋左傳》隱公四年記載魯大夫眾仲之語：「夫兵猶火也，弗戢將自焚也。」孫臏也反對好戰，他說：「樂兵者亡，而利勝者辱。」（《孫臏兵法・見威王》）。[41]「忘戰必危」的思想在《春秋左傳》襄公十一年載晉臣魏絳引古逸書言：「『居安思危。』思則有備，有備無患。」孟子強調：「出則無敵國外患國恆亡。」（《孟子・告子下》）。這些都反映在詭譎多變的國際政治環境中，先秦諸子強調戰爭準備以自衛的重要性。吳子舉古代亡國案例爲戒：「昔承桑氏之君，修德廢武，以滅其國，有扈氏之君，恃眾好勇，以喪其社稷。」（《吳子・圖國第一・吳起初見魏文侯》），其他如孔子、墨子、老子、孟子等也論述過這一類問題。

好戰之所以必亡，其根本原因在於戰爭之破壞性，孫子曾分析：興師十萬，將「日費千金」，久戰將「鈍兵、銼銳、屈力、殫貨，則諸侯乘其弊而起，雖有智者，不能善其後矣。」（《孫子・作戰第二》），但防範未然也甚爲重要，孫子主張「勿恃其不來，恃吾有以待也；無恃其不攻，恃吾有所不可攻。」（《孫子・九變第八》），並注意「五計」「七事」的戰爭準備。[42]

既然不可忘戰、好戰，適當之作爲就是「內修文德，外修武備。」（《吳子・圖國第一・吳起初見魏文侯》），內修文德，在安和眾人；整治武備，在防制外敵。文德、武備是實踐仁義政治的

基礎。吳子說：「故當敵而不進，無逮於義矣，僵屍而哀之，無逮於仁矣。」（《吳子‧圖國第一‧吳起初見魏文侯》）。這種見解，有學者認爲，吳起對戰爭的認識是將儒家思想、政治與戰爭之關係做了聯繫。若與孫子的〈始計篇〉相比，吳起的「戰爭準備」與「國防計畫」，在層次、內容上均比孫子論述之內容高而廣。[43]

老子、墨子、孟子是先秦諸子中最反對戰爭的思想家，不過也都承認備戰的必要。老子說：「以道佐人主者，不以兵強天下」（《老子‧第三十章》），他期望建立「雖有甲兵，無所陳之」（《老子‧第八十章》）的小國家。戰爭只能「不得已而用之」，不得已自然指反侵略的自衛戰爭。老子說：「兵者不祥之器，非君子之器，不得已而用之，恬淡爲上。勝而不美，而美之者，是樂殺人。夫樂殺人者，則不可得志於天下矣。……殺人之眾，以悲哀泣之，戰勝以喪禮處之。」（《老子‧第三十一章》）。戰爭必引來死傷、災難，僥倖獲勝也要以辦喪事的心情來處理，否則就是嗜殺。孟子認爲戰爭是「率土而食人肉，罪不容於死。故善戰者服上刑。」（《孟子‧盡心下》）。但對於處於強國之中，若要求生存最後也必須「效死勿去」。（《孟子‧梁惠王下》）。墨子雖主張「非攻」，並從反對衝突、反對戰爭的立場來研究戰爭。但他知道在現實世界裡戰爭不可免，於是提倡小國防衛與救援之道。墨子說：「備不先具者，無以安主。」（《墨子‧號令第七十》），這是強調有備以防未然。又說：「備者，國之重也；食者，國之寶也；兵者，國之爪也；城者，所以自守也。此三者，國之具也。」（《墨子‧七患第五》）。這是主張治國、用兵及嚴密有備的思想，並將有備歸納爲「食」、「兵」、「城」三要素，認爲這是國家生存的基本條件。墨子本身也是小國防衛的實踐者，曾親自爲救宋，由魯走十日十夜至楚都郢，以其精湛守城術與楚臣公輸般作

攻防之兵棋推演，說服楚王停止攻宋。

義戰既然是為正義公理而戰，就必須慎重看待、準備戰爭，才有實踐正義的條件。義戰對戰爭的態度是，既不好戰，也不忘戰，而是慎戰。並必須隨時居安思危，才能有備無患。若歸結先秦諸子對戰爭的態度來看，義戰是「後發制人」的戰爭，正如管子所說：「德勝尊義，而不好加名於人；人眾兵強，而不以其國造難生患；天下有大事，而好以其國後。如此者，制人也。」（《管子·樞言第十二》）。依管子之意，一個國家不應製造藉口侵犯他國，也不要因兵強國富而製造災難，挑起戰爭。應當在天下發生戰爭後，再運用戰爭以平息戰禍。這種「後發制人」的戰爭就是以慎戰的態度面對戰爭，如此可使戰爭的正義性質不受質疑，在政治上可獲得普遍的支持。

二、戰爭正當性的標準

戰爭正當性的標準，是對戰爭是否合於義戰的評價指標。孔子著《春秋》，大一統之義，明華夷之別，使「尊王攘夷」成為當時發動戰爭正當性的具體指標。孔子說：「天下有道，則禮樂征伐自天子出。天下無道，則禮樂征伐自諸侯出……天下有道則政不在大夫。」（《論語·季氏篇》）。這是春秋戰國以前的戰爭權標準。在周代鼎盛之時，凡諸侯相伐取地，必由天子或方伯代表天子出征阻止，凡由天子或以天子為名發起的戰爭即可視為義戰，這其實是受一統觀念影響所使然。當天子無力征伐後，則由強而有力的諸侯來負阻止諸侯間相伐取地的責任，《公羊傳》記載：「上無天子，下無方伯，天下諸侯有相滅亡者，力能救之，則救之可也。」（《公羊傳·僖公元年》）。以上所言都是「尊王」的思想，「尊王」為名的戰爭就是義戰。

在「攘夷」方面，是一種「內諸夏而外夷狄」的民族主義思想。本民族當然不能受外族入侵，此乃牽涉滅種之大事，所以「攘夷」是自衛與求生存的義戰。春秋時代列國首先出來攘夷的是管子。[44]管仲相桓公曾伐戎救燕（《春秋左傳·莊公三十年》）、伐狄救邢（《春秋左傳·閔公元年》），伐狄救衛（《春秋左傳·僖公二年》），伐楚，責其苞茅不入貢於周（《春秋左傳·僖公四年》）。管仲相桓公最大成就是攘夷，故孔子說：「微管仲，吾其披髮左衽矣。」（《論語·憲問篇》）。

尊王攘夷的思想對爾後的影響甚遠，蓋自封建制度沒落、戰爭紛亂不止，人心均希望「定於一」，雖然達成之手段不同，但對於政治秩序的企盼則是一致的。

除了尊王攘夷的戰爭外，禁亂止暴也是義戰的標準。吳起認為戰爭之起因有五：「一曰爭名，二曰爭利，三曰積德惡，四曰內亂，五曰因饑。」（《吳子·圖國第一》）。並將戰爭的類型區分為「義兵」、「彊兵」、「剛兵」、「暴兵」、「逆兵」五類，這五類的定義是：「禁暴救亂曰義；恃衆以伐曰彊；因怒興師曰剛；棄禮貪利曰暴；國亂人疲舉事動衆曰逆。」由此知，戰爭的五類當中，只有「禁暴救亂」是屬於義戰，其他都是不義的戰爭。[45]尉繚和吳起都以誅暴、止亂為義戰的正當基礎，他說：「兵者，所以誅暴亂，禁不義也。」。

《司馬法》對義戰的區分是：「古者，以仁為本，以義治之為正。正不獲義則權。權出於戰，不出於中人，是故：殺人安人，殺之可也；攻其國愛其民，攻之可也；以戰止戰，雖戰可也。」（《司馬法·仁本第一》）。《司馬法》作者認為[46]，古代君王治理天下是以仁愛為出發點，力行當做之事，如果正常的方法行不通，就必須採取權變的手段。戰爭是達到與確保國家和平發展的權變手段。必須注意的是，《司馬法》中的義戰手段包含的積極性的

戰爭行為，即「以戰止戰」與「攻其國愛其民」，這在先秦諸子甚少談及。以現在的觀點來看，《司馬法》中的義戰包括了現代所謂的「人道干預」戰爭。

　　孟子與荀子民本與仁愛的思想，係從人民立場考量戰爭的正當性。孟子認為「民為貴、社稷次之，君為輕。」（《孟子·盡心下》），當齊宣王請孟子評定「湯放桀，武王伐紂」這種「臣弒其君」的行為是否正當時，孟子答稱：「賊仁者謂之賊，賊義者謂之殘，殘賊之人謂之一夫。聞誅一夫紂矣，未聞弒君也。」（《孟子·梁惠王下》）

　　荀子認為戰爭的首要條件是使民心一致，荀子說：「凡用兵，攻戰之本，在乎一民。」（《荀子·議兵》）。因為人是萬物中最貴者，「水火有氣而無生，草木有生而無知，禽獸有知而無義。人有氣，有生，有知，亦且有義，故為天下貴也。」要如何「一民」，即如何使人心一致呢？荀子認為重在「善附民」，即善於使人民歸附。荀子說：「善附民者，是乃善用兵也。故兵要在乎附民而已。」（《荀子·議兵》）。並以湯滅桀、武王滅紂之例說明湯武係因獲得人民支持而獲勝。荀子說：「士民不親附，則湯武不能以必勝。」所以義戰必以愛民、仁義為本，這也是戰爭之目的。

　　與孟、荀持相同觀點的還有姜太公與黃石公。姜太公說：「天下非一人之天下，乃天下人之天下也。同天下之利者則得天下，擅天下之利者則失天下。天有時，地有財，能與人共之者仁也。仁之所在，天下歸之。與人同憂同樂，同好同惡，義也。義之所在，天下赴之。」（《六韜·文韜·文師第一》），這反映出先秦時期的民本思想。從軍事角度而言，則說明戰爭的正義性問題，只有在政治上順應人心，才能「天下歸之」、「天下赴之」。

　　黃石公認為，所謂戰爭「以義誅不義」的前提，是要以保民

的目的為出發點，「聖王之用兵，非樂之也，將用以誅暴討亂也。夫以義誅不義……其克必矣。」(《黃石公三略‧中略》)。「興師之國，務先隆恩，攻取之國，務先養民。以寡勝眾者，恩也。以弱勝強者，民也。」(《黃石公三略‧中略》)。這明確指出以人民生存為優先考量的戰爭，才能稱為義戰。

商鞅的戰爭哲學是一種「以戰去戰」的義戰思想。商鞅認為戰爭是歷史演進的時代產物。在「男耕女織」的「神農之世」，「刑政不用而治，甲兵不起而王」。自「神農既沒」，出現了「以強勝弱，以眾暴寡」的現象，才產生「內行刀鋸，外用甲兵」的戰爭。他主張不可消極逃避戰爭，而必須以積極的義戰消滅不義戰爭，即所謂「以戰去戰，雖戰可也。以殺去殺，雖殺可也。」(《商君書‧畫策》)。如此一來可知，商鞅的義戰說具發動戰爭的主動性。

商鞅與《司馬法》中「以戰去戰」、「攻其國愛其民」等主動式的義戰思想，較之愛民、禁亂止暴、自衛等防禦、被動式的義戰在實施時是較具爭議的。因為主動的戰爭通常容易被詮釋為侵略式的戰爭。

三、戰爭手段的適當性

義戰的主要目的是「誅有罪」，是在順天應人、弔民伐罪、禁暴止亂，從事義戰的軍隊不可有老子所謂「嗜殺」之心，以別於一般從事爭城奪地戰爭的軍隊。戰爭手段的正當性來自於對將戰爭目標做區隔。如尉繚子將義戰定義在「誅暴亂，禁不義」上，因此反對殺人越貨的戰爭，他說：「凡兵，不攻無過之城，不殺無罪之人。」(《尉繚子‧武議第八》)。吳子也說：「凡攻敵圍城之道，城邑既破，各入其宮，御其祿秩，收其器物。軍之所至，

無刊其木，發其屋、取其粟、殺其六畜、燔其積聚，示民無殘心。其有請降，許而安之。」（《吳子・應變第五》）

戰勝攻取是必要的，但攻擊之目標應限於雙方武裝部隊或可能遭受危害的武器、裝備、設施爲限。畢竟戰爭會造成一定災難，所以對敵國百姓生命財產安全，須採取哀衿與保護的態度。

類似吳子、尉繚子的論述，亦見於姜太公之《六韜》與《司馬法》中。姜太公說：「無燔人積聚，無毀人宮室。冢樹社叢勿伐。降者勿殺，得而勿戮，示之以仁義，施之以厚德。令其士民曰：『辜在一人。』如此則天下和服。」（《六韜・虎韜・略地第四十》）

《司馬法》秉持「攻其國，愛其民」的立場，認爲「興甲兵，以討不義」，「既誅有罪」，則應「修正其國，舉賢立民，正復厥職。」（《司馬法・仁本第一》）。在發動戰爭前，應該發佈如下軍令：「入罪人之地，無暴神祇，無行田獵，無毀土功，無燔牆屋，無伐林木，無取六畜、禾黍、器械。見其老幼奉歸勿傷。雖遇壯者不校勿敵。敵若傷之，醫藥歸之。」（《司馬法・仁本第一》）。觀諸《司馬法》這道軍令內容，可謂爲義戰軍令的典範之作，它已具備現代國際戰爭法的重要內容。

義戰之所以是義戰，在於戰爭之正當性，必須排除暴虐、姦詐、侵奪等戰爭現象。如《呂氏春秋・孟秋紀》所言：「義理之道章，則暴虐之姦詐侵奪之術息也。暴虐姦詐之與義理反也，其勢不俱勝。不兩立。故義兵入於敵之境，則民知所庇矣，黔首知不死矣。」

不過對戰爭目標的區隔有其一定的限度，這有賴「將德」的判斷。一個極端的例子，就是宋襄公與楚人戰於泓的作戰過程。《春秋左傳》記載的作戰經過如下：

冬十一月，己巳朔，宋公及楚人戰於泓。宋人既成列，楚人
未既濟。司馬曰：「彼眾我寡，及其未既濟也，請擊之。」
公曰：「不可。」既濟，而未成列，又以告。公曰：「未
可。」既陳而後擊之，宋師敗績，公傷股，門官殲焉。國人
皆咎公。公曰：「君子不重傷，不禽二毛。古之為軍也，不
以阻隘也。寡人雖亡國之餘，不鼓不成列。」《春秋左傳‧僖
公二十二年》

宋襄公在戰爭中的表現，可謂仁義至極，《春秋公羊傳》
評：「君子大其不鼓不成列，臨大事而不忘大禮，有君而無臣，
以為雖文王之戰，亦不過此。」（《春秋公羊傳‧僖公二十二
年》）。但宋襄公未能明辨義戰具有目的性質，必須靠手段達成。
在手段上雖強調目標的區隔性，卻不可忽略戰勝攻取才能實踐義
戰目標的現實問題。戰爭本來就會有傷亡，否則就不要發動戰爭
或臣服於於人，所以子魚對泓之戰有中肯的評論：

子魚曰：「君未知戰，勍敵之人，隘而不列，天贊我也。阻
而鼓之，不亦可乎？猶有懼焉。且今之勍者，皆吾敵也，雖
及胡耇，獲則取之，何有於二毛？明恥教戰，求殺敵也。傷
未及死，如何勿重，若愛重傷，則如勿傷。愛其二毛，則如
服焉。三軍以利用也，金鼓以聲氣也。利而用之，阻隘可
也。聲盛致志，鼓儳可也。」《春秋左傳‧僖公二十二年》

由上可知，「將德」對戰爭手段的正當性有很大的影響。太
公論將德有「五材」、「十過」。（《六韜‧龍韜‧論將第十九》）。
「五材」是指秉性上的美德，如：「勇」、「智」、「仁」、「信」、
「忠」。「十過」則指秉性上的缺點，如：「勇而輕死」、「急而心
速」、「貪而好利」、「仁而不忍」、「智而心怯」、「信而喜信

人」、「廉潔而不愛人」、「智而心緩」、「剛毅而自用」、「懦而喜任人」等。這些秉性對將領在戰場上有重大的影響，所謂「兵者，國之大事，存亡之道，命在於將。」（《六韜‧龍韜‧論將第十九》）。在仁的方面，若是美德──「仁則愛人」，能獲得民心；若是缺點──「仁而不忍人者，可勞也」，就會受到敵人利用。孫子亦曾說：「將有五危：必死可殺，必生可虜，忿速可侮，廉潔可辱，愛民可煩。凡此五者，將之過也。覆軍殺將，必以五危，不可不察也。」（《孫子‧九變第八》）。凡此都說明將德，或是將帥的道德判斷，是維繫戰爭正當手段一個很重要的因素。

四、縮限戰爭之範圍──要有速戰、全勝的能力

義戰必須以從事有限戰爭為原則，它必須在合理的範圍與時間內獲得勝利。戰爭畢竟是「不祥之器」，對國家社會資源損失甚巨。經常戰爭，即使是勝利也會使國家陷入危亡。孫子說：「百戰百勝，非戰之善者也。」（《孫子‧謀攻第三》）。吳起說：「以數勝得天下者稀，以亡者眾」。（《吳子‧圖國第一‧教禮勵義，所以明恥》）。管子對此論之甚詳。管子認為義戰在手段上也離不開戰爭的暴力本質，管子說：「先王之伐也，舉之必義，用之必暴。」但必須將「暴力」的程度控制得宜，管子說：「相形而知可，量力而知攻，攻得而知時。」（《管子‧霸言第二十三》）。這就是說從事義戰必須在合理的範圍內，不應擴大戰爭範圍與層次。

如何落實縮限戰爭的範圍呢？最重要的方式就是要有速戰與全勝的能力。孫臏主張從事戰爭必先「知道」，他說：「安萬乘國，廣萬乘王，全萬乘之民命者，唯知道者。」（《孫臏兵法‧八陣》）。「知道」者，即取勝之道，惟有「知道」才能安國家，全

民命。

　　孫子的取勝之道，不以單純的「勝」爲滿足，而強調「全勝」與「速戰」。〈謀攻篇〉的主要內容強調一個「全」字，如：「全國爲上、破國次之」，「上兵伐謀、其次伐交、其下攻城」，「不戰而屈人之兵，善之善者也」、「必以全爭於天下，故兵不頓，利可全。」「全勝」是以不戰而勝爲最高境界，逼不得已而用兵，則以「全國」、「全軍」爲最高指導原則。姜太公以「上戰無與戰」爲戰爭勝利之最高境界，也是「全勝」的思想，他說：「故善戰者，不待張軍；善除患者，理於未生；勝敵者，勝於無形。」（《六韜・龍韜・軍勢第二十六》）

　　關於要用多少時間克敵致勝，孫子認爲戰爭應該愈早結束愈好，所以〈作戰篇〉以「速戰」爲主旨，如「其用戰也貴勝，久則鈍兵挫銳」、「兵聞拙速，未賭巧之久也，兵久而國利者，未之有也」、「兵貴勝，不貴久」。既然強調全勝、速勝，作戰部隊不宜過多，孫子說：「兵非貴多，惟無武進，足以併力料敵取人而已。」（《孫子・行軍篇第九》）。尉繚子除了有「不暴甲而勝」的全勝思想外，也主張作戰時間愈短愈好，他說：「不暴甲而勝者，主勝也；陣而勝者，將勝也。」又說：「兵起，非可以忿也，見勝則興，不見勝則止。患在百里之內，不起一日之師；患在千里之內，不起一月之師；患在四海之內，不起一歲之師。」（《尉繚子・兵談第二》）

　　「速戰」除了是指時間外，吳起還從次數上強調，認爲戰爭的次數越少越好，吳起說：「戰勝易，守勝難。故曰，天下戰國，五勝者禍，四勝者弊，三勝者霸，二勝者王，一勝者帝。」（《吳子・圖國第一》）

　　在先秦農業社會的環境下，很難支付龐大的軍費，尉繚子主張「不暴甲而勝」就是以經濟利益爲著眼，他說：「夫土廣而任

則國富，民眾而制則國治。富治者，民不發軔，甲不出暴，而威
治天下。故曰：『兵勝於朝廷。』」（《尉繚子‧兵談第二》）。孫子
固已於〈作戰篇〉有興百萬師，日費千金的估算，黃石公也注意
到戰爭對國計民生的消耗性，他說：「夫運糧千里，無一年之
食，二千里，無二年之食，三千里，無三年之食，是謂國虛；國
虛，則民貧，民貧則上下不親，敵攻其外，民盜其內，是謂必
潰。」（《黃石公三略‧中略》）。因此，要從事義戰必須是有限戰
爭，必須有速戰、全勝的能力，否則將置生民於水火。在國困民
蔽之下，如何有正義可言。

五、先秦義戰思想的價值與影響

　　先秦諸子之義戰思想，在內涵與範圍上不盡相同，如儒、
道、墨、法諸子多討論義戰之內涵與性質，兵家則在義戰之手段
上做具體的論述。先秦諸子在政治、哲學立場雖有不同，在戰爭
倫理立場卻相當一致，可見吾國先哲對蒼生有相同的悲憫之情。
先秦義戰對於後世的影響固然有限，戰爭之發生不一定能符合義
戰之標準，但至少對戰爭發生頻率的制約有一定的影響，使中國
歷史上的對外戰爭能夠降至最少限。因此外國學者認為若能推展
儒家思想，有助世界之和平。[47]
　　先秦義戰思想有助於和平是因為先秦義戰思想根深蒂固的民
本、天命思想背景之影響，致使將戰爭當作「必要之惡」看待，
強調「不得已而用之」，故而演繹出必須縮限戰爭於最小範疇，要
速戰、全勝。這如同西方政治思想自由主義的主張，既認為國家
是「必要之惡」，所以推論出「最小限度的國家」（a minimal state）
才能被證明為最正當的國家。[48]先秦義戰發展自秦以後已成自衛、
求生存的戰爭或用以抵禦外辱，或用以抗暴政。這種自衛性質不
似西方在進化學說、正義學說所發展爭取生存空間的擴張式戰

爭，自然不會產生國際政治因軍備競賽而產生的「安全困境」（security dilemma）。[49]

　　先秦義戰思想也強調戰爭修養的重要性，良將是「民之司命，國家安全之主」，不可「怒而興師、慍而致戰」（《孫子・火攻第十二》）。尤其是戰爭手段上，除了要有能力速戰、全勝外，以達「無智名、無勇功」（《孫子・軍形篇第十二》）的境界，還應有「進不求名、退不避罪、唯民是保」（《孫子・地形篇第十一》）的胸襟。這影響以後歷史對軍人典型的標準。義戰是正當的戰爭，軍人在戰爭中也有符合「義」的行為規範，軍人除了要「執干戈以衛社稷」外，也要有夠殺生成仁、捨身取義、明辨是非的戰爭修養。因此軍人典型不是純粹的武功卓越的軍人，如白起、韓信、高先芝或許其軍事才能，成就不下於郭子儀、岳飛、戚繼光等人，但獲得的歷史評價卻不如他們。在義戰的思想下，將德已與道德結合，一個軍人如悖離倫理規範，只能稱為悍將、梟雄。將德也與儒家思想相結合，使軍人必須有足夠的儒家學養。義戰思想的將德內涵是「道德範型與軍事素養的融合。」[50]

　　儘管如此，義戰思想是否可以落實，是有待商榷的。畢竟戰爭是實力問題，從湯武革命、武王伐紂、到齊桓公、晉文公的尊王攘夷來看，實力是國家行義的後盾。宋襄公之仁只會招致滅亡。　．

　　義戰思想難以落實主要是義戰將暴力與道德、倫理結合的關係所使然。道德或倫理是以人應當如何為命題。而倫理推論其實就是演繹推論，即從有限的既定原理開始，演繹出一系列命題，以「制定出」何者是「應當如何」的行為。這正是研究倫理議題所涉及的困難。單一的政治社會或可建立一個共識系統，斷定道德標準，兩個不同的政治社會就難以建立共識系統，所以戰爭紛擾不斷，世界一直處於墨子所謂「一人一義」的階段，各個政治

社會都以其價值爲正義。這樣一來戰爭所遭遇的情況，就不單只是「知仁由義」的問題所能解決的。

在這種情況下，義戰的討論範疇，往往只限於哲理的思辨爲主，難以落實爲具體實踐的行動。此係因每個擁有主權的的民族或國家，在叢林般的國際社會上，並不會受到有效的法律制裁，所以任何倫理規範都是徒具形式，僅停留於各戰爭發動者的心志之間。[51]

六、結論

人類之進化是否能如孫中山所說由獸性、人性以致於達到神性而免於戰爭之禍的境界，就目前而言尙然有定論。因爲現實世界之戰爭未嘗間斷。

先秦的義戰思想是一種務實的人道戰爭哲學，主張戰爭是「不祥之器」，必「不得已而用之」。它定位戰爭於「必要之惡」，對戰爭要謹愼處理，「好戰必亡，忘戰必危」，謹守爲義而戰的原則。既是爲「義」戰，就必須有足以發動戰爭的正當理由，在手段上必須對戰爭目標有所區隔，並且要有速戰、全勝等縮限戰爭的能力。先秦義戰思想在內容上是很有時代意義與價值，在「後發制人」的理念上，較西方正義包括「先發制人」的思想，更具對戰爭的克制力。雖然義戰思想不易落實，但它對於我國歷代兵家學者的戰爭哲學、戰爭之評價與戰爭倫理的認知、統治者發動戰爭的制約，「將德」以及長期的穩定有著深遠的影響。

問題與討論

一、先秦時期產生義戰思想的背景。

二、先秦思想家對義戰的界定為何？

三、先秦思想家對戰爭的態度為何？

四、試說明將德與義戰的關係？

五、先秦義戰思想的價值與影響。

註釋

1. 江美麗譯（Louis P. Pojaman），《生與死：現代道德困境的挑戰》（*Life and Death：grappling with the moral dilemmas of our time*）（台北：桂冠圖書公司，1997年7月），頁154。

2. 較著名的一次辯論，是開戰前（2002年10月）由美國四個戰爭倫理學的權威學者，就美國對伊軍事行動構成「正義戰爭」這一題目展開激烈辯論，他們並將小布希政府攻打伊拉克的理由一一羅列討論。這四位美國學者分別為葛爾斯頓(William Galston)，瓦澤(Michael Walzer)，凱爾西(John Kelsay) 和佈雷得利(Gerard Bradley)。詳見《華盛頓觀察》周刊，〈美國攻打伊拉克是「正義戰爭」嗎？——戰爭倫理學界的大辯論〉第五期，2002年10月8日。(http://www.washingtonobserver.org/AntiTerrorism-JustWar-100902CN5.cfm)

3. 見《漢書》卷五十三，〈景十三王傳第二十三〉，河間獻王條。獻王指漢景帝之子河間獻王德。引用版本：班固撰、顏師古注，《漢書》（台北：宏業書局，民國73年3月，再版）。

4. 黃仁宇，《中國大歷史》（台北：聯經出版公司，1998年11月，初版第二十八刷），頁20。

5. 張覺，〈何以說先秦諸子百家也是研究古代軍事學的珍貴資料？〉，收錄於吳琪主編，《中國軍事三百題》（台北：建宏出版社，1994年3月，初版一刷），

6. 如何炳棣，〈中國思想史上一項基本性翻案：《老子》辯證思維源於《孫子兵法》的論證〉，收錄於《有關《孫子》《老子》的三篇考證》（台北：中央研究院近代史研究所，民國91年8月，初版）。李則厚，〈孫老韓合說〉，《中國古代思想史論》，修訂本（台北：風雲時代出版公司，民國79年8月，初版）。

7. 《史記》卷三十六〈齊太公世家〉。

8. 魏汝霖，《黃石公三略今註今譯》（台北：臺灣商務印書館，民國73年10月，修訂一版），頁2-3

9. 傅紹傑，《吳子今註今譯》（台北：臺灣商務印書館，民國70年3月3版），自序，頁2。

10.張永堂譯（BenJamin Schwartz），〈關於中國思想史的若干初步考察〉，收錄於劉紉尼、段昌國、張永堂譯，《中國思想與制度論集》（台北：聯經出版公司，民國81年4月，初版六印），頁3。

11.浦薛鳳，《現代西洋政治思潮》（台北：正中書局，民國81年6月，台初版第十三印），頁4。

12.薩孟武，《中國社會政治史》（台北：三民書局，民國77年1月，增訂五版），頁54。

13.蕭公權，《中國政治思想史》（台北：聯經出版公司，2001年11月，初版第十二印），頁2。

14.詹哲裕，《軍事倫理學》（台北：文景書局，2003年4月，初版），頁39。

15.錢穆，《國史大綱》（台北：臺灣商務印書館，民國79年3月，修訂17版），頁65。

16.柏楊，《中國人史綱》，上冊（台北：遠流出版公司，2002年10月，初版一刷），頁145。

17.杜希德（D.C.Twitchett）著，〈銅器時代至滿清期間的中國政治與社會〉，收錄於梅寅生譯（Arnold Tonybee編），《半個世界：中日歷史與文化》（Half The World: The history and Culture of China and Japan）（台北：久大文化公司，1922年8月），頁36。

18.翦伯贊，《先秦史》（台北：雲龍出版社，2003年12月，初版一印），頁362。

19.「中國軍事史」編寫組，《中國歷代軍事戰略》，上冊，一版二印（北京：解放軍出版社，2002年1月），頁98。

20.翦伯贊，《先秦史》，同註18，頁373。

21.錢穆，《國史大綱》，同註15，頁49-50。

22.朱岑樓譯（Samuel Koenig），《社會學》（Sociology: An Introduction to the Science of Society）（台北：協志工業叢書出版公司，民國75年3月，第十六版），頁315。

23.張紅暉、胡江波譯（Herbert Spencer），《社會學研究》（Study of Sociology）（北京：華夏出版社，2001年1月，一版一印），169-170。

24.朱岑樓譯，《社會學》，同註22，頁316-317。

25.孫中山，〈民族主義第六講〉《國父全集》，第一冊（台北：近代中國出版社，民國78年11月），頁48-49。

26.Bertrand Russel, The Problem of China 1922.中譯本《中國之問題》（上

海：中華書局，民國13年）。轉引自梁漱溟，《中國文化要義》，（台北：里仁書局，民國71年9），頁292。

27.Krus, D. J., Nelsen, E. A., & Webb J. M. (1998). Recurrence of war in classical east and west civilizations. *Psychological Reports*, 83, 139-143.

28.柏楊，《中國人史綱》，上冊（台北：遠流出版公司，2002年10月，初版一刷），頁93-94。

29.參閱1.黃仁宇，《赫遜河畔談中國歷史》（台北：時報文化出版公司，2002年10月，初版34刷），頁25-29。2.黃仁宇，《中國大歷史》（台北：聯經出版公司，1998年11月，初版28刷）頁26-31。

30.錢穆，《國史大綱》，同註15，頁20。

31.劉侃如譯（渡邊秀方著），《中國哲學史概論》（台北：台灣商務印書館，民國56年1月，臺二版），頁3。

32.參閱錢穆，《國史大綱》，同註15，頁66-68。

33.參閱1.梁啟超，《先秦政治思想》（台北：東大圖書公司，民國76年2月，再版），頁21-48。2.劉麟生，《中國政治理想》（台北：台灣商務印書館，民國63年6月，臺二版），頁6-9。

34.錢穆，《中國歷史研究法》（台北：東大圖書公司，民國80年4月，再版），頁66。

35.薩孟武，《中國社會政治史》，同註12，，頁47-48。

36.薩孟武，《儒家政論衍義》（台北：東大圖書公司，民國71年6月，初版），頁74。

37.熊鈍生主編，《辭海》，中冊（台北：台灣中華書局，民國73年10月，第三版），頁3532。

38.席代岳譯，《戰爭的罪行》（*Crimes of War：What the Public Should Know*）（台北：麥田出版公司，2002年5月，初版一刷），頁285。

39.曾國垣，《先秦戰爭哲學》（台北：臺灣商務印書館，2001年6月，初版二印），頁82。

40.語出《司馬法・仁本》：「國雖大，好戰必亡；天下雖安，忘戰必危」。

41.本文引用《孫臏兵法》之版本：張震澤，《孫臏兵法校理》（台北：明文書局，民國74年4月初版）。

42.「五計」指「道、天、地、將、法」。「七計」指「主孰有道，將孰有能，天地孰得，法令孰行，兵眾孰強，士卒孰練，賞罰孰明。」見《孫子・始計第一》

43.傅紹傑，《吳子今註今譯》（台北：臺灣商務印書館，民國70年3月3版），頁40。

44.薩孟武，《儒家政論衍義》（台北：東大圖書公司，民國71年6月，初版），49。

45.雖然說在分類的理則與位格上不是很相稱，如「義兵」是在「禁暴救亂」卻與「爭名」相對稱。

46.司馬法作者論述不一，有說是司馬穰苴，周禮疏中說：「齊景公時，大夫穰苴作司馬法。」有說是姜太公所撰，孫星衍說：「古有黃帝兵法，太公六韜，周公司馬法。」今人劉仲平考證認為原作者是姜太公與周公，追述成書為齊威王諸大夫。參閱劉仲平，《司馬法今註今譯》（台北：臺灣商務印書館，民國70年11月3版），頁4。

47.Krus, D. J., Nelsen, E. A., & Webb J. M. (1998). Recurrence of war in classical east and west civilizations. *Psychological Reports*, 83, .

48.所謂「最小限度的國家」──即一種僅限於防止暴力、偷竊、欺騙和強制履行契約等有限功能的國家，這種國家才能被證明是正當的。關於這個問題參閱王建凱譯（Robert Nozick），《無政府、國家與烏托邦》(*Anarchy,State,and Utopia*)（台北：時報文化出版公司，1996年8月，初版一刷）。

49.安全困境是指兩個國家追求國家安全過程所造成的行動──反應動態(action-reaction dynamic)。國家追求力量，是為了增加自身安全和利益，但是力量是相對的，當一國力量增加，另一國力量自動削弱。安全困境就是在這種情境造成，一個國家強化安全，會誘使另一個國家產生相當程度的反應。最顯著的例子就是軍備競賽(arm race)。一國若認為遭到他國威脅，會為加強自保而強化軍備，但另一國家也一樣。這因為大家都認為力量削弱的一方將受到攻擊。參閱歐信宏、陳尚懋譯，《國際政治新論》，上冊（台北：韋伯文化出版公司，1999年4月，第三版），頁175-176。

50.倪東雄，《戰爭與文化傳統──對歷史的另一種觀察》（上海：上海書店出版社，2002年3月。一版二印），頁113。

51.詹哲裕，《軍事倫理學》，同註14，頁81。

第十二章

西方思想家戰爭哲學概述

一、概說

在西方的思想家中，能對戰爭做一個全面的探討，而又提出出一套精審嚴密的理論體系者，確實不多，這可能有兩個原因，一因戰爭是變態，而不是常態。學術思想，是研究宇宙人生正常的現象，而不願論及殘暴的戰爭，所以很少把精力擺在這一方面。另一個原因是戰爭的變數太多，多到幾乎不是人類現有的知識可以掌握和控制的程度。所以人人均可以對戰爭發表一些看法。但誰也無法真正的掌握戰爭的本質，而對戰爭作成一體系的論究。

可是，儘管人類不喜歡戰爭，不願研究戰爭，但戰爭的陰影始終籠罩著人類，這又逼得我們不得不正視這個問題。尤其是現代的戰爭，已經是總體的戰爭，全民的戰爭，已經沒有前方、後方之分了。此正如西方的兵家米里斯（Mr Waltu Millis）所說：「現代戰爭幾乎是向一切的社會制度挑戰——其經濟是否公正和平等，其政治制度是否適當，其生產工廠是否具有能力，其外交政策是否有合理的基礎、智慧和目標。在我們的生活中，幾乎沒有那一方面，不受到戰爭的影響、更動，甚或完全的改變。」由此可知，人類只有真正面對戰爭這個問題，並找出解決戰爭的可能方法，才是唯一正確的態度，這也是我們研究戰爭哲學的主要原因。雖然，西方的思想家中，少有對戰爭做有體系的研究，但確亦不乏對戰爭哲學的看法。我們特別加以徵引，雖是一言片語，也有發人深省的地方。同時在簡介每一位思想家有關戰爭哲學的看法之後，我們特別加上一些評述，供大家參考。

二、西方思想家的戰爭哲學

(一) 聖奧古斯丁（Augustinus, 354～430 AD）

聖奧古斯丁出生於北非以米迪亞（Nunuiliu）省。他的父觀是一性情凶暴且縱慾的富商，母親卻是極虔誠的基督徒。奧氏很早就感受到這種對立的善惡二元的衝突，他十五、六歲起生活即極為放蕩，可是他對真理的追求，亦毫不放鬆。一度信服摩尼教，後因不滿該教善惡二元永恆對立之說，而開始接觸基督教，其間沉淪反覆，直西元386年，始正式成為一基督徒，更於396年出任非洲希普（Hippo）主教。412年至427年間，他著成《上帝之國》一書，此書雖為與異教徒答辯之書，然卻是基督教中最早有完整體系的巨著。

聖奧古斯丁是西方中世紀教父哲學的代表人物，他對戰爭的看法，基本上是代表了基督教義內的戰爭哲學，且其後的基督教思想家，在論及戰爭時，亦多以奧古斯丁所言為藍本。

雖然，奧古斯丁不是好戰者，他在〈論神之域〉一文中說過：「戰爭多是殘酷的，是對善良無辜者的毀壞暴力，是充滿罪惡慾望的產物。」但是，奧古斯丁跟早期教父如奧里職（Origen）等人並不相同，他也不是一個反戰者，他在一封私人信函中說過：「不要以為在軍中服役就不能取悅上帝。在那些人中，我們可以神聖的大衛為例。」在另外一文中，他更指出：「特別要注意的是人們發動戰爭的原因，及其是否有權威如此做。如果是為了自然秩序。即為了追求人類的和平，一個君主只要認為是恰當的，就有權發動戰爭。而軍士們為了追求大眾的和平安全，亦須貫徹執行他們軍事上的職責。」

　　此外，奧古斯丁更提出兩種合於正義的戰爭之說：第一種，所有防禦性的戰爭都是合於正義的戰爭。因為面臨侵略時，我們必須用武力抵擋反抗邪惡暴力對民眾的迫害，第二種是指，當一國已腐敗墮落，賞罰不公，造成種種冤屈不平時，這時的攻擊性戰爭，也是合於正義公道的。

　　由上可知，他認為正義的戰爭有兩種：一種是自衛，抵擋邪惡、暴力；一種是補救腐敗墮落與賞罰不公所造成之種種冤屈不平。對第二種情況，我們採取審慎的態度，因為各國民族文化不同、社會組織不同、價值觀念不同，所謂冤屈不平很難用一個標準去衡量。同時奧氏所說似指國內衝突與論述革命的正當性，不該是攻擊性戰爭。這其間的是非曲直，就很難判斷。正義與邪惡，乃是一念之間的事，失之毫釐，繆以千里，不可不慎。

（二）馬奇維尼（NicColo Machiavelli, 1463～1526）

　　馬奇維尼生於當義大利處於悲慘歲月之時，當時的義大利，實在只是一個地理名辭，政治上陷於四分五裂的狀態，各國不但彼此勾心鬥角，甚至勾結外國力量，殘殺自己同胞，這對馬奇維尼有深刻之刺激，也使他決心尋求一雄主以統一義大利。所以，當他自1498年至1512年之間，當福羅稜斯是共和國時，曾歷任要職，深悉現實政治之可怕後，乃使其思想更趨實際，而無一般思想家偏重理想的色彩。1513年遂完成他最著名的《君王論》（The Prince）一書。

　　由於馬奇維尼是十五世紀的義大利人，而當時的義大利，正處於分崩離析的局面，內有各強權勢力鬥爭，外有列強的環伺，偏偏內鬥中的諸雄又多藉外力以助威，勾引外國勢力進入義大利，使義大利幾乎面臨亡國的危機。所以，當時的義大利雖已充滿要求團結統一的呼聲，但在客觀環境上，卻毫無可能。例如，

馬奇維尼在描述當時上層社會中勇於私鬥而怯於公戰之事時，曾痛心的說過：「講到義大利的團結，你真使我狂笑！……義大利頭尾不能相顧，此生此世，再不會向團結之道前進一步。」這表示，當時義大利不但普遍的全民性民族運動不可能出現，封建諸侯更不可能有和平團結之舉。於是，馬奇維尼乃將其統一義大利的希望，寄託於一位果敢的雄主，要這位雄主以武功底定全局並對抗強鄰。

正因為這個緣故，馬奇維尼為其最著名的著作《君王論》（或譯為「霸術」The Prince）一語道破的結論是為：「但論目的，不擇手段」。而也基於同樣的道理，在馬奇維尼的思想體系之內，國家武力乃成為重要的一環。這是因為在他心目中之民族國家的創建過程中，他只信賴一位果敢而善權謀的統治者。而果敢統治者賴以殺伐的最重要的工具又是武力，沒有武力，他民族國的理想就不可能實現。所以，他一再強調武事為人主最應關心的問題，社會秩序的建立，國家安全的保障，均以健全的武備為其基礎。他並且認為，壯盛而有為的國家，必然是向外擴張的，惟衰老的國家，其力量僅足以自保。國家而不能自保，那就到達土崩瓦解的境地了。

在上述這個了解之下，我們分三點來說明馬奇維尼的戰爭哲學。

1.戰爭是自然的也是必須的

馬奇維尼認為政治生活是成長和擴張中的有機體之間，所作的生存鬥爭。因此，戰爭是自然的也是必須的，它可以決定那一個國家是應該生存的，也可以決定一個國家是應被消滅還是擴張。所以在馬奇維尼心目中，軍事力量在政治活動中居於一種決定性的地位。他說：只有當軍事力量在政治秩序中佔有適當地位

時，才能確保一個國家的存在和偉大。他在《君王論》一書中說過：「若無良好的武力，則無良好的法律，反之若有良好的武力，則必有良好的法律。」他更力勸統治者應該心裡牢記，要想保持權位，必須依賴武力，也說：「除了戰爭和它的組織與紀律之外，一個君王就不應再有其他的目標，也不應該再研究其他的任何東西。」此外，他並且從研究羅馬的歷史中，得到下述之結論：「國家的基礎即爲良好的軍事組織。」

2.評斷戰爭的唯一標準是其成果

在馬奇維尼那個時代，當敵對兩國開始戰爭前，必須很有禮貌的挑戰，並且說些合乎騎士身分的對話。中世紀的傳統思想在當時還很流行，此即是說戰爭是一種用會戰來進行的審判，所以會戰中雙方必須是處於平等和公正的條件之下。至少當時在理論上，認爲戰爭必須是用明白規定的方法和依照既定的規律來打。相對於這個觀點，馬奇維尼的戰爭哲學才可以說是具有革命性的，因爲他認爲在戰爭中，可以准許使用一切的力量。他認爲國家是一個有生命的有機體，在戰爭之時，它的全部資源、力量、智慧，和勇氣都要接受考驗。所以，眞正的戰爭是一種生死存亡的鬥爭，在這種鬥爭中是准許用一切的手段，而其目標則爲完全毀滅敵國。對這一點，馬奇維尼在《佛羅倫斯歷史》上說過：「若人們不互相砍殺，城市不遭受焚掠，領土不夷爲廢墟，那就不能稱爲是戰爭了。」。在《討論集》中又說過：「假使所作的決定是國家安危所繫者，那就不必考慮到是否合於正義、人道和榮譽了。」所以，他才認爲評斷戰爭之唯一標準是成果。此即是說可以不擇手段以求戰爭之勝利。他說過：「爲勝利者帶來榮譽的即爲勝利本身，並不是怎樣獲得勝利的方法。」

3.重視軍人素質與愛國精神

馬奇維尼當然承認金錢或裝備在戰爭上的重要性，但是他更

重視優秀的軍人。他在《討論集》中有一章的標題是：「金錢並非戰爭的筋肉（sinew of war），雖然大家常持如是觀點。」他的結論則是：「在戰爭中保證成功的不是黃金，而是優秀的軍人……優秀的軍人可以抵得黃金，而黃金卻不能買得優秀的軍人。」優秀軍人從何而來呢？馬奇維尼認為先要培養出一種勇武愛國的精神。他認為軟弱和戰鬥精神的缺乏，是過份重視個人生活享受的後果，而這種現象又與一個受金錢和商業利益支配的社會，是互結不解之緣的。只有當一個民族的人，認為其最高價值是國家的光榮，而不是個人的享樂時，他們才會願意為這個信念而犧牲一切以效死命。這種民族才能供給優秀的軍人以組成所向無敵的軍隊。

任何一個思想家，其思想的形成，必定無法脫離他的時代。但思想家之所以為思想家，時代環境只是提供他思想的材料，他的思想一旦形成，必然是指引時代往前進。馬奇維尼正因為深受國家分崩離析的痛苦，所以富國強兵成了他唯一的奮鬥目標，他痛恨當時的主政者怯於公戰而勇於私鬥的可恥行徑，所以他出版了《君王論》一書，希望透過一個強有力的君王，來達到國家的統一，他認為一個君王要勇敢如猛虎，狡猾機智如狐狸，只有這樣，才能團結人心，組織一支戰無不勝，攻無不克的百戰雄師。

馬奇維尼之所以成為一個劃時代的思想家，乃在他能跳出陳腐的窠臼。因為在中世紀，武士的交手，有一定的規律，一定是堂堂正正，雙方一切行為都在眾目睽睽之下進行。但馬奇維尼在《君王論》中，對這一傳統思想提出挑戰，他認為祇要能獲得勝利，一切的陰謀詭計都是正當的。馬奇維尼的思想，對列寧的影響很大，列寧十月革命，幾乎完全接受了馬氏的思想，他的一切行動，均可以在馬氏的書本中找到答案。當然，兵者詭道也，能

而示之不能，用而示之不用，近而示之遠，遠而示之近，都是克敵致勝的不二法門，如宋襄公之仁，以馬氏來看，可說這不但不是仁，簡直就是罪惡。

俗話說：「千軍易得，一將難求」，又說「兵隨將轉」，可見一個卓越的指揮官對戰爭成敗順逆的重要了。馬氏不但歌頌武力，歌頌戰爭，他更認為要在全國培養出一種勇敢尚武的精神，只有在這一精神鼓舞之下，才能人才輩出，多中選精，而得到千軍辟易的勇將。所以他坦率的說：「只有當一個民族的人，認為其最高價值是國家的光榮，而不是個人的享樂時，他們才會為這個信念而犧牲一切以效死命，這種民族才能供給優秀的軍人以組成所向無敵的軍團。」旨哉斯言。

（三）蘇亞雷（Franis Suarey, 1548～1617）

蘇亞雷是一西班牙籍的神學家兼哲學家。其哲學著作《形上學辯論》係第一本系統地講論士林哲學形上學的教科書，並廣泛的應用了哲學史資料。另著有《論法律》一書，討論法律哲學、國家與國際法。其思想影響及於天主教與基督教的士林哲學，連萊布尼茲（G.W.Leibniz）都受其影響。蘇亞雷是十六世紀西班牙士林哲學的重要思想家之一。他也認為戰爭並不絕對是罪惡的，因為這世上確實是有一些合於公道的戰爭。例如「防禦性的戰爭，就是准許的。」但是，他對所謂公道的戰爭，訂下了一些條件，此即：

1. 公道的戰爭必須由合法的權威來發動，也就是說要由最高主權者來發動。
2. 發動戰爭的理由必須是真正公道的。例如，遭受不合理的迫害，而除了戰爭之外，別無他法以改善或報復時，就是

發動公道戰爭的理由。在這一方面，蘇亞雷認爲，防禦性的戰爭當然無話可說，可是如果公道的理由發動攻擊性戰爭時，主權者必須考量得勝的概率，不可發動敗率較高的戰爭。

3. 戰爭不僅論其勝敗，更要出於一種正當的手段。例如，在開戰前，必須把發動戰爭的理由，明告他國。如果他國接受此理由，並謀求改善或彌補我方之要求，則我國絕不可再啓戰端。

4. 在戰爭終了之後，得勝的公道方的君王，可以要求其所有戰前與戰時在財物損失上的賠償，並可以死刑來懲罰敵方，以取得公道的懲罰。他說在戰後，「敵軍中的某些有罪的個人，應該以合乎公道的精神，判處死刑。」

蘇亞雷的戰爭哲學影響後世最大的有兩點：一是戰敗國必須賠償戰勝國在戰爭中所有的財物損失。二是對發起戰爭的元兇惡首，即戰犯，必須提出公開的審判。這兩點幾乎已經成了現代戰爭的公例。第一次世界大戰，第二次世界大戰，均是明顯例證。但是以目前軍事科技的日新月異，一場戰爭打下來，可能兩方財物的損失，均會達到天文數字，即使要賠可能也無從賠起。不過這種對戰敗國的懲罰行爲，或許也能對那些野心勃勃的侵略者產生一點抑止作用，使他們不敢輕啓戰端，否則戰敗的後果，可能就是整個民族的淪亡，這使他們不得不懸崖勒馬。

（四）革洛底烏斯（Hugo Grotius, 1583～1645）

革洛底烏斯幼有神童之稱，長而博學多識，享譽於世。卒業於荷蘭萊頓（Leyden）大學，獲博士學位，曾於鹿特丹執律師業。1619年荷蘭發生政變。被捕繫獄，後脫身赴法，仕於路易十

三王朝，備受優遇。之後復仕時瑞士，任駐法公使，由於他的學養及政治經歷，使他兼顧理論與實際。最足以代表他思想的著作為《戰爭與和平法》（*The Law of War and Peace*）。

革洛底烏斯處於中世紀與近代哲學交替之間的思想家。他認為這個世界最普遍有效的律則是自然法，而這個自然法是萬物都要遵守的。此即：「所有萬物，包括人與動物在內。都被其本性驅使以追求他們自己的利益。」但是因為人是動物中較靈秀的一種，所以，人會組成社會，而維持社會秩序就是律法產生之來源。法律既是維持社會秩序的要件，自然不准許發生爭鬥，那麼對戰爭又該有如何的看待呢了？革洛底烏斯說：「除了增進人的權益外，不該發生戰爭。即使有戰爭，也必須在遵守法律和對神的良好信仰中進行。」

因此，革洛底烏斯認為合於公道的戰爭是可以准許的。他說：「當一國遭受他國侵略之時，這一國可以發動戰爭以對抗之。而當某國明顯違反自然法或神聖法，使另一國受到傷害時，受傷害的國家可以發動戰爭來懲罰某國。」但是，他堅決反對其他一切只為爭奪利益所發動的戰爭。他說：「不能在公道考驗下有絲毫不安的情形下發動戰爭，而即使有公道的理由發動戰爭，也不可草率行事。」

革洛底烏斯對戰爭採取一種戒慎的態度，這是我們同意的。老子說：「大兵之後，必有凶年。」祇有仁義之師，解民倒懸，才能真正得到人民的支持和擁護。一支軍隊如果真正能做到如孟子所說：「打到東邊的時候，西邊的人抱怨，打到南邊的時候，北邊的人抱怨，說為什麼不先到我們這邊來呢？趕快來解我們的倒懸之急吧。」這才是仁者無敵於天下。歷史上的武王伐紂，可說是最佳的例子，只有仁義之師，才能無敵於天下。

（五）亞當斯密（Adam Smith, 1722～90）

亞當斯密是出生於蘇格蘭的英國是著名的政治經濟學家，西元1776年，所發表的《國富論》（*Wealth of Nations*）不但使政治經濟學（Political economy）成為一門獨立的學科，更使他贏得資本主義理論大師的稱號。

假如經濟權力與政治權力是可能分開的，那麼也許只有在最原始的社會中才有此種可能性。時至近代，由於民族國家的興起，歐洲文明向全世界各地擴張，全世界各地都受到工業革命及軍事技術進步所帶來的影響。於是人類一方面經常面臨著商業、財政和工業力量的相互為用，另一方面則面臨政治力量與軍事力量的結合一致。這種現象對於政治家而言，實為最需要重視的問題之一。因為這個問題關係到國家的安全，大體上來說，也決定每個人民所可能享受的生命、自由、財產和幸福快樂的程度。

在這麼一種情形下，如果治理一個國家的最高指導原則是重商主義（mercantilism）或極權主義（totalitarianism）時，國家的權力本身就變成了一個目的，於是一切有關國家經濟和個人福利的考慮，都臣屬於一個單純的目標之下，那就是為了準備戰爭和從事戰爭，以發揮一個國家的潛力。這正是德國人曾經說過的「國家動員」和「戰爭動員」。西元十七世紀時，英人柯貝特（Colbert）對於正在興起中的路易十四世王朝的政策，也曾一言以蔽之的形容為：「貿易為財政的來源，而財政又為戰爭的主要神經。」在二十世紀，也有人曾明白指出納粹「軍事國家」的目標是生產大砲而非奶油。此外，如前蘇聯在準備總體戰爭時最愛用的口號，是寧願有社會主義而無牛奶，不願有牛奶而無社會主義。而中共也曾以「要核子，不要褲子」為言，來進行軍備擴張。

　　上述的情形對一股民主國家雖造成一種衝擊，但是民主國家的人民卻不願接受這種要求，他們不認為一國經濟之基礎是為了戰爭或為準備戰爭。至少我們可以說，在西方資本主義形態的民主國家之中，全面戰爭動量是一種與他們生活方式格格不入的東西，且超過了他們所認為安全和繁榮所要求的限度之外。所以他們對於軍事權力和經濟權力的結合，是一向具有根深蒂固的疑忌心理，因為他們認為對於其久已建立的自由制度是一種內在的威脅。

　　但是不管一個國家的基本政治經濟思想是什麼，除非一國甘冒覆亡的危險，否則對於軍事武力和國家安全一事是絕不可掉以輕心的。此即是說，安全是一個政府所應關切的根本問題。所以，哈米頓（Alexander Hamilton）就曾說：「因應外在的危險，以求得安全，是一個國家行動的最強有力的指導。」他甚至認為在必要時，為了安全不惜犧牲自由；為了要能獲得較多的自由，人們應該暫時接受犧牲自由的冒險。

　　如同上述，亞當斯密固然一向認為國家物質繁榮的基礎，就是政府對於個人自由的干涉應減到最低限度。但是，當面對上述問題時，他也承認一旦牽涉到國家安全問題，這個普遍原則應該有所讓步，因為國防還是遠比富庶繁榮重要。與亞當斯密同是重要經濟思想家的李斯特（F. List）在許多方面都與亞當斯密意見不合，惟在這一點上卻與他完全相同。李斯特說：「武力要比財富更為重要，因為武力的反面就是脆弱，將會使我們一無所有，不僅是已經獲得的財富，而且連我們的生產能力、文明、自由、以及國家獨立，都會全部為強敵所奪去了。」

　　在這種對戰爭的看法下，亞當斯密的戰爭思想還有兩大特色。

1.重視尚武精神

亞當斯密認爲：「每一個社會的安全，多多少少總是要依賴於人民大眾的尚武精神上面。也許專憑尚武情神，而無一支紀律良好的常備陸軍，還是不足以保衛任何社會的安全。但是，當每個公民都具有軍人的精神時，一個規模較小的常備陸軍就確實能發揮保國之作用。」他更進一步說：「即令人民的尚武精神對於保衛國家是一點用處也沒有，可是爲了防止心理上的污染、毀損，以及卑劣的狀態（這都是與怯弱心理有關的）擴大於一般大眾起見，政府仍應給予此事以最深的關切。這正好像政府應特別注意防止痲瘋等令人厭惡的疾病的傳播一樣，即使他們並不一定有致死的危險。」他又認爲，只有在政府支持下，厲行軍事訓練，才能有效的維持尚武精神。

2.注重軍事的專業性

亞當斯密在其經濟思想上特別重視分工原則，同理，他也要求要把軍事戰爭當作是一種專門職業。而不是一種副業。他說：「戰爭的藝術既然是一切藝術中的最高貴者，所以在文明進步的過程中，它也就變成所有藝術中最複雜的一個。機械化的技術，以及其他種種因素固然足以決定在某一個時代中，所能使戰爭藝術發展到的完美程度。但是爲了使它眞正能夠達到這種程度，則戰爭藝術必須使其成爲某些特殊公民的專門或主要的職業。也正如其他各種學術是一樣的，分工的原則實爲進步的必要條件。在其他的行業中，分工的原則常常只是以個人利益爲中心的考慮結果，他們多認爲若能專精某一項不是大家都能做的特殊的工作，則對他們有最大的利益。可是要使軍人成爲一種專業，就完全有賴於國家的智慧。在和平的時候，若無政府的任何特殊鼓勵，而一個老百姓肯把時間精力用在軍事訓練上面，則雖然他的軍事學識會進步，但卻絕不會增加其個人的私利。只有在國家的支持，

亦即在國家的智慧之下，不但這些肯花費其大部分時間，來學習這一行特殊職業的人，可以獲得利益，國家也可以獲得利益。」

　　吾人以爲亞當斯密的戰爭論點，和他的經濟理論一樣令人嘆服。他主張任何一個國家均需保持尙武的精神，此言極是。當我們研讀史籍，有宋一朝，強敵環伺，但舉國上下，卻均習於文弱，「平時袖手言心性，臨危一死報君王。」發言盈庭，而毫無作爲，最後終於釀成亡國的慘禍，這是很好的歷史教訓。孔子曰：「有文事，必有武備。」信不誣也。

　　亞當斯密言論另一精彩的地方，是他主張軍人必須專業，他認爲其他的專業人才，如醫師、工程師、學者，甚至工商企業的人士，他們專業的知識，大都是在爲了一己的利益。只有軍人，他的專業乃是保國衛民，執干戈以衛社稷。但軍人的地位、榮譽，要靠執政者有智慧。否則，軍人在承平之時，除了教育，訓練之外，無所事事，從功利的眼光看，很容易使人忘卻軍人的重要。一旦外患來臨，這時才張惶失措，已經來不及了。所以亞當斯密說：「只有在國家的支持，亦即在國家的智慧之下，不但這些肯花費其大部分時間，來學習這一行特殊職業的人，可以獲得利益，國家也可獲得利益，」可謂目光如炬。

（六）黑格爾（G.E.Hegel, 1770～1831）

　　黑格爾是西元1770年生於德國司徒嘉（Stuttgart）的德國大思想家。他先在杜賓根（Tubingen）讀書，1793年到巴色爾（Basel）做家庭教師，四年後到法蘭克福（Fraukfurt）。1801年在耶拿（Jena）大學執教，與另一德國大思想家謝林（Schelling）同事。戰時曾任報館編輯。1808年在寧堡（Nurn berg）做中學校長。1816年爲海德堡（Heidelberg）大學教授，1818年去柏林，聲名至

盛，直至1831年死於該地爲止。其思想更是德國觀念論的最主要代表。

黑格爾之父爲一小公務員，德國公務員一向以工作效率與奉公守紀著稱於世，黑格爾即在一種規律及刻板教養中成長，故他的一生亦少可驚可愕多采多姿之事，然在思想學術上的成就卻令人讚佩。

由於黑格爾是德國最著名的觀念論哲學家，他對後世的影響非常深遠。即在西方戰爭思想上，他也居於一個重要的地位。在黑格爾之後的西方思想家，於論及戰爭時，也多受黑格爾之影響。他的戰爭哲學思想可分成兩方面來論述。

1.就現實世界來說

黑格爾認爲戰爭是解決國際爭端的最後法寶。這是因爲，在黑格爾邏輯學中曾說：「國家是一個自我封閉的有機自足體，在國家之中，可展現出它本身差別物與其自身。所以說國家是一個個體。但是這個個體不是一堆雜湊物，也不是各部分的總合，而是一有機自足的統一體。……而這個統一體與其同類之其他諸個體的關係，即是一國與其它國家的關係。」這表示國家與國家間的關係是各自獨立個體間的關係。但是，所謂國際關係與一般公民社會中之個人間的關係大不相同。因爲個人有高於其上的國家，而諸國家卻沒有高於其上的權力。所謂國際間的各種交涉雖然多以條約來彼此約束。但是，「由於它們之間的關係不具普遍性，而只是偶然性的，所以這些關係不斷在變動著，而種種條約，縱使想維持長久，但一旦訂立條約的實際狀況有所變動，那麼，條約也就成爲廢紙了。」

由於黑格爾相信「國家之間沒有裁判官，充其量，只有仲裁員和調停人，而且也只是偶然性的，即以爭議雙方的特殊意志爲

依據的」，所以他根本不認為有國際權威，而國際間之糾紛，亦唯有由戰爭才能作最後之解決矣。因此，像康德那樣「要成立一種國際聯盟，調停每一爭端，以維護永久和平」，在黑格爾看來又是一種夢想。於是，他說：「如果國家本身的獨立自主，陷於危殆，它的全體公民就有義務響應號召，以捍衛自己的國家。」

2.就理論來看，戰爭亦代表了理性的必然性

黑格爾說過：「戰爭不應被看成一種絕對罪惡和純粹外在的偶然性。」反之，戰爭具有理性的必然性（rational necessity），因為經由戰爭「我們很深切的了悟塵世財物和事件的虛幻性」。這是說，通常我們僅把萬法皆空當成空洞的訓詞，只有戰爭會給我們最具體的教訓。

為什麼黑格爾會有這種看法呢？主要還是由於他以所謂的辯證邏輯來推理時，認為萬物都不可停滯，要由原始單純的「正題」，過渡到與「正題」差異矛盾的「反題」，然後再有對立物統一的「合題」。這樣一來，戰爭至少可代表一種分解轉進的勢力，可以使有限固定之物產生變化。所以，黑格爾力主「戰爭是一種必然的理性現象。」（War is a necessary rational phenomenon）。他明白的說過：「戰爭還具有更崇高的意義，透過戰爭，正如我在別處表示過的，各國民族的倫理健康（ethical health）。就由於它們對各種有限規定的凝滯表示冷淡而得到保存，這好比風的吹動會防止湖水腐臭一樣；持續的平靜會使湖水腐臭正如持續的甚或永久的和平會使民族墮落。」

吾人就目前人類所處的環境而言，對黑格爾所認為國家是最高權力的象徵，我們深有同感。雖然，人類為了避免戰爭，曾有國與國之間的軍事同盟，國際聯盟等組織，二次世界大戰之後，又成立了聯合國，但這些機構，在和國家主權有衝突之時，就顯得無能為力。在國家之上，成立一個超國家的組織，來仲裁、解

決國與國之間的一切糾紛，到目前為止，還是一個理想而已，還有待我們不斷的努力，才能達到。

至於黑格爾說戰爭是一種必然的理性現象，國家透過戰爭，可以避免民族的墮落，正如風的吹動會防止湖水腐臭一樣，我們稍有不同於黑格爾的看法，當然孟子也說過：「入則無法家拂士，出則無敵國外患者，國恆亡」的道理，但這是要我們保持高度的警惕心，不可放辟邪侈，並不是鼓勵我們去從事征伐。歷史上固多抑鬱而亡的國家，但更多國家在戰爭中破滅，從歷史上消失。我們強調要有憂患意識，要戒慎恐懼，但我們不認為一個國家要靠戰爭來防止腐敗，因為除了戰爭之外，還有其他的方法，它的代價比戰爭低，但效果卻要比戰爭好。

（七）俾斯麥（Otto Von Bismarck, 1815～1898）

俾斯麥，勃蘭敦堡人（Brandenburg）1815年出生，他的家庭十分富有，俾氏早年修習法律，並出任公職，旋去職。後受到威廉一世的賞識，先後擔任駐俄和駐法大使，在他47歲的時候，由於威廉一世遭遇憲政危機，電召他返國出任首相。當時德國外有強敵壓境，內有知識份子強烈的改革要求，俾氏可說是受命於危難中際，他首先壓迫國會，通過擴軍案，旋又得到國王的同意實施獨裁，他在議會上說：「日耳曼人所以仰賴於普魯士的，不是自由主義而是其實力。……近代的重大問題，不是演講或多數人通過的決議案所能解決的，必須賴『鐵』與『血』才有解決的希望。」這就是其「鐵血宰相」稱號的由來。

但俾斯麥並非一味的蠻幹，他的作法頗為巧妙，他的口號是：「違背憲法而不廢棄憲法，反抗國會而不封閉國會」。他甚至坦然的說：「關於預算案不經國會通過是否合法之問題，我不必討論；我所關切的是國家生存的必要，只有國家生存才是無上權

威」。他本此信念，所以凡有利於德國之統一者，他斷然為之。如
蘇俄出兵波蘭，在當時國內就有自由民主人士奔走呼號，希望和
英法一起出兵，但俾氏獨力排眾議，與俄國訂立協定，互換有關
波蘭情報，並允許俄軍可追逐波蘭人而至普魯士邊境。正因他在
這次的波蘭事件中，和俄國建立的深厚的「友誼」，所以在爾後的
德國統一過程中的普、丹戰爭，普、奧戰爭，和普、法戰爭大都
得到俄國人的大力支持。最後終於把一個分崩離析的德國，在他
的一手導演之下，完成了統一大業。

　　在德國統一的過程中，俾氏可說是艱苦倍嚐。他為了統一德
國，雖曾發動三次戰爭，但每次戰爭，他都能審慎佈局，能發能
收，適可而止，沒有釀成全面的戰爭，一發而不可收拾，他不愧
為一天才。克勞塞維茲說：「戰爭是遂行國家政策最後所使用的
手段」。這句話在俾氏身上，可說是具體而生動的實行了。任何戰
略理論家都莫不認為戰爭只是一種手段，當戰爭目的達到後，戰
爭即應停止。但困難的是，戰爭一經發動，往往會脫離人主觀意
旨的掌握，而產生其本身的動量，於是手段變成目的，結果變成
為戰爭而戰爭，以至於無法控制。所以發動戰爭並不難，要想在
有利的條件下結束戰爭，則非易事。孫子說：「主不可以怒而興
師，將不可以慍而致戰。」俾氏實當之無愧。他完全瞭解孫子兵
法所說：「合於利而動，不合於利而止」的道理。他說：「當我
們尚未聽到上帝在歷史中的腳步聲時，就只能耐心等待，但一聽
到之後，就應馬上跳起來嘗試抓住他的袍角。

　　俾斯麥不但善於掌握戰爭，尤善於在戰後化敵為友，他每次
在結束戰爭時，都考慮到戰後問題，總是予敵人以寬大。李得哈
達曾謂「大戰略家之眼光，必須超越戰爭之外，而能透視戰後之
和平。」俾氏庶幾近矣。

　　俾斯麥自1862年回國出任普魯士首相，前後執掌政權達三十

年之久，其前十年努力的目標在求得德國的統一，以鐵血戰爭爲
手段，雖歷經艱險，但終底於成，使普魯士結束了分裂的局面，
完成統一，並對外取得了獨立的地位。三次對外戰爭的勝利，更
奠定了德國在歐洲政治舞台上舉足輕重的地位。一般人均認爲俾
斯麥也會和拿破崙一樣，會繼續走上擴張之路。但事實卻非如
此，俾氏公開宣稱，德意志已是饜足的國家，對於目前的疆界，
已感到滿意，他能居安思危，勝而不驕，這是極高的智慧。當時
的歐洲，列國並峙，他完全瞭解戰爭哲學「兵猶火也」，不戢將自
焚的道理，除了德國本身不再發動戰爭之外，並極力維持大國之
間的權力平衡，以促使歐州避免戰禍的發生。

我們綜觀俾斯麥的一生，不得不佩服他在軍事、政治、外交
上的成就。德國幾乎是他是他一手從一個分崩離析、各自爲政的
局面之下，統一起來的。但他的統一，不是靠什麼理論，也不是
靠什麼學說，而是完完全全的「暴力」。他把議會和國民都置於他
的控制之下，使全國按照他的計畫，逐步往前邁進。所以當俄國
瓜分波蘭之時，歐洲列國均作反對，唯有他爲了獲得俄國的友
誼，而大力支持，這使我們想起邱吉爾的名言，「英國沒有永久
的朋友，也沒有永久的敵人，只有永久的利益。」但我們要問的
是，這種利益是一時的，還是長久的？是局部的，還是全面的？
俾斯麥爲了德國的統一，可以對內實施專制獨裁，對外不顧國際
正義，這完全是術，而不是道。和我國戰國時代蘇秦、張儀，可
說如出一轍，這些人在世之時，憑其縱橫捭闔，固可佩金戴紫，
風光一時，但終非可大可久，規模宏遠。所以美國史學家海斯在
其所著《第一次世界大戰全史》中說：「俾斯麥的鐵血政策，使
德國走上軍國主義侵略的道路，終致使德意志帝國崩潰敗亡。」
確實值得吾人深思。

（八）羅素（B. Russell, 1872～1970）

　　羅素是二十世紀英國著名的思想家，其思想充滿活力、多彩多姿，在許多方面都有獨到的見解，然可惜前後常不能一致。他以數學爲思考的出發點，極受休謨（D. Hume）與摩爾（G. E. Moore）的影響，主張經驗的實證論。他把數學歸結到邏輯的成就是劃時代的。著有：《數學原理》、《哲學問題》、《社會重建的原理》等書。

　　在一些人心目中，羅素是一個反戰份子，爲什麼羅素要反戰，且讓我們來分析一下。

　　羅素在考慮其政治立場時，總是以「目的與手段」爲標準，來決定該如何抉擇。所謂「目的與手段」的標準，即是說，單有崇高的理想目標而無實踐的方法，「人世間根本不可能有改善的機會」；而若徒有一些方法，即無理想目標爲指引方向，人世間將變得更紛擾不安。何況，人間又有太多的虛假騙人的理想目標，使世人迷惑於其中，所以，羅素要以考量目的及達成目的之方法手段來評定政治事件之得失。

　　而就戰爭哲學來看，大體而言，羅素認爲戰爭全然是不該有的錯誤行爲，但是他又認爲在某些特殊情形，戰爭卻是正確的。比如：反納粹侵略的第二次世界大戰，就是合理的。

　　那爲什麼羅素還會被視爲極端的反戰人士呢，簡單說，羅素之爲人矚目的反戰，只是反對美國勢力在國際上的擴張。他認爲現在所謂之戰爭，乃根基於一特殊之經濟和社會系統，而這種「特殊系統」就是資本主義體制。於是羅素說當今世界之動亂，都是由於「美國資本主義用武力來保護其投資」。言下之意，目前的戰爭是美國帝國主義爲保障其經濟利益而引生者。

　　也許有人要問，爲什麼資本主義體制會引發戰爭？羅素在

〈人類是否有前途〉一文曾指出：「這世上一半以上的人生活在貧乏之中，並不是無法改善，而是因為富國或強國寧願彼此殘殺，也不願幫助窮國改善他們的生活水準。……那些醉心於軍火工業的人，深恐裁軍會引起經濟上的大災難。」另外，在〈解除武裝之勝利〉一文中，他又說：「我因共產主義不民主，而厭惡共產主義；我因資本主義好行剝削，而厭惡資本主義。但是，當論及和平與戰爭之時，就和平之重要性而言，上述二種主義的長短都變成不重要了。」

正如上述，羅素乃由反資本主義之剝削，而反美國在世上的軍事行動，最著名的包括羅素之反越戰。他甚至用過「寧赤勿死」（better red than dead）的話。可是他對共黨在世上的侵略顛覆行為，卻甚少批評，這使他的立場陷於矛盾，他只好說：「共產主義是比較不好戰的」。但這是事實嗎？羅素如果親眼看到南越淪陷後，越南人民遭受的痛苦，又該說些什麼呢？

羅素是二十世紀了不起的哲學家、歷史學家、政治學家，他一生永不停的追求真理的勇氣，更是令人欽佩不已。但在戰爭的問題上，他的一些見解，則大有商榷的餘地。

談到戰爭，他認為目前國際爭端及戰爭陰影係由於美國用武力保護其投資。我們並無意為美國脫罪，但羅素把戰爭的責任完全加諸以美國為首的資本主義的頭上，則不盡全然實在，亦不夠客觀。二次世界大戰以來，以蘇俄為首的共產國家，佔據了全世界三分之一的土地，奴役了二分之一以上的人口，則又是為什麼呢？羅素只見到資本主義的眼中有刺，可曾看到共產主義的眼中有樑木呢？單以大陸的共產政權來說，短短的30年工夫，就殺了不下7,000萬以上的人口，而高棉自從淪入共黨手中，原先有600多萬人口，有陣子只剩下了一半，這又作何解釋。而即使說這一切資本主義國家要負較大責任，但也不能因此說共產黨無絲毫過

錯，更不能說其比較不好戰吧？

羅素的偏激反戰理念，業已引發有識者的反對，鑑於共黨之殘暴手段與不當目的，乃有「寧乞毋赤」（better beg than red）的呼籲，以為對抗。

（九）柯靈烏（R. G. Collingwood, 1889～1943）

柯靈烏在逝世前，有很長一段時間是英國牛津大學的哲學教授。同時，他在牛津大學教授群中，也以精通歷史學著稱。這兩種專長，使他對歷史哲學有很大的貢獻，而成為二十世紀初葉頗享盛名的一位英國哲學家，著有《自然界的觀念》（*The Idea of Nature*）與《歷史的觀念》（*The Idea of History*）等鉅作。

在《歷史的觀念》一書中柯靈烏指出有一些人往往因為人世間有各種問題，而認為人類是在退化的。或者說，至少是無法進化的。所謂人世間有各種問題，包括：道德行為的變易、經濟活動的紛爭，當然更包括戰爭。從「問題」去考量，人類似乎永遠處在問題之中，比如有人專從「戰爭」來評估人類的歷史，就會感嘆人類簡直是殘忍成性；而說人類的歷史就是從一次戰爭到另一次戰爭的延續史。從這個角度來看，人類的歷史當然毫無意義，而戰爭也就只代表了一種破壞性的毀滅力量。

但是，在阿靈烏特心目中，人類之所以有戰爭，只表示人類在現實世界中出現了問題。而綜觀人類的歷史，人類確實是在進步之中，此無論就那一方面來看，都可以說人類是一直在進步的。至於為什麼會有戰爭？柯靈烏認為那只是人類在不斷進步時，出現了某些不協調的新問題。亦即是說，戰爭之發生只表示人類面臨新的問題。故不可以說，人類的歷史只是毫無意義的一場戰爭到另一揚戰爭的延續。反之，吾人可說，正因為人類的文明一直是精進不已，所以才有新的問題出現，也才有戰爭。

　　柯靈烏以經濟活動爲例，他說人類可能爲了籌備晚年養老之
資金，而將存款用於投資某事業。這種意願將造成以一己爲中心
的經濟體系，在這個經濟體系之中，人類將自食其力，而不是由
國家來負責老年人之生活所需，亦不是由晚輩來奉養長輩。柯氏
以爲，這種情形將解決若干問題，但勢將引生若干其他問題。爲
了解決問題，人類將經歷一些痛苦，但卻必然會創造一個更好的
經濟體系，而這種更替就是進步。可是隨著這一個進步又將有新
問題出現，於是又有新的更替，人類的歷史就是如此這般的演生
不已。

　　所以，柯靈烏認爲人不能歌誦戰爭，也不能詛咒戰爭，而要
眞正有理性的正視戰爭這個事件。他認爲，人類如果眞想避免戰
爭帶來的災害，並不是盲目逃避戰爭或擴張軍備使自己永不戰敗
即可，而是要了解我們人類生活的整個文化環境，只有當人類眞
正了解自己生存大環境之中有那些問題存在，而能想出方法去解
決這些問題時，才能消除戰爭對人類生存的破壞與威脅。

　　柯靈烏承認人類的歷史是不斷的在往前進步，但他又承認在
進步之中，會產生了新的問題，爲了解決新的問題，所以人類有
時會有戰爭。這種戰爭觀，衡之人類的歷史，當然頗有其理由。
但我們卻認爲，如果人類在進步當中，出現了問題的時候，不管
是個人與個人，國家與國家，如果柯氏能直接強調合作的重要
性，可能更容易避免戰爭。此如阿靈烏特也承認，加果眞想避免
戰爭帶來的災害，並不是盲目逃避戰爭或擴張軍備使自己永不戰
敗即可。觀乎美、俄的軍備競費，可說已爲柯靈烏的話，做了最
好的註腳。

　　中國文化可貴的地方，就是強調除了想到自己之外，也能爲
他人設想，這種思想正是西方強調鬥爭，強調征服思想的當頭棒
喝。在動物的世界，奉行的是優勝劣敗、自然淘汰，人之所以被

稱爲萬物之靈，乃是人知道在相鬥相爭之外，還要相善相友，只有這樣，才能使人類不斷的向前進步永無止息。

（十）柯漢（Carl Cohen）

柯漢是美國當代著名的政治學者，西元1971年有《民主政治》（*Democracy*）一鉅著，當代論究民主政治的學人，多要參考此書。

柯漢在其《民主政治》一書中，極力宣揚民主的價值。但是他更明白指出：「民主政治，尤其是現在這種以國家爲單位的民主政治型態，特別需要準備能保衛他們自己。」所以，「當一個自主的政府無法擊退或克服其敵人時，它的其他一切功能都將毫無作用。」

當然，民主政治必須要能應付外在與內在兩種不同的挑戰，才能使其存在下去。而柯漢更特別說明，一個民主政治體系受到外國武力威脅或侵略時，無論這一國的民主政治是如何的完美，都將可能被外力摧毀。外力的侵略即是戰爭，所以，任一民主國家如果要克服這種危機，就必須先對如何應付外來的侵犯有所準備。

所謂準備因應外來的侵犯有許多方法，而有時候除了運用軍事方法外別無其他良策。柯漢當然了解戰爭的可怕，但是當一個民主國家在戰鬥與死亡之間必須作一選擇時，柯漢認爲選擇戰鬥是求取生存的唯一正道。何況，當軍事衝突是由於外患所造成時，民主國家除了以相同之方式回應之外，根本別無他途。

柯漢承認在民主國家之中，確實會有多數人會主張寧可放棄民主和獨立，而不願發起保護民主與獨立的戰爭。那些人辯稱民主畢竟不是人類唯一的價值，所以人類大可不必爲了保衛民主而犧牲生命、和平和其他的價值。例如，這些人大聲疾呼說大規模

的核子戰爭是如此的可怕與不能忍受，因此，即使跟殘酷的暴政相比，人類也不該選擇戰爭。

柯漢對這個問題的基本看法是，如同民主是出於人類價值意識的選擇，人類是否要從事保衛性的戰爭也是一種選擇。此即人類必須在想像中之戰爭的可怕，與投降的屈辱兩者中作一抉擇。因此，如果一個國家或某一個人，認為可以為某些其他更高價值而犧牲民主，自然不必從事保護民主的戰爭。可是，如果人類發現上述這種犧牲是無法忍受的，那麼一個民主國家就必須從事抗拒外侮的戰爭，也必然能得到光榮的勝利。

眾所周知，戰爭有二種，一種是侵略的戰爭，這是我們當詛咒的，另一種是正義的戰爭，則是我們當歌頌的。有些侵略者為了要進行侵略的戰爭，他會先從精神上、心理上，不斷的強調戰爭的可怕和殘酷，以瓦解對方的戰鬥意志。在中國大陸上或越南戰場上，共產黨就是這樣做的。但我們要知道，一旦陷身侵略者統治之下，不但身心俱受摧殘，子子孫孫也要陷於萬劫不復之境。孟子就說過：「生我所欲也，義亦我所欲也，二者不可得兼，捨生而取義者也。」面對侵略戰爭。我們只有勇敢的拿起武器，才足以遏止敵人侵略的兇焰，挽救國家民族的危亡，人人唯其以此存心，公理正義最後必然戰勝侵略，獲致真正的和平。

三、結論

總之，西方思想家，雖沒有在戰爭哲學方面，建立完整的體系，但由於他們在思想上均曾受過嚴格的訓練，觀察敏銳，見解深刻，所以，雖然他們在戰爭哲學上，只留下吉光片羽，一鱗半爪，但如果細細的演繹下去，也大有可觀。

當然，西方思想家，他們對戰爭哲學的觀點，人言各殊，且

不乏彼比矛盾牴觸的地方，原文具在，可以覆按。為了脈絡一貫，首尾呼應，所以我們在每一思想家後面，做了一些評註的工作，把不足的地方，加以補充，把乖誤的地方，加以糾正，把偏估的地方，加以引申，希望讀者在閱讀之後，能對戰爭哲學得到一個清晰正確的印象。

　　古語有言：「運筆如山未足珍，書破萬卷始通神。」戰爭是人類最大的一本書。有賴我們全力以赴，庶幾有成。

問　題　與　討　論

一、古今中外有許多研究戰爭、談論戰爭的人，然而戰爭為何不能像其他學科一樣，成為一有系統的知識。

二、西方哲學家經常依其所處時代背景，表達對戰爭的看法，請你對我們這個時代的戰爭表示一些意見。

本章參考書目

1. L. C. McDnald, *Western Political Theory*, Harcourt Brace Jovanovich, Inc., 1962.

2. E. M. Earle ed.,鈕先鍾譯，《近代軍事思想》，軍事譯粹社，民國47年。

3. J. Locke, J. W. Govghed., *The Second Treatise of Government*, Oxford, 1966.

4. 王兆荃譯（A. R. M. Murray），《政治哲學引論》（*An Introduction to Political Philosophy*），台北：幼獅出版公司，民國58年。

5. F. Copleston, *A History of Philosophy, New Youk,* Image Books, 1963, Volume 3, Part 2.

6. T. Hobes, Leviathan, *New York,* E. P. Dutton and Compny Inc., 1950.

7. L. C. Mc Donald, *Western Political Theory*, Harcowrt Brace Jovanovich, Inc., 1962.

8. Juli'an Marias, *History of Philosophy.* New York, Dover Publications, Inc., 1968.

9. W. Wallace, *The Logic of Hegel*, Oxford, 1931.

10. W. T. Stace, *The Philosophy of Hegel*, 台北：馬陵出版社，民國66年。

11. Carl Cohen, *Democracy*, The University of Georgia Press, 1973.

12. R. G. Collingvood, *The Idea of History*, Oxford University, 1969.

戰爭哲學

編 著 者 ／ 談遠平、康經彪

出 版 者 ／ 揚智文化事業股份有限公司

發 行 人 ／ 葉忠賢

總 編 輯 ／ 林新倫

執 行 編 輯 ／ 鄧宏如

登 記 證 ／ 局版北市業字第 1117 號

地　　　址 ／ 台北市新生南路三段 88 號 5 樓之 6

電　　　話 ／ （02）23660309

傳　　　真 ／ （02）23660310

郵 政 劃 撥 ／ 19735365　戶名：葉忠賢

印　　　刷 ／ 偉勵彩色印刷股份有限公司

法 律 顧 問 ／ 北辰著作權事務所　蕭雄淋律師

初 版 一 刷 ／ 2004 年 10 月

 I S B N ／ 957-818-664-9

定　　　價 ／ 新台幣 500 元

E - mail　／　service@ycrc.com.tw

網　　　址 ／ http://www.ycrc.com.tw

國家圖書館出版品預行編目資料

戰爭哲學 ／ 談遠平，康經彪合著. -- 初版. --
臺北市：揚智文化， 2004[民 93]
　　面 ；　公分

　ISBN 957-818-664-9（平裝）

　1. 戰爭 – 哲學，原理

590. 1　　　　　　　　　　　　93014966